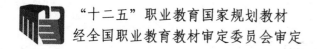

"十二五"职业教育国家规划教材

经全国职业教育教材审定委员会审定

普通化学实验

（第二版）

黎春秀　主　编

张　斌　副主编

王红云　主　审

中国环境出版集团·北京

图书在版编目（CIP）数据

普通化学实验/黎春秀主编. —2 版. —北京：中国环
境出版集团，2015.3（2022.7 重印）
"十二五"职业教育国家规划教材
ISBN 978-7-5111-2261-2

Ⅰ. ①普… Ⅱ. ①黎… Ⅲ. ①化学实验—高等学
校—教材 Ⅳ. ①O6-3

中国版本图书馆 CIP 数据核字（2015）第 037324 号

出 版 人 武德凯
责任编辑 宾银平 沈 建
责任校对 尹 芳
封面设计 彭 杉

出版发行 中国环境出版集团
（100062 北京市东城区广渠门内大街 16 号）
网 址：http://www.cesp.com.cn
电子邮箱：bjgl@cesp.com.cn
联系电话：010-67112765（编辑管理部）
010-67113412（第二分社）
发行热线：010-67125803，010-67113405（传真）
印 刷 北京市联华印刷厂
经 销 各地新华书店
版 次 2015 年 4 月第 2 版
印 次 2022 年 7 月第 5 次印刷
开 本 787×1092 1/16
印 张 12
字 数 290 千字
定 价 26.00 元

中国环境出版集团郑重承诺：
中国环境出版集团合作的印刷单位、材料单位均具有中国环境标志产品认证。

第二版前言

本书自 2007 年出版以来，承蒙各有关高职院校教师的关注和支持，将本书作为高职院校中环境类专业、化学化工类专业、轻化类专业的主要教材和参考书，因而应用较广，在此编者表示衷心的感谢。为适应国家中长期教育改革和发展的需要，适应高职教育改革和各高校的教学需要，根据教材使用更新的原则，依据近七年来使用者的反馈和编者的编写体会，我们进行了修订。本次修订基本保留了第一版的编写系统和格局，结合高职高专的教学特点，对部分内容进行了修改与更新，第二版与第一版比较，变化比较大的内容有：

（1）书中部分实验中增加了标有选作的内容，如氧化还原的实验。目的是为了扩大学生的视野，增加学生新的知识，以培养创新精神。此部分内容有些也可以为学时不够时调整教学内容之用。

（2）调整了部分实验的试剂用量，如硫酸铜的提纯。作为高职高专教材，为适应实验课时的需要，调整了部分实验的试剂用量，以便能在 2 课时内顺利完成实验。

（3）部分验证性试验采用了表格式实验的形式，如缓冲溶液的制备和性质。便于学生在预习和实验操作时能较快领会实验目的，顺利进行实验。

（4）修改了部分难度较大的实验，删减了部分对理论理解要求较高的内容，如氧化还原的实验。用更具实用性和操作更加方便的内容来代替。

（5）增加了部分设计性实验的内容，如部分设计性的实验。既具趣味性，又具实用性，既能增强学生的实验兴趣，又能达到培养能力的效果。

全书由黎春秀、张斌、王红云策划主编。第一章、第二章由刘玉玲编写，第三章由喻学文编写，第四章由王美兰编写，第五章由黎春秀编写，第六章由张斌编写。全书由黎春秀统稿，王红云主审。

本书的出版得到了中国环境出版社的大力支持，也得到了兄弟院校的大力支持，在此对他们表示感谢。

本书的编写借鉴了许多专家和学者在普通化学实验教学方面的见解和编写经验（参考书目见本书参考文献），再一次向这些专家和学者表示衷心的感谢和崇高的敬意！

由于编者的水平有限，难免有不妥之处，敬请同行和读者批评指正。

编　者

2015 年 2 月

前　言

　　《普通化学实验》是普通化学课程的一个重要组成部分，对培养学生的专业技能和综合素质具有十分重要的意义。通过对《普通化学实验》的学习，学生可以加深对基本理论与基本概念的理解，进一步熟悉各类物质的性质与检验方法，掌握普通化学实验的基本操作技能，学习如何初步处理"三废"，增强环保理念。本教材的每个实验以掌握基本操作为目的进行编写，以"实用"和"够用"为原则，以基础性为前提，为后续专业基础课程打下坚实的实验基础。本书主要由普通化学实验准备知识、基本操作、基本实验、物质的制备实验、元素化学与物质检验以及综合性实验和研究性实验六部分内容组成。特点如下：

　　1. 教学内容安排符合普通化学教学需要并充分考虑高职院校学生的特点。本书从玻璃仪器的洗涤和干燥、简单玻璃仪器的制作、酒精灯及酒精喷灯的使用、加热和冷却方法、固液分离技术、沉淀转移及洗涤与烘干、结晶和重结晶、气体的制备及净化与干燥、滤纸和滤器的使用等最基本的实验入手，舍弃了难度稍大的水蒸气蒸馏，分析天平的使用以及复杂光电仪器的使用等内容。技能训练的起点符合高职院校学生的特点，与后续课程（如化学分析、仪器分析等）能有效衔接。

　　2. 重视基本知识的学习与基本技能的训练。本书将普通化学实验的基本操作与基本技能训练放在重要的位置，教材前 3 章对此部分内容阐述详细，后 3 章每个实验以掌握基本操作为目的，由易到难、循序渐进地进行编写，并适当降低难度，舍弃了有机物质的光谱鉴定部分。教材紧密结合我国高职高专院校的教学实际，学习本课程后能熟练系统地掌握必备和足够的普通化学实验基本知识及基本操作技能，有利于为学生的职业岗位技能打下坚实基础。

　　3. 与其他《普通化学实验》比较，元素化学部分增加了物质检验的内容。元素化学部分包括了大部分无机化合物和有机化合物的性质验证和物质的鉴定。与以往的元素化学实验部分不同的是，在每一个性质实验中，大部分以自行设计实验的形式，加入了物质的鉴定实验，既避免了学生在实验时"照方抓药"，又能加强实验的系统性和综合性，有助于培养学生分析问题、解决问题的能力。

4. 与其他《普通化学实验》比较，增加了设计性的实验。本书在部分实验中穿插了自行设计性的实验，第 6 章特别增加了设计性实验部分，并提供了一些有代表性的设计性实验，分别是无机物的鉴定、有机物以及官能团的鉴定，色谱分析实例、物质的制备，以及有机物的提取。设计难度不大，原理不很复杂，既让学生有充分思考、开拓、创新的余地，又对锻炼和培养学生解决实际问题具有重要意义。

5. 以"少用""回收""处理"为原则，树立从源头治理"三废"的环保理念。"少用"：每一个涉及物质用量的实验，由编写人员做好预实验，精心设计实验用量和试剂浓度，使其达到实验最佳结果或最少试剂用量要求，强调能少用的试剂尽可能少用；"回收"：恰当处理实验废液，提倡统一回收实验废液；"处理"：提倡统一处理实验废液，并提供处理建议。

6. 环保提醒与安全提示。有些实验中增加了环保提醒和安全提示，以提示实验中可能对人或环境的影响，或者警示实验中存在的危险性，充分体现了以人为本，把师生的安全和健康放在第一位的思想。提供排放标准，以环境影响最低为原则，充分体现了环保的理念。

7. 体现绿色化学的理念。教材中部分实验设计采用了滤纸实验、微量实验和微型实验，既控制了药品用量，也减少了环境污染；实验设计时尽量采用无毒或毒性小的试剂；在制备实验中要求回收实验产品以利于循环使用；对一些环境毒物提出了处理建议，从各个角度体现了绿色化学的理念。

本书在编写中力求创新和具有特色。教学起点适中，适合高职高专环境类、化学、化工、生物、医药、纺织、轻工等专业以及师范、农林等专业使用。

本书是长沙环境保护职业技术学院环境化学教研室集体智慧的结晶。由黎春秀、王红云策划主编。第一章、第二章由刘玉玲编写，第三章由喻学文编写，第四章、第六章由王美兰编写，第五章由黎春秀编写。全书由黎春秀统稿，王红云审稿。

本书的编写借鉴了许多专家和学者在普通化学实验教学方面的见解和编写经验（参考书目见本书参考文献），在此向这些专家和学者表示衷心的感谢和崇高的敬意！

鉴于多方面的原因，本书的编写难免有不当之处，敬请读者批评指正。

编　者

2007 年 12 月

目 录

第一章 普通化学实验准备知识

化学是一门实验性很强的科学，化学理论中的定理和定律都来源于实验，又为实验所检验。普通化学是一门以实验为基础，理论性和实践性并重的课程。普通化学的发展与元素及化合物的性质、物质的分离提纯与合成制备、鉴定等实验研究紧密联系，正是在大量实验的基础上建立了普通化学理论。因此，普通化学实验课与普通化学理论课相辅相成，是普通化学教学的重要组成部分。

一、普通化学实验的目的

（1）通过实验教学，使学生受到系统的普通化学基本操作和基本技能的训练，学会正确使用常用仪器，初步掌握物质的测定及鉴定、分离提纯、合成制备等基本方法。

（2）通过实验教学和自己动手操作，进一步熟悉元素及其化合物的重要性质和典型反应，加深对理论课中基本原理和基础知识的理解。

（3）培养学生准确、细致、整洁、节约的良好实验习惯和实事求是、严谨认真的科学态度，培养敬业和一丝不苟的工作作风。

（4）培养学生独立思考问题、分析问题和解决问题的能力，细致地观察现象以及由实验素材总结规律的思维方法。

（5）了解实验室工作的有关知识、实验室的各项规则、实验室工作的基本程序、实验可能发生的一般事故以及处理事故的一般知识等。

二、实验室规则

为培养学生良好的实验方法和科学素质，保证普通化学实验正常、有效、安全地进行，保证教学质量，学生必须遵守下列规则：

（1）熟悉实验室环境，了解急救药品与消防用品的位置和使用方法。

（2）实验前必须认真预习，明确目的要求，弄清基本原理、操作步骤等。

（3）实验过程中要听从教师的指导，正确操作、细心观察、如实记录、积极思考，不得擅离实验岗位。严禁做未经教师允许的实验和任意混合各种药品，以免发生安全事故。

（4）实验仪器放置要整齐有序，并保持实验环境（如桌面、地面等）的整洁。不得将固体物、废纸等倒入水槽内，实验产生的废酸、废碱或有毒废液应倒入指定的收集容器内集中处理。

（5）实验室内严禁吸烟、饮食或把食物带入实验室。不得赤脚或穿拖鞋进实验室。保持实验室安静，不得大声喧哗。

（6）爱护公物，小心使用实验仪器和设备，共用仪器用后应放回原处。因操作不当损坏的仪器要赔偿。

（7）实验结束后，应把用过的实验仪器洗净备用，按教师的要求整理好自己的实验台面，并做好实验室的其他清洁工作。

（8）离开实验室时应检查电源、煤气、水龙头开关是否关好。

三、实验室安全守则和意外事故处理

普通化学实验所用的试剂或溶剂有些是有毒的、易燃的、易爆的或具有刺激性、腐蚀性的，如果粗心大意或操作不当，很容易导致各种安全事故的发生。因此必须重视安全操作并熟悉安全常识。

（一）安全守则

（1）凡有毒和刺激性气体的实验，必须在通风橱内进行。使用易挥发、易燃物（如酒精、乙醚等）应远离火源，并尽可能在通风橱内进行，用后及时盖紧瓶盖。

（2）使用有毒试剂（如汞、砷、甲苯等）时，应避免触及皮肤和伤口，剩余的废液也不能随便倒入水槽内，更不准带出实验室，应倒入指定的收集容器内，集中处理。

（3）使用强酸、强碱等具有强烈腐蚀性的试剂时，要特别小心，切勿溅在皮肤和衣物上，尤其注意保护眼睛。

（4）在闻气体的气味时，不能用鼻子直接对着气体的瓶口或管口去闻，而应用手将少量气体轻轻扇向自己。

（5）用试管加热液体时，不要将试管口对着自己或别人，也不要直接俯视容器中的反应或正在加热的液体。

（6）禁止用湿手接触电源。水、电、煤气一经使用完毕，应立即关闭。

（7）易挥发的可燃性废液、可燃物、浸过可燃性废液的滤纸、棉花等应立即集中统一处理。不可将带火星的火柴扔入废液缸中。

（8）蒸馏乙醚、丙酮等低沸点易燃液体时，必须用热水浴加热，切忌在加热过程中投入沸石。装置应严密，以免混入空气。另外，放置过久的乙醚中可能有过氧化物存在，故蒸馏乙醚不宜蒸干，以防过氧化物爆炸。

（9）加热乙醚、酒精等易挥发性液体时，严禁使用烧杯等大口容器，更不能用密闭容器，而应采用回流装置水浴加热。

（10）酒精灯应随用随点，用完马上盖上灯罩，绝不能用嘴吹，更不能用燃着的酒精灯点燃酒精灯。

（二）意外事故的处理

1. 割伤。

玻璃仪器使用不当造成破损，易割伤皮肉。伤口内若有玻璃碎片应先挑出，用干净的水冲洗伤口，然后涂上红药水，并进行包扎。伤势较重时应先对伤口进行简单消毒，然后用纱布扎紧伤口上部，压迫止血，立即送医院治疗。

2. 烫伤。

轻度烫伤可涂抹饱和苦味酸酒精溶液、烫伤膏等。情况严重的涂上烫伤膏后立即送往医院治疗。

3．化学药品灼伤。

无论被酸灼伤或碱灼伤，均应立即用干布或滤纸吸干，然后用大量的水冲洗伤处。被酸灼伤的，可再用饱和碳酸氢钠溶液洗涤；被碱灼伤的，可再用 20 g/L 醋酸溶液洗涤，最后用水洗，再涂上药用凡士林。如被酸或碱灼伤眼睛，应立即用大量水冲洗，再用 1%（质量分数）的碳酸氢钠溶液或 1%（质量分数）的硼酸溶液冲洗，严重的应立即送往医院治疗。若被溴或苯酚灼伤皮肤，应立即用酒精、石油醚等有机溶剂洗去溴或苯酚，再用 2%（质量分数）的硫代硫酸钠溶液洗，最后用甘油涂擦按摩。

4．中毒。

吸入氯气、氯化氢气体时，可吸入酒精和乙醚的混合蒸汽以解毒。吸入硫化氢、二氧化氮或一氧化碳等有毒气体而感到不适时，应立即到室外呼吸新鲜空气，情况严重时送医院治疗。

5．触电。

发生触电时，应立即切断电源，必要时对触电者进行人工呼吸。

6．起火。

不慎起火，千万不要慌张，应立即采取有效灭火措施，同时立刻切断电源、关闭煤气总阀，移走易燃药品等，以防止火势蔓延。

一般的小火，用湿布、石棉布或沙子等覆盖燃烧物即可；火势较大时，可使用泡沫灭火器或干粉灭火器灭火；但电器起火，只能用二氧化碳灭火器或四氯化碳灭火器灭火，千万不能用泡沫灭火器，以免触电。使用四氯化碳灭火器时，应注意通风。实验人员衣服着火时，切勿惊慌失措，应赶快脱下衣服或用湿布、石棉布覆盖或泼水或就地打滚等方法灭火。

四、普通化学实验常用仪器介绍

（一）常用实验仪器

1．普通仪器。

常用普通仪器及使用如下：

（1）试管。

普通试管用作少量试剂的反应容器，可以直接用火加热；离心试管还可用于少量溶液中沉淀的分离，但只能水浴加热。

（2）烧杯。

用作反应量较多时的反应容器，加热前应将外壁擦干，然后放置在石棉网上均匀加热。

（3）锥形瓶。

滴定分析中常用的反应容器，可以直接加热。

（4）量筒或量杯。

用于量取一定体积液体的量具，不能用作反应器，更不能加热。

（5）容量瓶。

用于配制一定体积、一定浓度溶液的容器，使用前应检查其密闭性，不能加热。使用前应进行校准。

（6）移液管。

用于准确量取一定体积液体的量具，不能加热。使用前应进行校准。

（7）酸、碱滴定管。

分别内装酸或碱，主要用于滴定分析，也常用于准确量取一定体积的溶液。使用前应进行校准。

（8）漏斗。

有普通漏斗、长颈漏斗、分液漏斗、布氏漏斗（与吸滤瓶配套使用）等，用于过滤、洗涤、萃取或分离等操作，不能用火直接加热。

（9）烧瓶。

有机实验中常用的反应器，有圆底烧瓶、平底烧瓶、蒸馏烧瓶、三口烧瓶等。可以直接加热，一般放在石棉网上均匀受热。

（10）表面皿。

盖在烧杯上，防止液体迸溅或做成气室。不能用火直接加热。

（11）蒸发皿。

蒸发液体用，随液体性质不同选用不同质地的蒸发皿。蒸发皿能耐高温，但不能骤冷。蒸发液体时，可以用火直接加热，一般放在石棉网上均匀受热。

（12）冷凝管。

蒸馏装置中的冷凝部分。有空气冷凝管、直形冷凝管、球形冷凝管等，根据蒸馏物质的沸点选用不同类型的冷凝管。

（13）石棉网。

加热时，受热仪器垫上石棉网能使受热物体均匀受热，而不致造成局部过热。不能与水或腐蚀性试剂接触，以免石棉网的铁丝锈蚀。

（14）研钵。

用于研磨固体物质，按固体性质的不同选用不同质地的研钵，不能用火加热。

（15）洗瓶。

内装蒸馏水，用于淋洗玻璃仪器的内壁。使用时洗瓶嘴不允许碰触被淋洗的器壁。

常见实验仪器如图 1-1 所示。

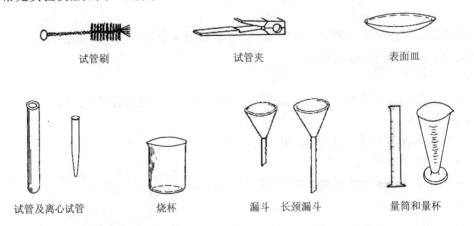

| 试管刷 | 试管夹 | 表面皿 |

| 试管及离心试管 | 烧杯 | 漏斗 长颈漏斗 | 量筒和量杯 |

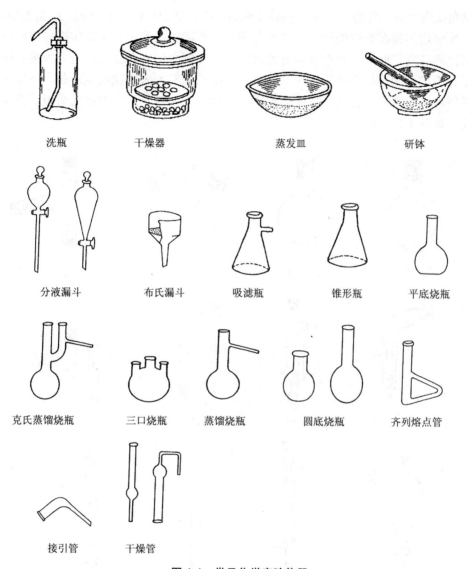

洗瓶　　　干燥器　　　　　蒸发皿　　　　　研钵

分液漏斗　　布氏漏斗　　吸滤瓶　　锥形瓶　　平底烧瓶

克氏蒸馏烧瓶　　三口烧瓶　　蒸馏烧瓶　　圆底烧瓶　　齐列熔点管

接引管　　干燥管

图 1-1　常见化学实验仪器

2．标准磨口仪器。

在有机化学实验中，还常用带有标准磨口的组合玻璃仪器。标准磨口玻璃仪器分为标准内磨口玻璃仪器和标准外磨口玻璃仪器。标准磨口是按国家通用的技术标准制造的，我国已普遍生产和使用。标准磨口的最大直径即为其磨口编号，如 $\Phi10$、$\Phi19$、$\Phi34$ 等。这种仪器具有标准化、通用化和系列化的特点。

相同编号的内、外磨口可以直接密封相连，磨口编号不同的仪器可以借助不同编号的磨口接头使其相互连接。它们组装、拆卸灵活，不仅可免去塞子、钻孔的环节，还能避免反应物和产物被塞子污染。

在使用标准磨口玻璃仪器时，应注意保持仪器磨口的洁净，不能沾有固体物质，否则磨口不能紧密相连或难以拆卸，甚至会损坏磨口。在使用后应马上拆卸，清洗干净，不要长期放置而不予拆卸。在连接内、外磨口时一般不用润滑剂，以免污染反应物或产物。但当反应中有碱性物质特别是强碱存在时，应在磨口处涂上润滑剂，以免磨口粘连。常压操作时均匀地在磨口处涂上一层薄薄的凡士林即可；若为减压操作则应在磨口处涂上一层薄薄的真空油脂。从涂有润滑剂的内磨口仪器中倒出药品前，应先用蘸有丙酮等易挥发有机溶剂的滤纸将磨口擦净。另外，在所涂润滑剂未擦拭或洗净前，不能将仪器放入烘箱内烘烤干燥，否则磨口处会附着一层棕黑色杂质，影响磨口的质量。常见标准磨口仪器如图 1-2 所示。

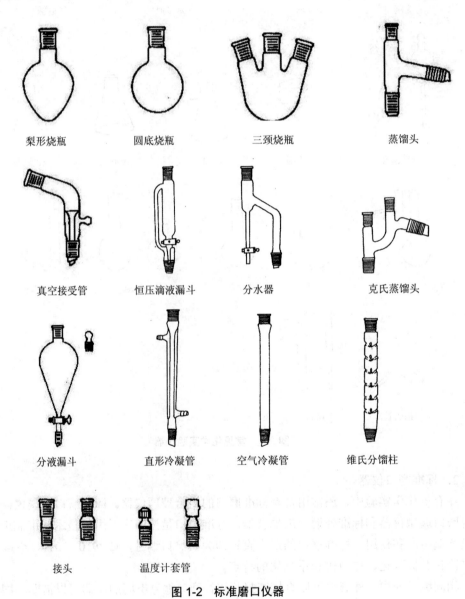

梨形烧瓶　　　　圆底烧瓶　　　　三颈烧瓶　　　　蒸馏头

真空接受管　　恒压滴液漏斗　　分水器　　　　克氏蒸馏头

分液漏斗　　　直形冷凝管　　空气冷凝管　　维氏分馏柱

接头　　　温度计套管

图 1-2　标准磨口仪器

（二）微型实验仪器

实验室常用微型仪器如图 1-3 所列器具。其规格见表 1-1。微型仪器具有装拆简单、使用方便、操作规范准确的特点，并可以组装成多套成套反应装置。

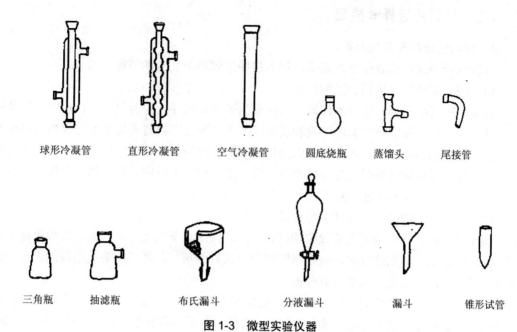

球形冷凝管　　　　直形冷凝管　　　空气冷凝管　　　圆底烧瓶　　蒸馏头　　尾接管

三角瓶　　抽滤瓶　　　布氏漏斗　　　　分液漏斗　　　　漏斗　　　锥形试管

图 1-3　微型实验仪器

表 1-1　常用微型仪器品种以及规格

仪器名称	规格		
	磨口口径/mm	长度/mm	容量/mL
直形冷凝管	10 和 14	120	
球形冷凝管	10 和 14	120	
空气冷凝管	10 和 14	120	
圆底烧瓶	10 和 14		5、10 和 25
蒸馏头	10 和 14	50	
尾接管	10 和 14	50	
三角瓶	10 和 14		5 和 10
抽滤瓶	10 和 14		10 和 20
布氏漏斗	10 和 14	30	
分液漏斗	10 和 14		5 和 10
漏斗	10	30	
试管	10	100	
锥形试管	10		1 和 2
烧杯			25

（三）仪器的选择和装配

1. 仪器的选择和装配原则。

实验仪器的选择和装配是否正确，将直接关系到整个实验的成败。

（1）根据实验要求选用合适的仪器。

首先，在装配仪器时选用的仪器和配件应当干燥和洁净，因为仪器中存在的少许杂质或水珠，往往会严重影响产品的产量和质量。另外，应按实验要求选用不同类型和容量的仪器。如需要加热的实验，应选择坚固的仪器（如圆底烧瓶）作为反应器，因为它能耐受温度的变化及反应物沸腾时对器壁的冲击。反应器容积的大小应使所盛物的总体积占其容量的 1/3～1/2，最多不超过 2/3。

（2）按照一定的顺序和规律装配仪器。

装配仪器时，首先确定主要仪器的位置，然后按照自下而上、从左到右的顺序逐个装配仪器。如在安装蒸馏装置时，应先在铁架台上放好酒精灯，然后将烧瓶用铁圈固定在合适的高度，再逐一安装冷凝管及其他配件。

大件玻璃仪器（如烧瓶、冷凝器等）应用金属夹固定在铁架台上，不能夹得太紧，也不亦太松，金属夹应贴上橡皮、绒布或缠上石棉绳，否则易将容器夹碎。需要加热的仪器，金属夹应夹在受热最少的位置，如冷凝管的金属夹应夹在其中央偏上部位。

在常压下进行反应的装置，在保证易挥发物质不损失的前提下，必须与大气相通，绝不能密闭，否则受热后产生的气体或反应物的蒸汽发生膨胀，会使仪器内压力增大，引起爆炸。

仪器之间常用橡皮管、软木塞或橡皮塞连接。用短橡皮管连接玻璃管时，要使两玻璃管直接相连。选用塞子时，所选塞子和塞孔的大小必须合适。塞子塞入瓶颈的部分不能少于塞子本身长度的 1/3，也不能多于 2/3。橡皮塞易受有机溶剂侵蚀、溶胀，高温下易变形，因此，常用软木塞。但对气密性要求较高的减压蒸馏装置中必须使用橡皮塞，以防漏气。

装配仪器时，常要在塞子中插入温度计或玻璃管等，这就需要在塞子上钻孔。在软木塞上钻孔，钻孔器的钻嘴应比要插入软木塞的仪器的外径略小一点；若为橡皮塞，钻成后会收缩使孔径缩小，所选钻孔器的钻嘴则应比插入仪器的外径略大。软木塞钻孔前，最好在压塞机内或者利用木板压紧，防止其在钻孔时裂开或在反应时吸收过多的液体，如图1-4、图1-5 所示。

图1-4　软木塞滚压机

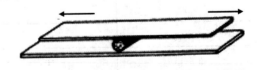

图1-5　利用木板滚压软木塞

钻孔时，把塞子放在桌面或凳面上，使塞子的小头向上，左手扶住塞子，右手握住钻孔器，在塞子小头的中央垂直按同一方向均匀地旋转钻孔器，同时略微用力向下压。等钻到塞子厚度一半时，按反方向旋转取出钻孔器。再按同样的方法从塞子的大头钻孔，直到把孔打通为止。也可以只从塞子的一端钻孔，直到把孔打通。取出钻孔器，用铁条捅出钻孔器内的塞芯和碎屑，再用圆锉修整。钻孔时，为了减少钻孔器与塞子间的摩擦力，可将钻孔器的前端用水或甘油水溶液润湿。

将温度计或玻璃管插入塞孔时，可先用水或甘油润湿欲插入端，然后一只手拿住塞子，一只手握着温度计或玻璃管并离插入端尽量近些，保持 2～3 cm 的距离，以减小扭矩。握玻璃管的手要逐渐旋转推入。若要插入玻璃弯管，则切勿用手握住弯曲处，以免玻璃管折断伤手，如图 1-6 所示。拔出玻璃管时也用类似的方法。

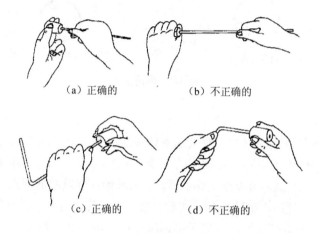

（a）正确的   （b）不正确的

（c）正确的   （d）不正确的

图 1-6 玻璃管插入塞子

（3）全面仔细地检查完仪器和装置后才能使用。

实验前要认真仔细地检查每一件仪器及配件是否符合要求，有无破损，装置是否正确、完整、牢固、安全。从正面和侧面观察，仪器的轴线是否在同一个平面内。经检查确认装置正确、安全后才能使用。

（4）实验完毕后按要求拆卸装置。

实验完毕后，立即按与安装相反的顺序拆卸装置，以免磨口粘连。一旦发生磨口粘连，可将仪器放入水中缓慢煮沸或小心地用电吹风快速吹粘连处。由于粘连处内外温差较大，常能使磨口旋开。

2．几种常见装置。

（1）回流装置。

很多有机化学反应需要在反应体系的溶剂或液体反应物的沸点附近进行，这时就要用回流装置，见图 1-7。图 1-7（a）是普通加热回流装置；图 1-7（b）是防潮加热回流装置。回流加热前应先放入沸石，根据瓶内液体的沸腾温度，可选用水浴、油浴或石棉网直接加热等方式。在条件允许的情况下，一般不采用隔石棉网直接用明火加热的方式。回流的速率应控制在液体蒸气浸润不超过两个球为宜。

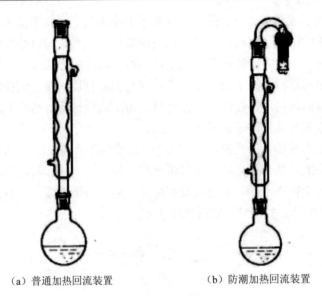

（a）普通加热回流装置　　　　　（b）防潮加热回流装置

图 1-7　回流装置

（2）蒸馏装置。

蒸馏是分离两种以上沸点相差较大的液体和除去有机溶剂的常用方法。图 1-8 是几种常用的蒸馏装置，可用于不同沸点物质的蒸馏。图 1-8（a）是最常用的蒸馏装置，由于这种装置出口处与大气相通，可能逸出馏液蒸汽，若蒸馏易挥发的低沸点液休时，需将接液管的支管连上橡皮管，通向水槽或室外。支管口接上干燥管，可用作防潮的蒸馏。图 1-8（b）是应用空气冷凝管的蒸馏装置，常用于蒸馏沸点在 140℃以上的液体。若使用直形水冷凝管，由于液体蒸汽温度较高会使冷凝管炸裂。

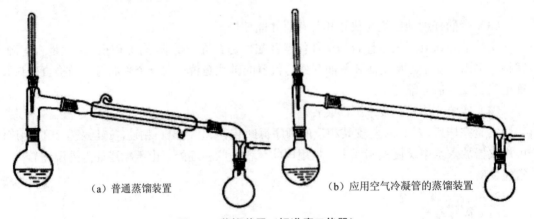

（a）普通蒸馏装置　　　　　　　　（b）应用空气冷凝管的蒸馏装置

图 1-8　蒸馏装置（标准磨口仪器）

（四）常用仪器的洗涤

普通化学实验经常使用各种玻璃仪器，而这些仪器是否干净，常常会影响实验结果的准确性。因此，应该保证所使用的玻璃仪器干净。

洗涤玻璃仪器的方法很多，应该根据实验要求、污物的性质和玷污的程度来选择洗涤方法。一般来讲，附在仪器上的污物既有可溶性物质，也有尘土和其他不溶性物质，还有油污和有机物质，针对这种情况，可以分别采用下列洗涤方法：

1．用水刷洗。

用毛刷沾水刷洗，既能使可溶物溶解，也可以使附着在仪器内壁上的灰尘和部分不溶物质脱落下来，但往往洗不去油污和有机物。必要时重复两次，最后用少量蒸馏水或去离子水冲洗仪器整个内壁 2～3 次。

2．用肥皂或合成洗涤剂洗。

如果玻璃器皿有油污，而且水洗不能洗干净时，可用肥皂或合成洗涤剂洗。其步骤是：首先把要洗的玻璃仪器用水润洗，但水不能太多。然后用毛刷沾上少许洗涤剂刷洗，待仪器内外壁都经过仔细刷洗后，再用自来水冲洗，最后用蒸馏水冲洗仪器 2～3 次。洗涤方法是一般从洗瓶向仪器内壁挤入少量水，同时转动仪器或变换洗瓶水流方向，使水能充分淋洗内壁，每次蒸馏水用量要少一些，尽量做到"少量多次"。

3．用铬酸洗液洗。

铬酸洗液是用等体积的浓硫酸和饱和的重铬酸钾溶液配成的溶液，具有强氧化性，对有机物和油污的去除能力特别强。

在进行精确的定量实验时，往往会遇到一些口小、管径细的仪器，很难用前面的方法洗涤，这时可用铬酸洗液来洗，其方法及步骤是：向仪器内加入少量洗液，使仪器倾斜并慢慢转动，让仪器内壁全部被洗液湿润，转动几圈后，把洗液倒回原瓶内，然后用自来水把仪器壁上残留的洗涤液洗去，最后用蒸馏水冲洗 2～3 次。如果用洗液把仪器浸泡一段时间或用热的洗液洗，则效果更好。在使用洗液时，要注意安全，不要让热洗液灼伤皮肤。洗液的吸水性很强，应随时将装洗液的瓶子盖严，以防吸水，降低去污能力。当洗液用到出现绿色时，则说明已经失去了去污能力，不能继续使用。

经上述方法洗净的仪器，仍然会沾有自来水带来的 Ca^{2+}、Mg^{2+}、Fe^{3+}、Fe^{2+}、Cl^- 等离子，如果实验中不允许这些离子存在，应用去离子水或蒸馏水淋洗内壁 2～3 次。每次用水尽量少些，符合"少量多次"的原则。

4．特别物质的去除。

除以上清洗方法外，还可根据沾在器壁的污物的性质不同对症下药，选用适当的试剂与所沾污物产生化学反应形成可溶性物质，再刷洗除去。如 AgCl 沉淀，可选用氨水清洗，硫化物沉淀可选用硝酸加盐酸清洗，二氧化锰沉淀可选用浓盐酸或浓硫酸清洗。

玻璃仪器洗净的标志是当仪器倒置时内壁上不挂水珠，水在器壁上无阻碍地流动，只留下一层均匀的水膜。若有水流拐弯现象，则表示洗得不够干净。另外，洗净的仪器绝对不能用抹布或纸擦拭，否则内壁沾上纤维反而被污染。

在定性、定量实验中，由于杂质的引进会影响实验的准确性，对仪器的洁净程度要求较高。但在有些情况下，如一般的无机制备实验、性质实验或者使用的药品本身不纯，这时对仪器洁净程度的要求不高，仪器只要刷洗干净即可，不必要求不挂水珠，也不必用蒸馏水荡洗。工作中应根据实际情况决定清洗的程度。

（五）常用仪器的干燥

普通化学实验常常需要使用干燥的玻璃仪器，所以需要养成实验完毕立即将玻璃仪器洗净干燥的习惯，以符合实验的要求。

1．加热烘干。

如图 1-9 所示，洗净的仪器可以放在电烘箱内烘干，温度控制在 105℃左右。

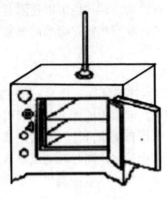

图 1-9　电烘箱

2．晾干和吹干。

不急用的仪器在洗净后，可以放置于干净的实验柜或仪器架上任其自由晾干。

3．烤干。

烧杯、蒸发皿等可放在石棉网上，用小火焰烤干。试管可用试管夹夹住后，在火焰上来回移动，直至烤干，但试管口必须低于管底，以免水珠倒流到灼热部位，使试管炸裂，待烤到不见水珠后，将管口朝上赶尽水气。

4．有机溶剂干燥。

加热带有刻度的计量仪器，会影响仪器的精密度，所以不能用加热的方法对其进行干燥。可以加一些易挥发的有机溶剂到已洗净的仪器中去，如酒精、丙酮等，使器壁上的水与这些有机溶剂互相溶解、混合，然后倾出。少量残留在仪器中的混合物，很快就挥发而干燥，如果用吹风机吹干，干燥得更快。

（六）常用仪器的保养

洗净并干燥的仪器应分开、分类存放在仪器包装盒内。有些不能分开存放的，如酸式滴定管、分液漏斗等，应在活塞和磨口间夹上滤纸条，以免长期不用，发生粘连。

五、普通化学实验的学习方法

要正确掌握普通化学实验的基本操作技能和实验方法，使实验能力和素质得到全面提高，不仅要有正确的学习态度，而且还要有正确的学习方法。普通化学实验的学习应注意以下几个方面。

（一）预习

为了获得预期的实验效果，实验前必须认真预习，仔细阅读实验教材和理论教材中与之有关的内容，明确实验目的和要求，弄懂基本原理和操作步骤等。标注出疑难问题，然后写好预习报告，做到心中有数，有计划地进行实验。预习报告中每一个实验内容的下面，要留足空行，以方便做实验记录。预习报告的内容如下：

（1）实验目的；

（2）基本原理；

（3）各步操作的反应方程式；

（4）用简练的词句、符号配合箭头表述简明的实验步骤；

（5）各种反应物的用量，主要反应物和产物的物理常数（如分子量、密度、熔点、沸点、溶解度等），计算产物的理论产量。

（二）听讲

认真听取实验课教师对实验内容、实验方法、药品用量、基本操作技能和安全注意事项的讲解，认真仔细地做好笔记。

（三）实验

（1）实验前要先擦净实验台、洗干净手，然后拿出需用的实验仪器，将所用的玻璃仪器洗涤干净。根据实验教材和教师所讲解的内容、方法、步骤及注意事项，认真进行实验操作。

（2）如果发现实验现象和结果与预期相反或与理论不符，应记录下真实的实验情况，并认真检查和分析原因，重新实验，找出问题所在。

（3）实验中如果遇到疑难问题，应积极思考，并请教师或大家一起讨论。

（4）在实验中应保持安静，爱护仪器设备，严格遵守实验室各项工作守则。遇到不安全事故发生时，应沉着冷静，妥善处理，并及时报告教师。

（5）每次实验后要将所用的仪器洗涤干净，放回原处。尤其是盛有不易洗净的实验残渣或对玻璃仪器有腐蚀作用的废液的器皿，应在实验后用洗液立即清洗干净。

（四）记录

对每一个实验的整个过程，包括开始、中间过程及最后结果的现象或数据都应细心观察、如实记录，要养成一边观察一边记录的良好习惯，以便了解实验的全过程。不允许事后凭记忆或零散纸条上的记载补写实验记录。如果发现做错或记错，应用一条细线清楚地划掉，再将重做的或改正的结果写在旁边或下面，切勿在原始记录上涂改，更不能弄虚作假，要养成实事求是的优良作风。实验完毕后应将实验记录交给指导教师审阅。

（五）实验报告

根据实验记录按时写出实验报告，处理数据，对实验现象进行解释，对实验进行讨论并得出结论。实验报告是学生从感性认识提升到理性思维阶段的重要环节，要求字迹工整、条理清晰、简单明了，若不符合要求应重做实验或重写报告。

下面是实验报告格式示例。

例1 测定性实验

普通化学实验报告

实验名称: _____

系_____ 专业_____ 班级_____ 姓名_____ 同组人_____ 日期_____

实验目的
实验原理（有机部分还应画出仪器装置图）
实验步骤
实验结果（实验数据记录及处理）
问题和讨论

指导教师_____

例 2 验证性实验

普通化学实验报告

实验名称: _____

系_____ 专业_____ 班级_____ 姓名_____ 同组人_____ 日期_____

实验目的

实验原理（简要概述）

实验内容、步骤	现象记录	原理	结论

问题和讨论

指导教师_____

例 3　提纯、制备实验

普通化学实验报告

实验名称: _____

系_____　专业_____　班级_____　姓名_____　同组人_____　日期_____

实验目的	
基本原理	
简要步骤（流程）	
实验过程中主要现象	
实验结果 产品颜色　　　　　　　　性状 粗原料量　　　　　　　　产量 产率计算 纯度	
问题和讨论	

指导教师_____

例4 有机合成实验

普通化学实验报告

实验名称：_____

系_____ 专业_____ 班级_____ 姓名_____ 同组人_____ 日期_____

实验目的
基本原理（主反应、副反应）
主要原料和产物（包括中间产物、副产物）的物理常数
主要原料用量及产物的理论产量
实验方案、操作流程设计及其依据（参考文献）
实验过程中的难点及主要现象
实验结果、数据处理
问题和讨论

指导教师_____

六、实验数据的记录和处理

为了获得准确的实验结果，不仅要求准确测量，而且还要正确地记录和计算，即记录的数字不仅表示数量的大小，还要能正确地反映测量的精确程度。因此建立有效数字的概念并掌握它的计算规则，应用有效数字的概念在实验中正确做好原始记录，正确处理原始数据，正确表示分析结果，对于刚开始学习普通化学的学生具有非常重要的意义。

有效数字是指在实验分析中实际能测量得到的数字。其最末一位是估计的、可疑的，即使是"0"也得记上。误差表示测定结果与真实值的差异，用来衡量实验结果的准确度高低，一般用绝对误差和相对误差来表示。绝对误差是指测定值与真实值之差；相对误差是指绝对误差在真实值中所占的百分率。

以下根据实验室的具体情况，介绍有效数字的记录和计算的一般规则，以及实验结果的正确表示方法。

（1）所有的分析数据，应当根据仪器的测量误差，只保留一位不定数字。在化学实验中，几个重要物理量的测量误差一般为：

质量：$\pm 0.000\,x$ g（分析天平）、$\pm 0.0\,x$ g（托盘天平）；

体积：$\pm 0.0\,x$ mL（滴定管）；

温度：$\pm 0.\,x$℃；

pH：$\pm 0.0\,x$ 单位（酸度计）等。

例如，在一台称量误差为 $\pm 0.000\,2$ g 的分析天平上，某物质的称量记录为 19.436 94 g，则最后一个"4"是多余的，因为它前面的"9"已经是不定数字了。因此，正确的记录应当是 19.436 9 g。

（2）数字"0"及"9"在确定有效数字位数时，应根据具体情况而定。其中数字"0"在数据中具有双重意义。作为普通数字使用时，它是有效数字；若仅起定位作用，就不是有效数字。例如，在 0.005 0 一数中，前面三个"0"是起定位作用的，最后面一个"0"才是有效数字，因此，该数仅有两位有效数字。9、99 等大数的相对误差与 10、100 十分接近，因此，可以分别视为两位和三位有效数字。

（3）运算过程中，弃去多余数字也称为"修约"，其原则是"四舍六入五成双"，即当测量值中被修约的那个数字等于或小于 4 则舍去；等于或大于 6 时应进位；等于 5 时，5 后面的数为 0，若进位后测量值末位数为偶数，则进位，舍去后末位数为偶数，则舍去。5 后面的数不为 0，则一律进位。

例如：将 0.584 2、6.786、14.75 和 0.918 5 四个测量值修约为三位有效数字时，结果分别为：0.584、6.79、14.8 和 0.918。

（4）加减法的运算中，应以小数点后位数最少，即绝对误差最大的数为依据，来取得有效数字的位数。

例如：求 0.011 7 + 24.78 + 1.037 62 = ？

3 个数据中，24.78 中的 8 有 0.01 的误差，绝对误差以它最大，因此，所有数据只能保留至小数点后第二位。得到：

$$0.01 + 24.78 + 1.04 = 25.83$$

（5）乘除法的运算中，以有效数字位数最少，即相对误差最大的数为依据，来确定有效数字位数。

例如：求 0.011 7 × 24.78 × 1.037 62 = ?

其中，以 0.011 7 的有效位数最少，即相对误差最大，因此所得数据只能保留三位有效数字。得到：

$$0.011\ 7 × 24.78 × 1.037\ 62 = 0.301$$

（6）对数的有效数字位数取决于尾数部分的位数。例如 lg K = 10.34，为两位有效数字，pH = 2.08，也是两位有效数字。

（7）计算式中的系数（倍数或分数）、常数（如π、e 等）等数字可视位足够准确，不考虑其有效数字位数，计算结果的有效位数，应由其他测量数据来决定。

（8）如果要改换单位，千万注意不能改变有效数字的位数。例如，"7.4 g"只有两位有效数字，若改用 mg 表示，正确表示应为"$7.4×10^3$ mg"，若写为"7 400 mg"，则有四位有效数字，就不合理了。

（9）在计算过程中，为了提高计算结果的可靠性，可以暂时多保留一位有效数字，得到最终结果时，再根据数字的修约规则，弃去多余的数字。

（10）使用计算器计算定量分析结果，特别要注意最后结果中有效数字的位数，应根据数字修约规则决定取舍，切不可完全照抄计算器上显示的八位或十位数字。

（11）有关化学平衡的计算中，一般保留 2～3 位有效数字，pH 值的有效数字一般保留 1～2 位。有关误差的计算，一般也只保留 1～2 位有效数字，通常要使其值变得大一些，即只进不舍。

（12）定量分析结果通常以平均值来表示。在实际测定中，对质量分数大于 10%的分析结果，一般要求有两位有效数字；对 1%～10%的分析结果，则一般要求三位有效数字；对于小于 1% 的微量组分，一般只要求两位有效数字。

七、作图技术

利用图形表达实验结果直观清晰，能直接显示出数据的特点，如极大、极小、转折点等，还可方便地对数据作进一步处理，如利用图形作切线、求经验方程等。

（一）作图法的应用

作图法在实验结果的处理中应用极为广泛，其中重要的有：

（1）求内插值。根据实验所得的数据，作出函数间相互关系的曲线，然后找出与某函数相应的物理量的数值。例如，在溶解热的测定中，根据不同浓度下的积分溶解热曲线，可以直接找出该盐溶解在不同量的水中所放出的热量。

（2）求外推值。在某些情况下，测量数据间的线性关系可外推至测量范围以外，求某一函数的极限值，即为外推法。例如，强电解质无限稀释溶液的摩尔电导率的值，不能由实验直接测定，但可直接测定浓度很稀的溶液的摩尔电导率，然后作图外推至浓度为 0，即得无限稀释溶液的摩尔电导率。

（3）作切线，以求函数的微商。从曲线的斜率求函数的微商在数据处理中是经常应用的。例如，利用浓度随温度变化的曲线作切线，通过其斜率求出某一时间段内该反应的平均速率。

（4）求经验方程。若函数和自变量有线性关系

$$y = ax + b$$

则以相应的 x 和 y 的实验数据（x_i，y_i）作图，作一条尽可能联结诸实验点的直线，由直线的斜率和截距，可求出方程式中 a 和 b 的数值。

（5）求转折点和极值。这是作图法最大的优点之一，在许多情况下都应用它，如最低恒沸点的测定等。

（二）作图的步骤

作图法的广泛应用，要求我们认真掌握作图技术。下面列出作图的一般步骤及作图原则。

1．坐标纸和比例尺的选择。

直角坐标纸最为常用。用直角坐标纸作图时，以自变量为横轴、因变量为纵轴，横轴与纵轴的读数不要求一定从 0 开始，视具体情况而定。坐标轴上比例尺的选择极为重要。比例尺改变，曲线形状也会跟着改变。若选择不当，可使曲线的某些相当于极大、极小或转折点的特殊部分看不清楚，比例尺的选择应遵守以下原则：

（1）要能表示出全部有效数字，以使从作图法求出的物理量的精确度与测量的精确度相适应。

（2）图纸每小格所对应的数值应便于迅速、简便地读数，便于计算，即坐标的分度要合理。如 1、2、5 等，切忌 3、7、9 或小数。

（3）若作的图线是直线，则比例尺的选择应使其斜率接近 1。

（4）全图布局匀称、合理。

2．画坐标轴。

选定比例尺后，画上坐标轴，在轴旁标明该轴所代表变量的名称及单位。在纵轴的左面及横轴的下面每隔一段距离写出该处变量的数值，便于作图与读数。一般不将实验值写于坐标轴旁或代表点旁。横轴读数由左至右，纵轴读数自下而上。

3．描出代表点。

将实验测得数据的各点绘于图上，在点的周围画上圆圈、方块或其他符号，其面积大小应代表测量的精确度。若测量的精确度很高，圆圈应作得小些，反之就大些。在一张图纸上如有数组不同的测量值时，各组测量值的代表点应用不同符号表示，以示区别，并须在图上注明。

4．连曲线。

描出各代表点后，用曲线板或曲线尺，连出尽可能接近于各实验点的曲线。曲线应光滑均匀，细而清晰，曲线不必也不可能通过所有各点。但各点在曲线两旁的分布，在数量上和远近程度上应近似相等。代表点和曲线间的距离表示了测量的误差，曲线与代表点间的距离应尽可能小，并且曲线两侧各代表点与曲线间距离之和也应近似相等。在作图时也存在作图误差，所以作图技术的好坏，将直接影响实验结果的准确性。

5．写图名。

写上清楚完整的图名及坐标轴的比例尺。图上除图名、比例尺、曲线、坐标轴外，一般不再写其他的文字及作其他辅助线，以免使主要部分反而不清楚。数据亦不要写在图上，

但在报告上应有相应的完整的数据。有时图线为直线而欲求其斜率时，应在直线上取两点（注意：不能是数据点），然后，平行坐标轴画出虚线，并加以计算。

八、实验性污染与环境保护知识

在化学实验过程中，常有废液、废气、废物，即"三废"的排放。大量的有害物质会对环境造成污染，威胁人们的健康。如 SO_2、NO、Cl_2 等气体对人的呼吸道有强烈的刺激作用，对植物也有伤害作用；As、Pb 和 Hg 等的化合物进入人体后，不易分解和排出，长期积累会引起胃疼、皮下出血、肾功能损伤等；氯仿、四氯化碳等能致肝癌；多环芳烃能致膀胱癌和皮肤癌；某些铬的化合物触及皮肤破伤处会引起其溃烂不止等。因此，为了保证实验人员的健康，防止环境污染，必须对实验过程中产生的毒害物质进行必要的处理后再排放。

（一）常用的废液处理方法

1．中和法。

（1）酸性废液。不能直接倒入水槽中，以防腐蚀管道，将废酸液用适当浓度 Na_2CO_3 溶液或 $Ca(OH)_2$ 溶液中和后，再用大量水冲稀排放。

（2）NaOH、氨水。用适当浓度的盐酸溶液中和后，再用大量水冲稀排放。

2．萃取法。

萃取法主要适用于一些含有机物质的废液。将与水不互溶但对污染物有良好溶解性的萃取剂加入废水中，充分混合，以提取污染物，从而达到净化废水的目的。例如，含酚废水就可采用二甲苯作为萃取剂。

3．化学沉淀法。

废液中的重金属离子如汞离子、铜离子、铅离子、镍离子、铬离子等，碱土金属离子如钙离子、镁离子，及某些非金属离子如砷离子、硫离子、硼离子等，可采用此法去除：在废液中加入某种化学试剂，与其中的污染物发生化学反应，生成沉淀，分离去除。它包括：

（1）氢氧化物沉淀法。用 NaOH 作为沉淀剂处理含重金属离子的废水。

（2）硫化物沉淀法。用 Na_2S、H_2S 或 $(NH_4)_2S$ 等作为沉淀剂处理含汞、铅等重金属的废水。水中溶解的有害无机物或有机物，可通过化学反应将其氧化或还原，转化成无害的新物质或易从水中分离去除的形态。常用的氧化剂主要是漂白粉，用于含氮废水、含硫废水及含酚废水等的处理；常用的还原剂有 $FeSO_4$、Na_2SO_3 等，用于还原 Cr^{6+}。此外，还有某些金属，如铁屑、铜屑、锌粒等，可用于去除废水中的汞。

4．综合法。

综合法主要适用于一些含多种无机物质、有机物质的废液。

（1）含一般有机溶剂的废液。

一般有机溶剂是指醇类、酯类、有机酸、醛酮等由 C、H、O 等元素构成的物质。

对此类物质的废液中的可燃性物质，用焚烧法处理。对难以燃烧的物质及可燃性物质的低浓度废液，则用溶剂萃取法、吸附法、沉淀法及氧化分解法处理。另外，废液含有重金属时，要保管好焚烧残渣。但是，对易被生物分解的物质（即通过微生物的作用而容易分解的物质），其稀溶液经水稀释后，即可排放。

（2）含石油、动植物性油脂的废液。

此类废液包括苯、己烷、二甲苯、甲苯、煤油、轻油、重油、润滑油、切削油、机器油、动植物性油脂及液体和固体脂肪酸等物质的废液。

对可燃性物质，用焚烧法处理。对难以燃烧的物质及低浓度的废液，则用溶剂萃取法或吸附法处理。对含机油之类的废液，含有重金属时，要保管好焚烧残渣。

（3）含 N、S 及卤素类的有机废液。

此类废液包含的物质有吡啶、喹啉、甲基吡啶、氨基酸、酰胺、二甲基酰胺、二硫化碳、硫醇、烷基硫、硫脲、硫酰胺、噻吩、二甲亚砜、氯仿、四氯化碳、氯乙烯类、氯苯类、酰卤化物和含 N、S、卤素的染料、农药、颜料及其中间体等。

对可燃性物质，用焚烧法处理，但必须采取措施去除由燃烧而产生的有害气体(如 SO_2、HCl、NO_2 等)。对多氯联苯类物质，因其难以燃烧而有一部分直接被排出，要加以注意。

对难以燃烧的物质及低浓度的废液，用溶剂萃取法、吸附法及水解法进行处理。但氰基酸等易被微生物分解的物质经稀释后，即可排放。

（4）含酚类物质的废液。

此类废液包含的物质有苯酚、甲酚、萘酚等。

对浓度大的可燃性物质，可用焚烧法处理。而浓度低的废液，则用吸附法、溶剂萃取法或氧化分解法处理。

（5）含有酸、碱、氧化剂、还原剂及无机盐类的有机类废液。

此类废液包括含有硫酸、盐酸、硝酸等酸类和氢氧化钠、碳酸钠、氨等碱类，以及过氧化氢、过氧化物等氧化剂与硫化物、联氨等还原剂的有机类废液。

首先，按无机类废液的处理方法，把它分别加以中和。然后，若有机类物质浓度大时，用焚烧法处理并保管好残渣。能分离出有机层和水层时，将有机层焚烧，对水层或其浓度低的废液，则用吸附法、溶剂萃取法或氧化分解法进行处理。但是，易被微生物分解的物质，用水稀释后，即可排放。

（6）含有机磷的废液。

此类废液包括磷酸、亚磷酸、硫代磷酸以及磷系农药等物质的废液。对浓度高的废液进行焚烧处理。若其中含难以燃烧的物质多，则可与可燃性物质混合进行焚烧。对浓度低的废液，经水解或溶剂萃取后，用吸附法进行处理。

（7）含有天然及合成高分子化合物的废液。

此类废液包括含有聚乙烯、聚乙烯醇、聚苯乙烯、聚二醇等合成高分子化合物，以及蛋白质、木质素、纤维素、淀粉、橡胶等天然高分子化合物的废液。

对含有可燃性物质的废液，用焚烧法处理。而对含有难以焚烧的物质及含水的低浓度废液，则需经浓缩后，将其焚烧。但对蛋白质、淀粉等易被微生物分解的物质，其稀溶液不经处理即可排放。

（二）常用的废气处理方法

1. 溶液吸收法。

溶液吸收法是指采用适当的液体吸收剂处理气体混合物，除去其中有害气体的方法。

常用的液体吸收剂有水、酸性溶液、碱性溶液、氧化剂溶液和有机溶剂。它们可用于净化含有 SO_2、NO_x、HF、SiF_4、HCl、Cl_2、NH_3、HCl、汞蒸气、酸雾、沥青烟和含有有机物蒸汽的废气。

2．固体吸收法。

固体吸收法是将废气与固体吸收剂接触，废气中的污染物吸附在固体表面而被分离出来。它主要用于废气中低浓度污染物的净化，常用固体吸附剂及其处理的吸附物质见表 1-2。

表 1-2　常用固体吸附剂及其处理的吸附物质

固体吸附剂	吸附物质
活性炭	苯、甲苯、二甲苯、丙酮、乙醇、乙醚、甲醛、汽油、乙酸乙酯、苯乙烯、氯乙烯、恶臭物、H_2S、Cl_2、CO、CO_2、CS_2、CCl_4、CH_2Cl_2
浸渍活性炭	烯烃、胺、酸雾、硫醇、H_2S、Cl_2、HCl、NH_3、Hg、HCHO、CO、CO_2、SO_2
活性氧化铝	H_2O、H_2S、SO_2、HF
浸渍活性氧化铝	酸雾、Hg、HCl、HCHO
硅胶	H_2O、SO_2、NO_x、C_2H_2
分子筛	NO_x、H_2O、H_2S、SO_2、HF、CO、CO_2、CS_2、NH_3

（三）常用的废渣处理方法

固体废渣主要采用掩埋法处理。有毒的废渣须先经化学处理后深埋在远离居民区的指定地点，以免毒物溶于地下水而混入饮用水中；无毒废渣可直接掩埋，掩埋地点应做记录；有毒且不易分解的有机废渣或废液可以用专门的焚烧炉进行焚烧处理。

第二章　普通化学实验基本操作

学习和掌握普通化学实验基本操作和基本技能，是正确进行实验的基础。本章从加热与冷却，试剂的取用，试纸及其使用，称量及台秤的使用，气体的发生、净化和干燥，固体的溶解、蒸发、结晶和干燥，沉淀的分离和洗涤等最基本的实验操作技能入手，训练学生的实验能力。

一、加热与冷却

（一）灯的使用

在实验室中，经常用的加热用具就是酒精灯和酒精喷灯。酒精灯的温度可达 400～500℃，酒精喷灯的温度可达 700～1 000℃，灯的火焰的温度分布如图 2-1 所示。

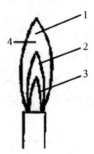

1-氧化焰；2-还原焰；3-焰心；4-最高温度处

图 2-1　正常火焰

氧化焰（外焰）：燃料完全燃烧，过剩的空气使此部分火焰具有氧化性，称"氧化焰"，温度最高，最高温度处在还原焰顶端上部的氧化焰中，实验时，一般都用氧化焰来加热。

还原焰（中焰）：燃料不完全燃烧，并分解为碳的产物，故此部分火焰具有还原性，称"还原焰"，温度较高。

焰心（内焰）：燃料与空气混合并未燃烧，温度低。

1．酒精灯的使用方法。

酒精灯一般是玻璃制的，其灯罩带有磨口，不用时，必须将灯罩罩上，以免酒精挥发。酒精易燃，使用时必须注意安全。

（1）灯内酒精不能装得太满，一般不宜超过其总容量的 2/3。

（2）点燃酒精灯之前，应先将灯头提起，吹去灯内的酒精蒸汽。

（3）用火柴点燃酒精灯，不要用燃着的酒精灯直接去点燃，否则灯内酒精会洒出灯外，引起燃烧。

（4）需要添加酒精时，应先将火焰熄灭，然后将酒精加入灯内。

（5）要熄灭灯焰时，可将灯罩盖上，然后提起灯罩，待灯口稍冷，再盖上灯罩，这样可以防止灯口破裂。熄灭酒精灯时切勿用嘴吹。

2．酒精喷灯的使用方法。

酒精喷灯一般是金属制的，如图2-2所示。使用前，先在预热盆上注入酒精至满，注意使用过程中不能续加，以免着火。然后点燃盆内酒精，以加热铜质灯管，待盆内酒精将近燃完时，开启空气调节器，这时由于酒精在灼热灯管内气化，并与来自气孔的空气混合，以火柴点燃管口，即可得到温度较高的火焰。调节开关的螺丝，可以控制火焰的大小。用毕后，关闭空气调节器或用石棉网盖住灯口即可使灯焰熄灭。应该注意，在开启空气调节器、点燃管口以前，必须充分灼烧灯管，否则，酒精在灯内不会全部气化，液体酒精由管口喷出，形成"火雨"，甚至引起火灾。在这种情况下，必须赶快熄灭喷灯，用湿布盖灭着火处，待稍冷后再往盆中添满酒精，重新预热灯管。

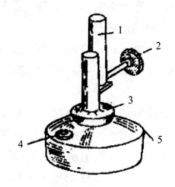

1-灯管；2-空气调节器；3-预热盆；4-油嘴；5-灯座

图2-2　座式酒精喷灯

（二）加热的方法

实验室中常用的加热仪器有烧杯、烧瓶、锥形瓶、蒸发皿、坩埚、试管等，这些仪器都能够承受一定的温度，但不能骤冷骤热，因此加热前，必须将容器外壁的水擦干，加热后不能立即与潮湿的物体接触。

1．直接在试管中加热液体。

试管中的液体一般可以直接放在火焰上加热，但易分解的物质应放在水浴中加热，在火焰上加热试管时，应注意以下几点：

（1）应该用试管夹夹住试管的中上部。若只需微热时，可用拇指、食指和中指夹住试管。

（2）试管应稍微倾斜，管口朝上，以免烧焦试管夹或烤痛手指，如图2-3所示。

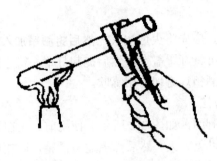

图 2-3　用试管加热液体

（3）应使液体各部分受热均匀，先加热液体的中上部，再慢慢往下移动，然后不时地上下移动或振摇试管，不要集中加热某一部分，防止局部沸腾发生喷溅。

（4）不要将试管口对准别人或自己，以免溶液溅出时把人烫伤。尤其是加热浓酸浓碱时，应更加注意安全。

（5）离心试管由于管底玻璃较薄。不宜直接加热，应在热水浴中加热。

2．在烧杯、烧瓶等玻璃仪器中加热液体。

加热前应将容器的外壁擦干。加热时，烧杯中盛装液体不超过其容积的 1/2，烧瓶则不超过 2/3，且必须放在石棉网上，否则容易因受热不匀而破裂，见图 2-4。

3．在水浴上加热。

被加热的物质要求受热均匀且不能超过 100℃，同时需维持一定的温度来进行各种实验时，需要使用水浴加热，如图 2-5 所示。水浴锅一般是铜制的或铝制的，内盛水不超过其容积的 2/3。将盛有被加热物质的容器置于水浴锅的锅圈上，再将锅中的水煮沸，利用蒸汽加热。有时也将容器直接浸入水浴中直接用热水加热，但不能接触锅底。在实验室中常用大一点的烧杯来代替水浴锅。

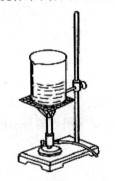

图 2-4　用烧杯加热液体

图 2-5　水浴上加热

4．在试管中加热固体。

在试管中加热固体时，必须注意不要使凝结在试管上的水珠流到灼热的管底而使试管破裂，必须使试管口稍微向下倾斜，试管可用试管夹夹持起来加热，有时也可用铁夹固定起来加热，见图 2-6。加热时先加热固体中后部，再慢慢往前移动，然后不断前后移动，使各部分受热均匀。

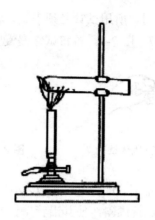

图 2-6　加热试管中固体

（三）冷却的方法

在普通化学实验中，有时需要采用一定的冷却剂进行冷却操作，或在较低温度下进行反应、分离提纯、合成制备等。实验室常用的冷却剂是水或冰-水混合物。如需低于 0℃的温度，可采用盐-冰混合物制成冷浴。不同的盐和冰，按一定比例可制成冷却范围不同的冷却剂，见表 2-1。

表 2-1　常用盐-冰冷却剂及其冷浴的最低温度

冷却剂	盐的质量分数/%	冷浴的最低温度/℃
NaCl+冰	10	−6.56
	15	−10.89
K_2CO_3+冰	39.5	−36.5
KCl+冰	22.5	−7.8
	29.8	−55
$CaCl_2$+冰	19.75	−11.1

二、试剂的取用

取用试剂时应先看清标签，再打开瓶塞。取用时，如果瓶塞顶是扁平的，可用左手的中指、食指和手掌将瓶塞取下，或放在洁净的表面皿上，绝对不可将它横放在桌面上以免玷污。取完试剂后应立即将瓶塞盖紧并放回原处，严禁弄错瓶塞。任何试剂取出后，都不得再返入试剂瓶中，以免试剂玷污降级。

（一）固体试剂的取用

（1）左手持瓶稍倾斜，右手持洁净、干燥的药勺伸入瓶内，从瓶口往内观察，调节所取药量。如果试剂用量很少，可用药勺另一端的小勺。用过的药勺必须洗净、擦干后再取另一种试剂，或者专勺专用，不能用手直接拿取。

（2）注意按指定量取药品，多取的不能倒回原处，只能放在另一指定的容器中备用。

（3）将固体试剂加入试管中时，所用试管必须干燥。将盛试剂的药勺或对折的纸条平行地伸进试管约 2/3 处，见图 2-7、图 2-8。再将试管慢慢竖直，将药品倾入管底。

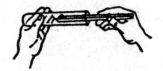

图 2-7　用药勺往试管里送入固体试剂　　　　图 2-8　用纸槽往试管里送入固体试剂

（4）如果用小勺取用少量药品时，试管可以垂直，小勺在管口上水平旋转将药品倒入，见图 2-9。加入块状固体，应将试管倾斜，使其沿管壁慢慢滑入，见图 2-10。

图 2-9　用小勺加少量固体　　　　图 2-10　块状固体沿管壁慢慢滑下

（二）液体试剂的取用

1．从细口瓶中取试剂。

右手持瓶，手心朝向贴有标签的一侧，将瓶口紧靠试管、烧杯或量筒的边缘。缓慢倾斜瓶子或借助一根干净的玻璃棒引流，让试剂沿壁或玻璃棒缓缓流入，如图 2-11 所示。倾出所需要量的试剂后，慢慢竖起瓶子，稍加停留后再离开盛器或玻璃棒，使遗留在瓶口的试剂全部流回，以免弄脏试剂瓶的外壁。需要注意的是，借助玻璃棒引流时，玻璃棒应随着液面的上升逐渐上移；倒液完毕后，稍加停留，再将玻璃棒移开，并立即清洗干净。

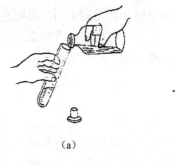
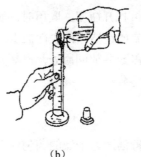

　　（a）　　　　　　　　　　（b）　　　　　　　　　　（c）

图 2-11　液体试剂的取用

　　易挥发、有嗅味的液体试剂的取用，如浓盐酸等，应在通风橱内进行；易燃烧、易挥发的物质，如乙醚等，应在周围无火种的地方移取。

　　2．从滴瓶中取试剂。

　　用中指和无名指夹住滴管颈部，拇指和食指虚按橡皮头，提起滴管。如果滴管中已存有溶液，即可滴用。如无溶液，则轻压橡皮头赶出空气后，随即伸入溶液，放松手指吸入溶液，如图 2-12 所示。切勿在滴瓶内驱气鼓泡，以免溶液变质。

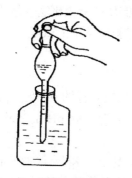

图 2-12　滴管吸液

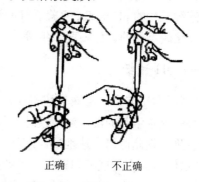

正确　　　　不正确

图 2-13　滴管放液操作

　　用滴管将液体滴入试管时，应用左手垂直地拿持试管，右手无名指和中指扶住滴管，将它放在试管口的正上方，然后用大拇指和食指挤捏橡皮头，使液体滴入管中，绝对禁止将滴管伸入试管中，见图 2-13。否则滴管口易沾有试管壁上的其他试剂，如果再将此滴管放入药品瓶中，则会玷污该瓶中的试剂，滴瓶中的滴管取完试剂后，应立即插回原来的滴瓶中，切忌"张冠李戴"，也不能把吸有液体药品的滴管横置或将滴管口向上斜放，以免液体流入滴管的橡皮头中腐蚀橡皮头和玷污溶液。

　　3．用量筒量取液体。

　　量筒是实验室常用的量具。可根据量取液体的体积选用各种不同规格的量筒，测量误差通常为量筒最大测量体积的±2%左右。

　　用量筒量取液体时，应左手持量筒，并以大拇指指示所需体积的刻度处；右手持药品瓶，并注意应使药品标签避开液体流出的方向，以免腐蚀标签。瓶口紧靠量筒口边缘，慢慢注入液体到所指刻度。量筒量取液体时，液面呈弯月形。读取刻度时，应使视线与液面弯月形的最低点在同一水平线上，不可俯视或仰视，见图 2-14。

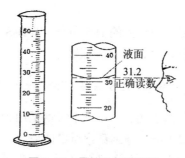

图 2-14　量筒的正确读数

如果不慎倾出了过多的液体，只能弃去或留给他人使用，不得倒回原瓶中。

试剂取用后，必须立即将瓶塞盖好。实验室中试剂瓶的放置，一般均有一定的次序和位置，不得任意改动。若需要移动试剂瓶，使用后应立即放回原处。

三、试纸及其使用

实验中使用的试纸主要分为两大类：检验溶液酸碱性的试纸和检验气体的试纸。例如检验溶液酸碱性的 pH 试纸、检验氯气的淀粉-碘化钾试纸、检验硫化氢气体的醋酸铅试纸、检验二氧化硫气体的蓝色石蕊试纸等。下面介绍几种实验室常用的试纸。

（一）pH 试纸

pH 试纸常用来测定溶液的酸碱性，并且能测出溶液较具体的 pH 值。pH 试纸是将试纸用多种酸碱指示剂的混合溶液浸透后经晾干制成的。它对不同 pH 的溶液能显示不同的颜色即色阶，据此可以快速地确定溶液的酸碱性。

pH 试纸分为广泛试纸和精密试纸两种。广泛试纸只能粗略测定溶液的 pH（整数值，pH=1～14），精密试纸在酸碱度变化较小的情况下就有颜色变化，所以能较准确地测定溶液的 pH 值。

使用 pH 试纸测定溶液 pH 值的方法：将一小块 pH 试纸放在洁净而干燥的点滴板或表面皿上，用干净的玻璃棒蘸取少许待测溶液，点在 pH 试纸上，使成一个小圆点，然后观察试纸的颜色变化，绝对不能将试纸浸入待测溶液中试验。最后将 pH 试纸所产生的颜色与标准比色卡比对，即可确定溶液的 pH 值。

（二）石蕊试纸

石蕊试纸常用来判断溶液酸碱性。酸性溶液能使蓝色的石蕊试纸变红，碱性溶液能使红色的石蕊试纸变蓝。

用石蕊试纸检验溶液酸碱性的方法：将一小块试纸放在洁净而干燥的点滴板或表面皿上，用玻璃棒蘸取少许待测溶液，点在石蕊试纸上，使成一个小圆点，然后观察试纸的颜色变化。

检验气体或挥发性物质（如 SO_2、NH_3 等）的酸碱性时，先用蒸馏水将石蕊试纸湿润，再将试纸悬空放在试管口的上方，仔细观察试纸颜色的变化。

（三）醋酸铅试纸

醋酸铅试纸可用来检验反应中产生的 H_2S 气体。当 H_2S 气体接触到湿润的醋酸铅试纸时，立即生成黑色的 PbS 沉淀，使试纸变成棕黑色。

$$Pb(Ac)_2 + H_2S \rightleftharpoons PbS\downarrow + 2HAc$$

用醋酸铅试纸检验 H_2S 气体的方法：将一小张试纸用少量蒸馏水润湿后贴在玻璃棒的一端，靠近正在反应的试管口上方，仔细观察试纸的变化。若逸出的 H_2S 气体较少时，也可将试纸伸进管内或贴在管口上方，但不能触及试管内壁或溶液。

（四）淀粉-碘化钾试纸

淀粉-碘化钾试纸常用来检验反应中产生的氧化性气体，如 Cl_2、Br_2 等。其使用方法与醋酸铅试纸相同。当湿润的淀粉-碘化钾试纸与氧化性气体接触时，碘化钾中的碘离子被氧化为碘单质，碘单质与淀粉溶液作用呈现蓝紫色。

$$2I^- + Cl_2 === 2Cl^- + I_2$$

但是，遇到气体的氧化性很强，浓度很大时，还可以进一步将 I_2 氧化成 IO_3^-，使蓝色褪去。

$$I_2 + 5Cl_2 + 6H_2O === 2HIO_3 + 10HCl$$

所以，使用时必须仔细观察试纸颜色的变化，否则会得出错误的结论。

使用试纸时，要注意节约，除了把试纸剪成小块外，用时不要多取。取用后，马上盖上瓶盖，以免试纸玷污。用后的试纸不要随意丢弃，收集后置于垃圾桶内。

四、称量及台秤的使用

实验室进行称量的仪器有台秤和分析天平。台秤用于粗略称量试剂质量，分析天平则用于精确度要求较高的实验称量。台秤能迅速称量物质的质量，但精确度不高，一般只能准确到 0.1 g。实验室常用的台秤以双盘居多，如图 2-15 所示。

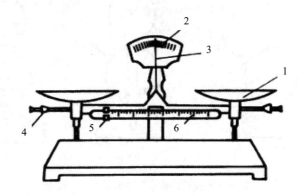

1-秤盘；2-标尺；3-指针；4-平衡螺丝；5-游码；6-游码标尺

图 2-15　台秤

使用台秤前，先将游码 5 拨到刻度尺左端刻度"0"处，观察指针 3 的摆动情况，如果指针在标尺的左右摆动的距离基本相等，则台秤就可使用。如果指针在标尺左右摆动的距离相差较大，则应将平衡螺丝加以调节后方可使用。

称量方法如下：

（1）左盘放称量物。称量物不能直接放在托盘中，应根据情况放在光滑的纸片、表面皿或烧杯中，然后再将试剂加在纸片、表面皿或烧杯上称量。但易吸潮或有腐蚀性的试剂，不能放在纸片上称量。

（2）右盘放砝码。先加大砝码，后加小砝码，最后用游码来调节，至指针距离标尺左右两边的距离基本相等时为止，记下砝码游码的总克数至两位小数，注意游码读数应该是游码左边边缘与刻度尺对齐处的克数。

（3）称量完毕后，把砝码放回盒内原处，并将游码退回到刻度"0"处，清洁台秤托盘。

五、气体的发生、净化和干燥

（一）气体的发生（启普发生器的用法）

实验室用启普发生器来制备 H_2、H_2S 及 CO_2 等。它是由一个葫芦状的玻璃容器和球形漏斗组成的，如图 2-16（a）所示。固体原料（如锌粒、硫化铁、碳酸钙等）放入中间球体内，并事先在圆球底部周围缝隙放些玻璃棉或垫上橡皮圈，防止固体掉入下半球，固体的装入量以不超过容器的 1/3 为宜。如图 2-16（b）所示。然后将酸加入上端的漏斗中。

使用时打开旋塞，由于压力差，中间圆球内的气体从旋塞放出，漏斗中酸液自动下降，由底部通过缝隙进入中间球体与固体接触，反应随即发生并产生气体。当停止使用时，只要关闭旋塞，由于所产生的气体积聚在中间球体而导致压力增大，酸液又被压回上端的球形漏斗中，如图 2-16（c）所示。此时，固体脱离与酸的接触，反应随即停止。下次再用时，只要打开旋塞即可。

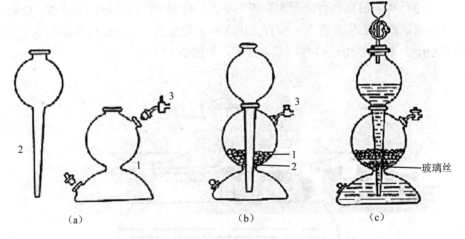

（a）　　　　　（b）　　　　　（c）

1-葫芦状玻璃容器；2-球形漏斗；3-旋塞

图 2-16　启普发生器

在实验室也可以直接从装有某些气体的钢瓶中取用气体。这类钢瓶有不同颜色的外壁和某些气体的标志，在取用时必须先看清标志，这些气体在钢瓶内为高压状态，有的易燃，有的有刺激性或毒性，使用时必须严格遵守操作规程，并应在教师的指导下进行。

（二）气体的净化和干燥

实验室制得的气体常带有酸雾、水汽或其他杂质，故通常让气体通过洗气瓶、干燥塔等进行洗涤和干燥，如图 2-17 所示。洗气瓶中装有水或玻璃棉，以除去酸雾。除去水分时，需要选用和所制气体不发生反应的干燥剂。

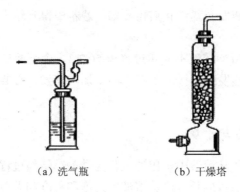

（a）洗气瓶　　　　（b）干燥塔

图 2-17　气体的洗涤和干燥

六、溶解、蒸发、结晶和干燥

（一）固体的溶解

固体的颗粒较小时，可用适量水直接溶解。固体的颗粒较大时，要先用研钵进行粉碎。实验室常用瓷研钵，其他还有铁制、玻璃制、玛瑙制等。用前应洗净、晾干。放入固体的量不要超过研钵总容量的 1/3，对于大颗粒固体不能用磨杆敲击，只能压碎。

溶解时，常用加热、搅拌等方法加速溶解。搅拌时，为了加快固体的溶解，可以加热，同时搅拌。搅拌时，手持玻璃棒在容器内均匀地转圈，如图 2-18 所示。注意搅拌时玻璃棒不能触及容器的内壁和底部，搅棒也不要碰击或摩擦容器，更不要用力过猛，以防溶液飞溅。

图 2-18　固体的溶解

（二）蒸发（浓缩）

在无机物的提纯、制备过程中，当物质从稀溶液中析出晶体时，通常需要将稀溶液进行蒸发、浓缩以便获得结晶。蒸发操作通常在蒸发皿中进行，缓缓加热并不断搅拌，溶液中的水分便不断蒸发，溶液不断浓缩，但切不可蒸干，以便使少量杂质留在母液中除去。溶液浓缩的程度与被结晶物质的溶解度大小以及溶解度随温度的变化等因素有关。若被结晶的物质溶解度较小或随温度的变化较大，则蒸发至出现晶膜即可。若被结晶物质的溶解度随温度的变化不大，则蒸发至稀粥状后再冷却。若希望得到较大的晶体，则不宜蒸发得太快。

在蒸发过程中，皿内所盛溶液不应超过容积的 2/3，余下溶液可以随时添加。当物质的热稳定性较好时，可将蒸发皿直接放到石棉网上加热蒸发，必要时可适当搅拌以防止暴溅。否则换水浴加热蒸发。

（三）结晶、重结晶与干燥

在一定的条件下，物质从溶液中析出的过程为结晶。结晶过程分为两个阶段。一个是晶核形成阶段，另一个是晶核成长阶段。溶液的过饱和程度和温度，特别是温度，都能影响结晶的速度，从而影响晶体颗粒的大小。

结晶通常有两种方法，一种是通过蒸发或者汽化溶剂，将溶液浓缩到饱和状态后析出。这种方法主要是提纯那些溶解度随温度变化不大的物质，如氯化钠、氯化钾、氯化钡等。但是这种方法很难得到大的晶体。另一种是将溶液冷却到过饱和使溶质析出。主要用于提纯那些溶解度随温度降低而变化很大的物质，如硝酸钾等。冷却速度对晶体的形成有很大的影响，温度缓慢下降有利于形成大的晶体，反之则形成小的晶体。

晶体颗粒大而且均匀，夹带的母液和杂质少，所得的产品纯度高，但是结晶时间长。当晶体快速析出则相反。

在制备无机物时，通常上述两种方法并用。由于析出的晶体大小与结晶条件有关，所以控制结晶条件就可以得到大小满意的晶体。若溶液的浓度较高，溶质的溶解度较小，冷却得较快，并加以搅拌，得到的晶体就小。反之，若出现了过饱和现象，即使当温度降低后仍不能出现晶体，此时可以慢慢摇动容器，或者用玻璃棒轻轻摩擦容器的内壁，也可以加入小晶种，促使晶体的析出。

若一次结晶的所得晶体纯度不符合要求，可以进行重结晶。重结晶是提纯固体物质的最常用、最有效的方法之一。它适用于溶解度随温度变化较大、杂质含量小于 5%、提纯物与杂质间溶解度相差较大的一类化合物。

重结晶的操作一般如下：加适量的水或其他溶剂于被提纯物中，加热溶解并蒸发溶液至饱和，趁热过滤，除去不溶性杂质，滤液经冷却后，析出被提纯物质。杂质则留在母液中。这样通过过滤、洗涤，可以得到纯度较高的物质，若一次重结晶达不到纯度要求，可以再次重结晶。

有机化合物的重结晶关键在于选择合适的溶剂。重结晶的溶剂要符合以下原则：重结晶物质的溶解度随温度的变化较大；杂质在溶剂中的溶解度要么很大，留在母液中，要么很小，随过滤除去；溶剂与重结晶的物质容易分离；溶剂的毒性，易燃性符合要求。

选定好溶剂后，有机化合物的重结晶操作分为以下几步：①溶解。必要时可以进行热溶解。用选定的溶剂将被提纯的物质溶解，制成饱和溶液；②脱色。如果有机化合物中含有带色杂质，必须将有色杂质除去；③过滤。有必要时可以进行热过滤；④结晶。将溶液充分冷却，使被提纯物质呈结晶状析出；⑤干燥。制得晶体后，通常将其放在表面皿中置恒温箱内烘干，也可置于蒸发皿中加热烘干。对于某些易失去结晶水的晶体，可以放在两层滤纸之间，用手轻轻压，用滤纸将水分吸干。

七、沉淀的分离和洗涤

溶液与沉淀（或结晶）的分离常用三种方法：倾析法、过滤法和离心分离法。

（一）倾析法

当沉淀物的密度较大或结晶的颗粒较大时，其在静置过程中能较快沉降到容器的底部，此时可采用倾析法进行沉淀与溶液的分离。

倾析法操作的要点是：待沉淀沉降后，将沉淀上部的清液缓慢地倾入另一容器中，使沉淀与溶液分离。如需洗涤，可在转移完清液后，加入少量蒸馏水或其他洗涤剂，充分搅拌后静置，待沉淀沉降后再用倾析法倾去清液，如此重复操作2～3次，即能将沉淀洗净。为了把沉淀转移到滤纸上，先用洗涤液将沉淀搅起，将悬浮液立即按上述方法转移到滤纸上，这样大部分沉淀就可从烧杯中移走，然后用洗瓶中的水冲下杯壁和玻璃棒上的沉淀，再进行转移。

（二）过滤法

过滤法是沉淀与溶液分离最常用的方法。过滤时将沉淀与溶液的混合物通过过滤器，沉淀留在过滤器上，溶液则通过过滤器进入承接的容器中，所得的溶液叫滤液。

溶液的温度、黏度，过滤时的压力，过滤器孔径的大小和沉淀物的性质都会影响过滤的速度。实验室常采用的过滤法有常压过滤法和减压过滤法。

1. 常压过滤法。

在常压下用普通漏斗过滤的方法叫常压过滤法，该方法最为简便和常用。当沉淀物为胶体或细微晶体时，用此法过滤较好，缺点是过滤速度较慢。

常压过滤法最常用的滤器是贴有滤纸的玻璃漏斗。折叠滤纸前，应先将手洗净，擦干，以免弄脏滤纸。滤纸一般按四折法折叠：先将滤纸整齐地对折，再对折，见图2-19（a）、（b）。滤纸展开后呈60°圆锥形，一面是三层，一面是一层，正好能与60°角的标准漏斗相密合，如图2-19（c）所示。如果漏斗的角度不够标准，则应适当改变滤纸第二次折叠的角度，使之能正好配合所用的漏斗。为确保滤纸与漏斗壁紧贴后无空隙，在三层的那一面紧贴漏斗的外层撕下一只小角，保存于干燥的表面皿上备用。再把该圆锥形滤纸平整地放入洁净的漏斗中，使滤纸与漏斗壁紧贴。用左手食指按住滤纸三层那一面，右手持洗瓶挤出蒸馏水使滤纸湿润，然后用洁净的玻璃棒轻轻按压滤纸四周，使之紧贴在漏斗壁上，此时滤纸与漏斗应当密合，其间不应留有空气泡。一般滤纸上边缘应低于漏斗口0.3～0.5 cm。

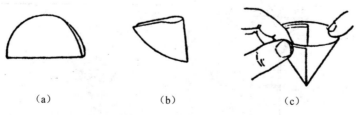

（a）　　　　　　（b）　　　　　　（c）

图2-19　滤纸的折叠方法

常压过滤的基本操作步骤如下：

（1）将准备好的漏斗放在漏斗架或铁圈上，下面放一个洁净的烧杯承接滤液，使漏斗出口长的一边紧贴在滤液接受器的内壁上，如图 2-20 所示，以使滤液沿器壁顺流而下，减少空气阻力，加速滤程，且避免滤液溅出。

（2）左手持玻璃棒，让它悬垂在漏斗中的三层滤纸一边，但不能用力触及滤纸以免戳破。然后右手拿烧杯，使烧杯尖嘴紧靠玻璃棒，让溶液沿玻璃棒缓缓流入漏斗中，如图 2-20 所示。每次倾入溶液时，应注意使滤面低于滤纸边缘约 1 cm，以防过多的溶液沿滤纸和漏斗内壁的缝隙流入接受器中，失去滤纸的过滤作用。溶液倾倒完毕，让玻璃棒沿烧杯嘴稍向上提起至杯嘴，再将烧杯慢慢竖直，以免溶液流到烧杯外壁。

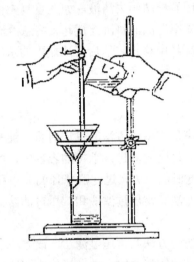

图 2-20　过滤

（3）过滤时，先转移上层清液，后转移沉淀，这样能不使沉淀物堵塞滤孔，可节省过滤的时间。转移沉淀时用洗瓶挤出少量蒸馏水，均匀冲洗烧杯内壁，让沉淀集中于烧杯底部，再将沉淀搅拌起并立即转到滤纸上。如此重复多次，最后残留部分可用洗瓶挤出少量蒸馏水将其全部冲洗到滤纸上，如图 2-21 所示。在漏斗内的沉淀应低于滤纸上边缘 0.5 cm。

（4）过滤完毕，用洗瓶挤出少量蒸馏水淋洗盛放沉淀的容器及引流的玻璃棒，一般洗涤 2～3 次。再自上而下地冲洗滤纸上的沉淀，如图 2-22 所示，用少量水，多次洗，直至符合洗涤要求，洗涤水也必须全部滤入接收容器中。两次洗涤之间最好滤干，这样才能获得较好效果。

图 2-21　沉淀转移　　　　图 2-22　沉淀的洗涤

2. 减压过滤法。

为了加速大量溶液与沉淀混合物的分离，常用减压过滤法，也叫抽滤。该方法可以加快过滤的速度，还可以把沉淀抽吸得比较干。但对于结晶颗粒太小的沉淀和胶态沉淀不适合。

减压过滤法使用的仪器有：布氏漏斗、抽滤瓶、安全瓶、水泵等，其装置如图 2-23 所示。减压过滤的原理是由真空泵将吸滤瓶内的空气抽出，降低瓶内气压而促使过滤加速。抽滤的基本操作如下：

（1）按照图 2-23 安装仪器。布氏漏斗下边的橡皮塞的大小应与吸滤瓶的口径相吻合，塞进瓶颈内的部分一般不超过塞子高度的 1/2。布氏漏斗颈端的斜口应朝向吸滤瓶的支管，以免滤液被吸出。安全瓶的作用是防止在关闭水龙头或水压突然加大而又降低时，自来水倒吸入吸滤瓶中污染滤液。安装时，安全瓶的短管与吸滤瓶相连，而长管连接抽气管。

（2）取一张大小适中的滤纸，在布氏漏斗上轻压一下，然后沿压痕内径剪成圆形，此滤纸应比漏斗的内径略小，以恰好盖上瓷板上的小孔为度，然后用洗瓶挤出少量蒸馏水将其润湿，微开自来水龙头或真空泵，让滤纸紧贴在瓷板上。

（3）过滤前先开水龙头或真空泵，再用玻璃棒引流，将待分离的沉淀和溶液的混合液转移到布氏漏斗中，转移的速度不要太快，一般布氏漏斗内的滤液不要超过其容积的 2/3，待上部清液滤完后再将沉淀倒入漏斗的中间部分。在过滤过程中，留心观察，当滤液快上升到抽滤瓶的支管处时，立即拔出抽滤瓶支管处的橡皮管，再取下漏斗，将抽滤瓶上的支管朝上倒出滤液后再继续吸滤。必须指出的是，过滤过程中切勿突然关闭水龙头，以防止自来水倒吸入安全瓶甚至抽滤瓶中，如果中途需要停止过滤，应先拔掉抽滤瓶支管上的橡皮管，再关闭水龙头。

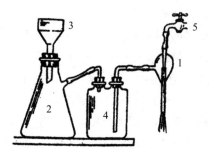

1-抽气管；2-抽滤瓶；3-布氏漏斗；4-安全瓶；5-自来水龙头

图 2-23　减压过滤的装置

（4）在布氏漏斗上洗涤沉淀时应停止抽滤，每次用少量蒸馏水或其他洗液浸透沉淀物再尽量抽干。

（5）过滤完毕，同样应先拔掉吸液瓶上的橡皮管，再关闭水龙头。取下漏斗后将漏斗颈朝上，轻轻敲打漏斗边缘，或对着漏斗颈部口用力一吹，即可使沉淀物脱离漏斗，落入预先准备好的滤纸或容器中。沉淀量大时可用玻璃棒将大部分沉淀挖出后，再轻轻掀起滤纸边，将滤纸和沉淀一起取出。

（三）离心分离法

试管内少量溶液和沉淀混合物的分离常用离心分离法，操作简便迅速。实验室常用电动离心机进行沉淀的离心分离，如图 2-24 所示。离心机的工作原理是利用离心机在高速旋转时产生的离心力将离心试管中的沉淀向底部转移并积聚在试管底部，上方得到澄清的溶液。沉淀物的密度越大及沉淀物的颗粒越大时，固液分离越快。一般来说，当沉淀物的密度小于 1 时，不能用此法分离。

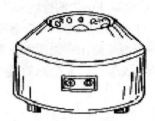

图 2-24　电动离心机

使用时将装有溶液和沉淀混合物的离心试管放入离心机的试管套管内。为了防止因质量不均衡而引起的振动，必须在其对称位置，放入一支装有与其质量相近的分离物或水的离心试管，以保持离心机的两臂处于平衡状态。放好离心试管后，盖好离心机的顶盖，然后打开旋钮。将调节转速旋钮由小到大，一般调至 2 000 r/min 左右。运转 1～2 min 后即可停止。关机时要注意逐级减速，最后关停，让离心机自行停止转动后，才可以打开盖子，取出离心试管。绝对不能用外力强制其停止运动，以防损坏离心机轴或因离心机振动重新掀翻沉淀。千万注意的是，不能在离心机高速旋转时打开盖子，以免离心试管因振动而破裂后，玻璃碎片旋转飞出，发生伤人事故。

在离心分离后的试管中进行固液分离时，左手持离心试管，右手拿带有毛细尖端的长滴管，用拇指和食指用力挤出橡皮头中的空气，然后将滴管小心插入清液中，插入的深度以尖端不接触沉淀为限。此时慢慢减少手对橡皮头的挤压力量，溶液就被缓慢吸入滴管，如图 2-25 所示。随着离心试管中清液的减少，滴管逐渐下移，吸出的溶液应及时转移，如此反复多次，尽可能将清液吸净，只留下沉淀。

如需洗涤沉淀，可往沉淀中加入少量的蒸馏水，用玻璃棒充分搅拌后，再进行离心分离，同样用滴管移去上清液，如此洗涤 2～3 次即可。最后可根据实验需要留舍清液或沉淀。

图 2-25　用滴管吸取沉淀上的溶液

第三章　普通化学基本实验

本章包括操作性实验和测定性实验两部分。

在化学实验或者化工生产中，实验过程总是由某些单元操作组成的。实验室常见的单元操作有搅拌、加热、过滤、减压过滤、蒸发、蒸馏、干燥、吸附、萃取、洗涤、回流、升华、色谱分析等。所以，学习普通化学实验要从掌握实验基本操作技能着手，练好扎实的基本功，才能全面掌握普通化学实验技能。

测定性实验包括某些化学常数的测定：电离度和电离平衡常数的测定、化学反应速率的测定、溶度积的测定、配合物和氧化还原中某些常数的测定等，这些都是普通化学基本理论中重要的常数测定。完成这些实验，能有效地加深对基本知识和基本理论的理解，熟悉一些简单仪器的使用方法，培养严谨的科学态度。

第一节　操作性实验

实验一　玻璃工操作实验

（一）实验目的

掌握一些常用的简单玻璃仪器的制作方法。

（二）实验内容

在化学实验中，玻璃工操作是重要操作之一。玻璃钉、测熔点用的毛细管和玻璃棒、蒸馏时用的弯管等，常需自己动手制作。

1. 玻璃管的洗净和切割。

玻璃管可以用硝酸或重铬酸-硫酸洗液浸泡、洗净，用蒸馏水冲洗后干燥。

玻璃管（棒）的切割是用锉刀在要切断的地方用锉刀锉一稍深的痕，但不可来回锉，以免损坏锉刀，然后用两手拇指抵住刻痕背面，稍向外用力，并略向左向右拉，即可将其折断，见图 3-1、图 3-2、图 3-3。

玻璃管的切断面很锋利，容易割破皮肤、橡皮管或塞子，必须在火焰中烧光滑。把玻璃管的切断面斜放在氧化焰的边缘，不停转动玻璃管烧到微红，就可使玻璃管的切断面变光滑。但不可烧得太久，否则管口会缩小。

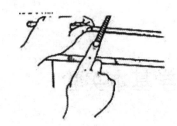

图 3-1 锉玻璃管的操作

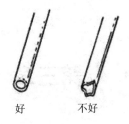

好　　　不好

图 3-2 两种玻璃管截面的比较

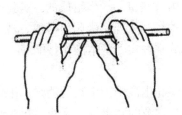

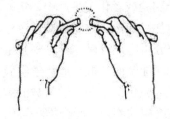

图 3-3 玻管（棒）的截断

2. 弯玻璃管。

在有机实验装置中，经常需要不同角度的玻璃管作为连接管。弯玻璃管时，将干燥玻璃管依照所需长度按上法将其切断。用双手握住玻璃管，将要弯曲的部分放在酒精喷灯火焰上加热，必要时可以加宽火焰与玻璃管的接触面。为了使加热均匀，玻璃管必须朝一个方向不断缓慢旋转，如图 3-4 所示。当玻璃管烧黄变软时，立刻从火焰中取出，弯成所需要的角度，如图 3-5 所示。如果需要将玻璃管弯成较小的角度，常需分成几次来弯，每次弯曲一定的角度，重复操作。每次加热中心稍有偏移，达到所需要的角度。弯好的玻璃管不能扭曲，应在同一平面上，且弯曲处光滑无明显折痕，如图 3-6 所示。

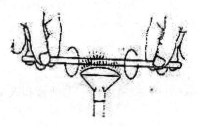

图 3-4 玻璃管的加热

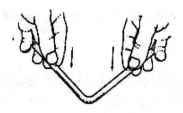

图 3-5 弯制玻璃管

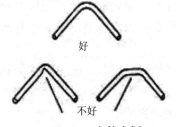

好

不好

图 3-6 弯管实例

在弯管操作时，要注意以下几点：如果两手旋转玻璃管的速度不一致，则玻璃管会发生歪扭，即两臂不在同一平面上；玻璃管如果受热不够，则不易弯曲，并易出现纠结和瘪陷；如果受热过度，玻璃管的弯曲处管壁常常厚薄不均和出现瘪陷；玻璃管在火焰中加热时，双手不要向外拉或向内推，否则管径变得不均；在一般情况下，不应在火焰中弯玻璃管；弯好的玻璃管用小火烘烤一两分钟，退火处理后，放在石棉网上冷却，不可将热的玻璃管直接放在桌面上。

3．拉毛细管。

取一根干净的内径 0.8～1 cm 的薄壁玻璃管，放在火焰上加热，不断旋转玻璃管，当烧至发黄变软时，立即将玻璃管从火中取出，水平地向两边拉开，如图 3-7 所示。开始时较慢，然后再较快地拉长，使之成为内径 1 mm 左右的毛细管。将内径 1 mm 左右的毛细管用碎瓷截成 15 cm 左右的小段，两端都用小火封闭，冷却后放置在试管内。以备测熔点用。使用时只要将毛细管从中间割断，即得两根熔点管。

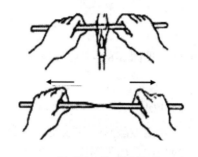

图 3-7　拉毛细管

4．玻璃钉的制作。

取一段 15 cm 长的细玻璃棒（直径比小玻璃漏斗颈略小），在酒精喷灯氧化焰边沿加热至发黄变软，然后在石棉网上按一下，即成玻璃钉。

（三）思考题

1．在玻璃管加工的实验中，为什么不用酒精灯加热？
2．制作玻璃弯管时，为什么玻璃管必须朝一个方向不断缓慢旋转？
3．拉毛细管时，有哪些技术要领？

（四）环保提醒

为保持实验台面的整洁，每次实验时，准备一个大烧杯，用来临时收集实验过程中的少量废液、废水、废渣等。

实验二　酸度计的使用

（一）实验目的

学习酸度计的使用方法。

（二）基本原理

酸度计测 pH 值的方法是电势测定法。将测定电极（玻璃电极）与参比电极（甘汞电极）一起浸在被测溶液中，组成一个原电池。甘汞电极的电极电势与溶液 pH 值无关，在一定温度下是一定值。而玻璃电极的电极电势随溶液 pH 值的变化而改变。所以它们组成的电池电动势也随溶液的 pH 值变化。

设电池的电动势为 E，在 25℃时：$E_{甘汞} - E_{玻璃} = K + 0.056\,\mathrm{pH}$

在一定条件下，式中 K 为常数。此关系式说明，当电极材料与温度一定时，E 与被测溶液的 pH 值呈直线关系。

酸度计的主体是精密电位计，用来测量上述原电池的电动势，并直接用 pH 值刻度表示出来，因而从酸度计上可以直接读出溶液的 pH 值。

（三）常用电极

1. 甘汞电极。

通常用的都是饱和甘汞电极，见图 3-8。它由金属汞、Hg_2Cl_2 和饱和 KCl 溶液组成，电极反应是：

$$Hg_2Cl_2 + 2\,e = 2Hg + 2Cl^-$$

饱和甘汞电极的电极电势不随溶液酸碱性的改变而改变。在一定的温度下，它的电极电势是不变的，25℃时，为 0.241 5V。如果温度不为 25℃，电极电势 E 与温度 t（℃）的关系为：

$$E = 0.241\,5 - 0.000\,76\,(t - 25)$$

2. 玻璃电极。

玻璃电极见图 3-9，它的主要部分是头部的球泡，由厚度约为 0.2 mm 的敏感玻璃薄膜组成，对氢离子有敏感作用。当它浸入被测溶液时，被测溶液的氢离子与电极球泡外表面水化层进行离子交换、迁移，当达到平衡时产生相界面电势。同理，球泡内表面也会产生相界面电势。这样在玻璃膜的内外表面上会出现电势差。由于内水化层氢离子浓度不变，而外水化层氢离子浓度随被测液的氢离子浓度的变化而改变，因此玻璃膜两侧的电势差的大小取决于膜外层溶液的氢离子浓度。

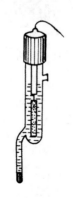

图 3-8 饱和甘汞电极

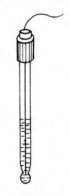

图 3-9 玻璃电极

玻璃电极具有以下优点：

（1）可用于测量有色的、混浊的或胶态的溶液的 pH 值。

（2）测定时，pH 值不受氧化剂或还原剂的影响。

（3）测量时不破坏溶液本身，测量后溶液仍然能使用。

它的缺点是头部玻璃泡非常薄，容易破损。

3．复合电极。

复合电极见图 3-10，把 pH 玻璃电极和参比电极组合在一起的电极就是 pH 复合电极，根据外壳材料的不同分塑壳和玻璃两种。相对于前两个电极而言，复合电极最大的优点就是使用方便。pH 复合电极主要由电极球泡、玻璃支持杆、内参比电极、内参比溶液、外壳、外参比电极、外参比溶液、液接界、电极帽、电极导线、插口等组成。

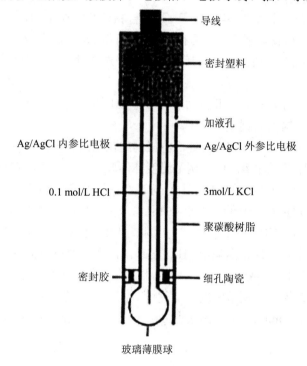

图 3-10　复合电极

使用 pH 复合电极时，应注意以下事项：

（1）球泡前端不应有气泡，如有气泡应用力甩去。

（2）电极从浸泡瓶中取出后，应在去离子水中晃动并甩干，不要用纸巾擦拭球泡，否则电荷会由于静电感应转移到玻璃膜上，延长电势稳定的时间，更好的方法是使用被测溶液冲洗电极。

（3）pH 复合电极插入被测溶液后，要搅拌晃动几下再静止放置，这样会加快电极的响应。尤其使用塑壳 pH 复合电极时，搅拌晃动要厉害一些，因为球泡和塑壳之间会有一个小小的空腔，电极浸入溶液后有时空腔中的气体来不及排除会产生气泡，使球泡或液接界与溶液接触不良，因此必须用力搅拌晃动以排除气泡。

（4）在黏稠性试样中测试之后，电极必须用去离子水反复冲洗多次，以除去黏附在玻璃膜上的试样。有时还需先用其他溶剂洗去试样，再用水洗去溶剂，浸入浸泡液中活化。

（5）避免接触强酸强碱或腐蚀性溶液，如果测试此类溶液，应尽量减少浸入时间，用后仔细清洗干净。

（6）避免在无水乙醇、浓硫酸等脱水性介质中使用，它们会损坏球泡表面的水合凝胶层。

（7）塑壳 pH 复合电极的外壳材料是聚碳酸酯塑料（PC），PC 塑料在有些溶剂中会溶解，如四氯化碳、三氯乙烯、四氢呋喃等，如果测试中含有以上溶剂，就会损坏电极外壳，此时应改用玻璃外壳的 pH 复合电极。

（四）各类酸度计及使用介绍

1. pHS-3C 型精密 pH 计。

pHS-3C 型精密 pH 计如图 3-11 所示，是一台精密数字显示 pH 计，它采用 3 位半十进制 LED 数字显示。该仪器适用于大专院校、研究院所、工矿企业的化验室取样测定水溶液的 pH 值和电位（mV）值。此外，还可配上离子选择性电极，测出该电极的电极电位。操作步骤如下：

（1）接通电源，打开开关，并将功能开关置 pH 挡，接上复合电极预热 20 min，温度补偿器置于被测溶液温度的刻度上。

（2）把斜率旋钮刻度置于 100%处，电极用纯化水清洗干净，并用滤纸吸干，将复合电极插入 pH=7 的标准缓冲溶液中；调节温度补偿旋钮，使其指示温度与溶液温度相同，再调节定位旋钮，使仪器显示的 pH 值与该标准缓冲溶液在此温度下的 pH 值相同。

（3）把电极从 pH=7 的标准缓冲溶液中取出，用纯化水清洗干净，并用滤纸吸干，插入 pH=4（或 pH=9 等）的标准缓冲溶液中，调节温度补偿旋钮，使其指示温度与溶液温度相同，再调节斜率旋钮，使仪器显示 pH 值与该溶液在此温度下的 pH 值相同。

（4）把电极从 pH=4（或 pH=9 等）的标准缓冲溶液中取出，用纯化水清洗干净，用滤纸吸干，插入被测溶液中，调节温度补偿旋钮，使其指示的温度和被测溶液温度一致，等仪器显示的 pH 值在 1 min 内改变不超过±0.05 时，此时仪器显示的 pH 值即是被测溶液的 pH 值。

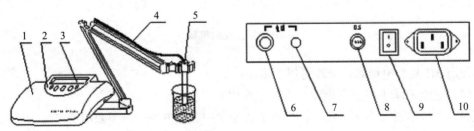

1-机箱；2-键盘；3-显示屏；4-多功能电极架；5-电极；6-测量电极插座；

7-参比电极接口；8-保险丝；9-电源开关；10-电源插座

图 3-11　pHS-3C 型精密 pH 计

（5）对弱缓冲液（如水）的 pH 值测定，先用邻苯二甲酸氢钾标准缓冲液校正仪器后测定供试液，并重取供试液再测，直至 pH 值的读数在 1 min 内改变不超过±0.05 为止，然后再用硼砂标准缓冲液校正仪器，再如上法测定两次 pH 值的读数相差不超过 0.1，取两次读数的平均值为其 pH 值。

（6）测量完毕，用纯化水冲洗电极，再用滤纸吸干；套上电极保护套（套中盛满电极保护液）。

2．pHS-3D 型 pH 计。

pHS-3D 型 pH 计如图 3-12 所示，是一台精密数字显示 pH 计，它采用大屏幕、带蓝色背光、双排数字液晶显示，可同时显示 pH、温度值或电位（mV）。该仪器适用于大专院校、研究院所、环境监测、工矿企业等部门的化验室取样测定水溶液的 pH 值和电位（mV）值，配上 ORP 电极可测量溶液 ORP（氧化-还原电位）值，配上离子选择性电极可测出该电极的电极电位值。操作步骤如下：

仪器使用前首先要标定，一般情况下仪器在连续使用时，每天要标定一次。

（1）自动标定（适用于 pH=4.00、pH=6.86、pH=9.18 标准缓冲溶液）

1）打开电源开关，仪器进入 pH 测量状态；按"模式"键一次，使仪器进入溶液温度显示状态（此时温度单位℃指示灯闪亮），按"△"键或"▽"键调节温度显示数值上升或下降，使温度显示值和溶液温度一致，然后按"确认"键，仪器确认溶液温度值后回到 pH 值测量状态。

2）把用蒸馏水清洗过的电极插入 pH=6.86（或 pH=4.0 或 pH=9.18）的标准缓冲液中，待读数稳定后按"模式"键两次（显示器显示"定位"），然后按"确认"键，仪器显示该温度下标准缓冲液的标称值。仪器完成定位进入 pH 测量状态。

3）用蒸馏水清洗过的电极插入另一种标准缓冲溶液中，待读数稳定后按"模式"键三次（显示屏显示"斜率"），然后按"确认"键，仪器显示该温度下标准缓冲溶液的标称值，仪器自动进入 pH 值测量状态。

用蒸馏水清洗电极后即可对被测溶液进行测量。

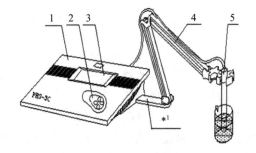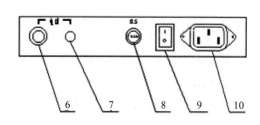

1-机箱；*1-多功能电极架固定座（已安装在机箱底部）；2-键盘；3-显示屏；4-多功能电极架；

5-电极；6-测量电极插座；7-参比电极接口；8-保险丝；9-电源开关；10-电源插座

图 3-12 pHS-3D 型 pH 计

（2）手动标定（适用于 pH=0.00～14.00 内任何标准缓冲溶液）

仪器在必要时或在特殊情况下仪器可进行手动标定。

1）打开电源开关，仪器进入 pH 测量状态；按"模式"键一次，使仪器进入溶液温度状态（℃符号闪亮），按"△"键或"▽"键，使温度显示值和被测溶液温度值一致，然后按"确认"键，仪器确认溶液温度值后回到 pH 值测量状态。

2）把用蒸馏水清洗过的电极插入一种标准缓冲溶液中，待读数稳定后按"模式"键两次（显示器显示"定位"），按"△"键或"▽"键，使温度显示值和被测溶液温度值一致，然后按"确认"键，仪器完成定位标定并进入 pH 测量状态。

3）用蒸馏水清洗过的电极插入另一种标准缓冲溶液中，待读数稳定后按"模式"键三次（显示屏显示"斜率"），按"△"键或"▽"键，调节显示数值与标准缓冲溶液 pH 值一致，然后按"确认"键，仪器按要求完成斜率标定并进入 pH 值测量状态。用蒸馏水清洗电极后即可对被测溶液进行测量。

（3）测量

经标定过的仪器，即可用来测量 pH 值，具体操作步骤如下：

1）被测溶液与定位溶液温度相同时，测量步骤如下：

①用蒸馏水清洗电极头部，再用被测溶液清洗一次。

②把电极浸入被测溶液中，用玻璃棒搅拌，使溶液均匀，在显示屏上读出溶液的 pH 值。

2）被测溶液和定位溶液温度不同时，测量步骤如下：

①用蒸馏水清洗电极头部，再用被测溶液清洗一次；用温度计测出被测溶液的温度值。

②用温度计测出被测溶液的温度值；调节"温度"调节旋钮，使白线对准被测溶液的温度值。

③把电极插入被测溶液内，用玻璃棒搅拌溶液，使溶液均匀后读出该溶液的 pH 值。

实验三 蒸馏及沸点的测定

（一）实验目的

1．掌握蒸馏仪器的安装及操作技术。

2．掌握沸点测定的基本操作。

（二）实验内容

将液态物质加热，它的蒸汽压就随着温度的升高而增大，当液体的蒸汽压增加到和大气压或所给压力相等时，就有大量气泡从液体内部逸出，即液体沸腾。这时的温度称为该液体在此压力下的沸点，将液体加热至沸腾变成蒸汽，又将蒸汽冷凝成液体的两个过程的联合操作称为蒸馏。由于低沸点化合物较易挥发，因此，通过蒸馏就能把沸点差别较大的两种以上的混合物液体分离开来，也可将易挥发物质和不挥发物质分开，从而达到分离和提纯的目的。同时利用蒸馏的方法可测定液体有机物的沸点范围，即沸程。纯粹液体有机物在一定压力下具有一定的沸点，它的沸点范围很小，为 0.5～1℃。所以，蒸馏可以用来测定有机物沸点。但是具有固定沸点的液体不一定都是纯粹的化合物，例如，各种共沸混合物。液体化合物中如果有杂质存在，则不仅沸点会有变化，而且沸点范围也会加大，所以测定沸点也是鉴定有机化合物及其纯度的一种方法。

为了消除在蒸馏过程中的过热现象和保证沸点的平衡状态，常加入素烧瓷片、沸石或一端封闭的毛细管。因为它们受热后能产生细小的空气泡，成为液体分子的气化中心，从而避免蒸馏过程中的跳动爆气现象，故把它们叫作止爆剂或助爆剂。

在加热前应加入止爆剂，当加热后发现未加止爆剂或原有止爆剂失效时，千万不能匆忙地投入止爆剂。因为当液体在沸腾时投入止爆剂，将会引起猛烈爆沸，液体易冲出瓶口。若是易燃的液体，将会引起火灾。所以应使沸腾的液体冷却至沸点以下后才能加入止爆剂。如蒸馏中途停止，需要继续蒸馏，也必须在加热前补添新的止爆剂才安全。

实验室中进行蒸馏操作的装置主要由以下三部分组成：

（1）蒸馏烧瓶：液体在瓶内受热气化。蒸汽经支管进入冷凝管，支管与冷凝管靠单孔塞子相连，支管伸出塞子外 2～3 cm。通常所蒸馏的液体体积不超过烧瓶体积的 2/3，不少于 1/3。

（2）冷凝管：蒸汽在冷凝管中冷凝成为液体。液体的沸点高于 130℃者常用空气冷凝管，低于 130℃者常用直形冷凝管。冷凝管下端侧管为进水口，用橡皮管接自来水龙头。上端的出水口套上橡皮管导入水槽中。上端的出水口应向上，才可保证套管内充满水。

（3）接受器：收集冷凝后的液体。常由接液管和三角烧瓶组成，两者之间不可用塞子塞住，应与外界大气相通。

1．蒸馏装置的安装。

选一个合适于蒸馏烧瓶的塞子钻孔，插入温度计，将配有温度计的塞子塞入烧瓶瓶口。调整温度计位置，以便蒸馏时水银球能完全被蒸汽包围，才能正确地测量出蒸汽的温度。通常使水银球的上端恰好与蒸馏瓶支管的下沿在同一水平线上。

再选一个合适于冷凝管口的塞子钻孔，孔径的大小能紧密地套入蒸馏烧瓶的支管为度。然后，把此塞子轻轻地套入蒸馏烧瓶的支管，用铁夹夹住瓶颈并固定在铁座架上。

选一个合适于冷凝管口的塞子钻孔，孔径大小恰好套进冷凝管下端，在另一个铁架台上，用铁夹夹住冷凝管的中上部分，调节固定器和铁夹的位置，使冷凝管和蒸馏烧瓶的支管尽可能在同一直线上，然后松开冷凝管上的铁夹，使冷凝管在此直线上移动与蒸馏烧瓶相连，蒸馏烧瓶的支管伸入冷凝管上端的木塞外 2～3 cm。这时，铁夹应正好夹在冷凝管的近中央部分，再装上接液管和接受器，整个装置见图 3-13。

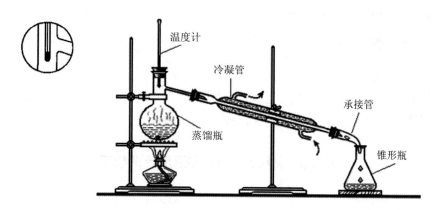

图 3-13 蒸馏装置（普通玻璃仪器）

装配蒸馏装置的顺序一般是先从热源处（如酒精灯或电炉等）开始，然后，"由下而上，由左到右"，依次安放脚架或铁环、石棉网、蒸馏烧瓶等，也可以用水浴或油浴。蒸馏烧瓶应垂直夹好，安装的冷凝管应与蒸馏烧瓶的支管同轴。各铁夹不应夹得太紧或太松。以夹住后稍用力尚能转动为宜，铁夹内要垫以橡皮等软性物质，以免夹破仪器。整个装置无论从正面或侧面观察，全套仪器中各种仪器的轴线都要在同一平面内，所有铁夹和铁架都应尽可能整齐地放在仪器的背部。

2．蒸馏操作与沸点的测定。

在 125 mL 蒸馏瓶中，加入 40 mL 95%（体积分数）工业乙醇，加料时用玻璃漏斗沿着面对蒸馏瓶支管口的瓶颈壁，将待蒸馏液体小心倒入，注意勿使液体从支管流出。加入 2～3 粒沸石，塞好装有温度计的塞子（水银球与支管口应处于同一水平高度），通入冷凝水，然后用酒精灯或水浴加热，开始火焰可稍大些，并注意观察蒸馏瓶中的现象和温度计读数的变化，当瓶内液体开始沸腾时，蒸汽前沿逐渐上升，这时应适当调小火焰，使温度略为下降。让水银球上的液滴和蒸汽达到平衡，然后再稍微加大火焰进行蒸馏。调节火焰，控制流出的液滴以每秒钟 1～2 滴为宜，当温度计读数上升至 77℃ 时，换一个干燥的锥形瓶作接受器，收集 77～79℃ 的馏分，当瓶内只剩下少量（1～2 mL）液体时，即可停止蒸馏，测量所收集馏分的体积。

（三）注意事项

[1]对于中途停止蒸馏的液体，在继续重新蒸馏前应补加新的沸石，也可用一端封闭，开口的一端朝下的毛细管代替沸石，毛细管的长度应能使其上端靠在烧瓶的颈部。

[2]加热时可视液体沸点的高低而选用适当加热源，例如沸点在 80℃ 以下的易燃液体，宜用沸水浴作为热源。高沸点的液体一般可用直接火焰加热，但应注意加热时勿使火焰露出石棉网以外，这样会使未被液体浸盖的烧瓶壁受热，沸腾的液体将产生过热蒸汽，温度计将指示较高温度。

[3]蒸馏的速度不应太慢。太慢时易使水银球周围的蒸汽短时间中断，致使温度计上升速度有不规则的变动。在蒸馏过程中温度计的水银球上应始终附有冷凝的液滴，以保持气液两相平衡。

[4]即使样品很纯，也不应蒸干。

（四）思考题

1．蒸馏操作的原理是什么？
2．在安装蒸馏装置的过程中，我们应该注意哪些事项？
3．在最后的操作中，为什么不能将蒸馏的液体蒸干？

实验四　熔点的测定和温度计的校正

（一）实验目的

1．了解熔点测定的意义。
2．掌握熔点测定的操作。
3．学习温度计的校正方法。

（二）实验原理

每一个晶体有机化合物都具有一定的熔点。一个纯化合物从开始熔化（始熔）至完全熔化（全熔）的温度范围叫做熔点距，也叫熔点范围或熔程，一般不超过 0.5℃。当含有杂质时，会使其熔点下降，且熔点距变宽。由于大多数有机化合物的熔点都在 300℃以下，较易测定。故测定熔点，可以估计出有机化合物的纯度。

加热纯有机化合物，当温度接近其熔点范围时，升温速度随时间变化约为恒定值，此时用加热时间对温度作图，如图 3-14 所示。

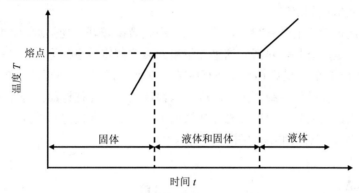

图 3-14　物质的温度随时间的变化关系

化合物温度不到熔点时以固相存在，加热使温度上升，达到熔点。开始有少量液体出现，而后达到固液相平衡。继续加热，温度不再变化，此时加热所提供的热量使固相不断转变为液相，两相间仍为平衡，固体完全熔化后，继续加热则温度线性上升。当含杂质时，测得的熔点较纯化合物低。

（三）仪器和药品

1．仪器。

熔点管、温度计、表面皿、橡皮圈、试管、250 mL 长颈圆底烧瓶、有沟槽的单孔塞。

2．药品。

浓 H_2SO_4、K_2SO_4、KNO_3、苯甲酸、尿素、3,5-二硝基苯甲酸、间-二硝基苯、蒽。

3．仪器装置。

（1）双浴式熔点测定器。

用如图 3-15 所示的双浴式熔点测定器来测定熔点。它由 250 mL 长颈圆底烧瓶、试管和温度计组成。烧瓶内盛着占烧瓶容量 1/2 左右的浓 H_2SO_4 作为热浴。

图 3-15　双浴式熔点测定器

把装好的熔点管黏附在温度计上，熔点管下端用少许浓 H_2SO_4 润湿，或用橡皮圈套在温度计上，该橡皮圈应置于热浴液面上，使装料部分正好靠在温度计水银球的中部。温度计用刻有沟槽的单孔塞固定在试管中，试管中可装热浴液，也可不装。温度超过 250℃ 时，浓 H_2SO_4 发生白烟妨碍温度的读数。在这种情况下，可在浓 H_2SO_4 中加入 K_2SO_4，加热使成饱和溶液，然后进行测定。

（2）热浴式熔点测定器。

毛细管法测定熔点的装置很多，其中以热浴式效果较好，受热均匀，但装置较复杂，最常用和方便的是用烧杯作热浴。这里介绍用此装置测定熔点的方法。

取一个 100 mL 的干燥烧杯。在烧杯中放一支玻璃搅拌棒，倾入约 60 mL 浓硫酸作热浴的液体，将装有样品的毛细管附于温度计水银球旁边，并使样品部分在水银球中部，用橡皮圈固定起来，最后将此温度计悬挂在铁架上，下部浸入盛热浴的烧杯中，温度计离烧杯底约 1 cm，处于烧杯中心，如图 3-16 所示。

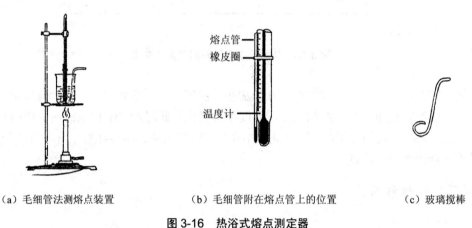

（a）毛细管法测熔点装置　　　（b）毛细管附在熔点管上的位置　　　（c）玻璃搅棒

图 3-16　热浴式熔点测定器

（四）实验内容

1. 熔点的测定。

有机化合物的熔点通常用毛细管法测定，实际上由此法测得的不是一个温度点，而是熔化范围，即试料从开始熔化到完全熔化为液体的温度范围。纯净物的固态物质通常都有固定的熔点，熔化范围在约 0.5℃ 以内。如有其他物质混入，则对其熔点有显著的影响，不但使熔化的范围增大，而且往往使熔点降低。因此，熔点的测定常常可以用来鉴别物质和定性地检验物质的纯度。

（1）操作步骤。

装料：本实验用苯甲酸和尿素装入熔点管测定熔点。每根熔点管只能用一次，每个试料测熔点两次。

先把试料研成粉末。在干燥器或烘箱中充分干燥，然后置于干净的表面皿上堆成一堆，将熔点管的开口端插入试料中装取少量粉末，把熔点管开口端朝上，竖立在桌面上以竖直方向顿几下，使试料掉入管底。重复装几次。最后为了装得均匀结实，还需使熔点管从一根长 40～50 cm 高的玻璃管内部掉到表面皿上，重复几次。试料的高度为 0.5 cm 左右。

（2）测定方法。

为了准确地测定熔点，同时防止浓 H_2SO_4 溅出，加热烧杯时务必使温度上升缓慢而均匀。对于苯甲酸和尿素每一个样品至少测定两次，第一次升温可较快，每分钟可上升 5℃ 左右。这样得到一个近似熔点，然后把热浴冷下来，换一根装料的熔点管做第二次测定。

进行第二次测定时，开始升温可较快，如每分钟 10℃ 以后减为 5℃，待温度接近熔点时（如低约 10℃），调小火焰，使温度均匀而缓慢地上升，每分钟约 1℃。注意观察熔点管中试料的变化，记录刚有小液滴出现和恰好完全熔化这两个温度读数。物质越纯，两者之间温度差越小。升温越快，测得的熔点范围误差越大。

2．温度计校正。

由于温度计中毛细管孔径不一定均匀，或体积变形等原因，温度计的熔点读数与真实熔点之间常有误差。为了校正温度计，本实验采用纯的 3,5-二硝基苯甲酸（204～205℃）、尿素（132℃）、间-二硝基苯（90℃）、蒽（216℃）作为标准。用上述方法测定其熔点，以测得的熔点作横坐标。以测得的熔点和已知熔点的差值作纵坐标，便可得到一条该温度计的校正曲线。在以后使用该温度计时，所得到的数据可通过该曲线换算成准确值。每个实验者都应该通过测定标准化合物的熔点，对自己所使用的温度计进行校正。

（五）注意事项

[1]当毛细管中样品开始收缩和有湿润的现象，出现小液滴时，表示样品开始熔化，记下温度，此为始熔。继续缓慢加热至样品中微量的固体消失成为透明液体时记下温度，此为全熔。此即为样品熔点。

[2]实验完毕，把温度计取出，待其在空气中自然冷却（不能接触任何冷物体）至室温后再擦洗干净，否则水银柱易断裂。

[3]第一次测完后，要待热浴温度下降约30℃以后，方能再进行第二次测定。

（六）思考题

1．为什么在熔点测定中使用浓硫酸要特别小心？
2．如何提高测定的准确度？
3．如果样品不够细，对装样有什么影响？测定的熔点数据是否可靠？

实验五 萃取与洗涤

（一）实验目的

1．理解萃取原理。
2．掌握萃取与洗涤的方法。

（二）实验原理

萃取与洗涤是有机化学实验中用来分离和提纯有机化合物常用的操作，是利用物质在两种互不相溶的溶剂中的溶解度或分配比不同来进行分离的操作。利用溶剂从混合物中提取所需要的物质的操作叫萃取，从混合物中洗去少量杂质的操作叫洗涤。萃取分为液—液萃取和固—液萃取。液—液萃取采用分液漏斗，固—液萃取采用索氏提取器。

（三）实验方法

通常用分液漏斗进行液体的萃取时，必须事先检查分液漏斗的盖子和旋塞是否严密，以防分液漏斗在使用过程中发生泄漏而造成损失。检查的方法通常是先用水试验。

在萃取或洗涤时，先将液体与萃取用的溶剂或洗液从分液漏斗的上口倒入，盖好盖子，振荡漏斗，使两液层充分接触。振荡的操作方法一般是先把分液漏斗倾斜，使漏斗的上口略朝下，如图 3-17 所示。右手捏住漏斗上口颈部，并用食指根部压紧盖子，以免盖子松开。左手捏住旋塞，捏持旋塞的方式既要能防止振荡时旋塞转动或脱落，又要便于灵活地旋开旋塞。振荡后，使漏斗仍保持倾斜状态，旋开旋塞，放出蒸汽或发生的气体，使内外压力平衡。若在漏斗内盛有易挥发的溶剂，如乙醚、苯等，或有碳酸钠溶液和酸液，振荡后，更应注意及时旋开旋塞，放出气体。振荡数次后，将分液漏斗放在铁环上静置，使浮浊液分层。有时有机溶剂和某些物质的溶液一起振荡，会形成较稳定的乳浊液。在这种情况下，应该避免急剧的振荡。如果已形成乳浊液，而且一时又不能分层，则可加入食盐，使溶液饱和，以减低乳浊液的稳定性，轻轻地旋转漏斗，也可使其加速分层。在一般情况下，长时间静置分液漏斗，也可达到乳浊液分层的目的。

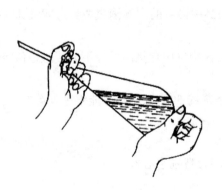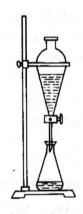

图 3-17　分液漏斗的使用

分液漏斗中的液体分成清晰的两层以后，就可以进行分离。分离液层时，下层液体应经旋塞放出，上层液体应从上口倒出。如果上层液体也经旋塞放出，则漏斗旋塞下面颈部所附着的残液就会把上层液体弄脏。

取液时，先把顶上的盖子打开，或旋转盖子，使盖子上的凹缝或小孔对准漏斗上口颈部的小孔，以便与大气相通。把分液漏斗的下端靠接在接受器的壁上。旋开旋塞，让液体流下，当液面间的界限接近旋塞时，关闭旋塞。静置片刻，这时下层液体往往会增多一些，再把下层液体仔细放出，然后关闭旋塞，把剩下的上层液体从上口倒入另一个容器里。

在萃取或洗涤时，上下两层液体都应该保留到实验完毕，否则如果中间的操作发生错误，便无法补救和检验。

合并所有被萃取液，加入略过量的干燥剂干燥，然后蒸去溶剂，再根据所得有机物的性质通过蒸馏、重结晶的方法进一步纯化。

在进行萃取的操作过程中，将一定量的溶剂分做多次萃取，其效果要比一次萃取为好。

（四）仪器和药品

仪器：分液漏斗、试管、锥形瓶

药品：工业石油醚、浓 H_2SO_4、H_2SO_4（10%，质量分数）、饱和 $KMnO_4$ 溶液

（五）实验操作步骤

（1）选择容积较液体体积大一倍以上的分液漏斗，把旋塞擦干，在旋塞上均匀涂上一层润滑脂，但切勿涂得太厚或使润滑脂进入旋塞孔中，以免污染萃取液。塞好后再把旋塞旋转几圈，使润滑脂均匀分布，看上去透明即可。

（2）用水检查分液漏斗的顶塞与旋塞处是否渗漏，确认不漏水时方可使用。将其放置在合适大小的并固定在铁架上的铁圈中，关好旋塞。

（3）将工业石油醚约 10 mL 从上口倒入分液漏斗中，加约 2 mL 浓 H_2SO_4 进行振荡。再取 1 mL 10%（质量分数）H_2SO_4 和 1 mL 饱和 $KMnO_4$ 溶液混合，从上口加入分液漏斗洗涤工业石油醚。萃取剂的用量一般为被萃取液体积的 1/3，塞紧顶塞，注意顶塞不能涂润滑脂。

（4）取下分液漏斗，用右手手掌顶住漏斗顶塞并握住漏斗颈，左手握住漏斗旋塞处，大拇指压紧旋塞，把分液漏斗口略朝下倾斜并前后振荡，开始振荡要慢。振荡后，使漏斗口仍保持原倾斜状态，下部支管口指向无人处，左手仍握在旋塞支管处，用拇指和食指旋开旋塞，释放出漏斗内的蒸汽或产生的气体，使内外压力平衡，此操作也称"放气"。如此重复至放气时只有很小压力后，再剧烈振荡 2~3 min，然后再将漏斗放回铁圈中静置。

（5）待两层液体完全分开后，打开顶塞，再将旋塞缓缓旋开，下层液体自旋塞放出至接收瓶。

（6）将所有的被萃取液合并，加入过量的干燥剂干燥。

（7）必要时蒸去溶剂，根据化合物的性质利用蒸馏、重结晶等方法纯化。

（六）注意事项

[1]若萃取剂的密度小于被萃取液的密度，下层液体尽可能放干净，有时两相间可能出现一些絮状物，也应同时放出；然后将上层液体从分液漏斗的上口倒入三角瓶中，切不可从活塞放出，以免被残留的被萃取液污染。再将下层液体倒回分液漏斗中，用新的萃取剂萃取，重复上述操作，萃取次数一般为 3~5 次。

[2]若萃取剂的密度大于被萃取液的密度，下层液体从活塞放入锥形瓶中，但不要将两相间可能出现的一些絮状物放出；再从漏斗口加入新的萃取剂，重复上述操作，萃取次数一般为 3~5 次。

待上述石油醚洗涤后紫色消失，则证明不饱和烃存在，静置后分层。再重复洗涤石油醚层，直到紫色不再消失为止，则在石油醚中的不饱和烃已经除去。

（七）思考题

1. 萃取操作的原理是什么？有什么作用？

2. 在进行萃取的操作过程中，将一定量的溶剂分做多次萃取，其效果要比一次萃取为好，为什么？

实验六　色谱分析

（一）实验目的

1. 掌握色谱分析的原理。
2. 学习色谱分析操作方法。

（二）实验原理

1. 纸色谱法。

纸色谱法是色谱法的一种，滤纸可视作惰性载体，吸附在滤纸上的水或其他溶剂作固定相，而有机溶剂（展开剂）作流动相，由于分析样品中的各组分在两相中的分配系数不同而达到分离的目的。纸色谱分析法属于液-液分配色谱法，由于其所需的样品数量少，仪器设备简单，操作简便，故广泛用于有机物的分离和鉴定，特别适用于分子量大和沸点高的化合物的分离和鉴定。

（1）仪器和药品。

仪器：层析纸或中速滤纸、标本瓶或展开瓶、显色喷雾器、量杯多个、电吹风、毛细滴管

药品：展开剂：正丁醇：水：冰醋酸==25：25：6（质量比）

显色剂：0.1%（质量分数）茚三酮乙醇溶液

样品：0.1%（质量分数）苯基丙氨酸水溶液、0.1%（质量分数）脯氨酸

（2）实验内容。

1）滤纸的准备。纸色谱法所用的滤纸要求质量均一、平整，有一定机械强度，展开速度合适。可采用国产层析纸或中速滤纸，也可采用质量较好的普通滤纸。将滤纸按一定规格剪成纸条备用。

2）展开剂。根据被分离物质的不同，选用合适的展开剂，所选用的展开剂应对被分离物质有一定的溶解度。溶解度太大，被分离物质会随着展开剂跑到前沿；太小则会留在原点附近，分离效果不好，选择展开剂的原则大致如下：

①对能溶于水的物质，以吸附在滤纸上的水作固定相，以与水能混合的有机溶剂作展开剂，如醇类。

②对难溶于水的极性物质，以非水极性溶剂作固定相，如甲酰胺、二甲基甲酰胺等；以不能和固定相混合的非极性溶剂作展开剂，如环己烷、苯、四氯化碳等。

③对于不溶于水的非极性物质，以非极性溶剂作固定相，如液体石蜡、α-溴萘等；以极性溶剂作展开剂，如水、含水的乙醇、含水的酸等。

上述原则可供参考，要选择合适的展开剂，一方面需要查阅有关资料，另一方面还需通过实验选取。

3）点样。取少量试样，用水或易挥发的溶剂将其完全溶解，配成浓度为1%的溶液。用毛细管吸取少量试样溶液，在滤纸下端距边缘约 2 cm 处点样，控制点样直径在 0.3～0.5 cm。然后将其晾干或烘干。用铅笔在滤纸边作记号，标明点样位置。

4）展开。于展开瓶中注入展开剂，将已点样并晾干的滤纸悬挂在展开瓶内，并使滤纸有试样斑点这一端的边缘置于展开剂液面下约 1 cm 处，但试样斑点位置必须在展开剂液面之上，将展开瓶盖上，见图3-18（a）。

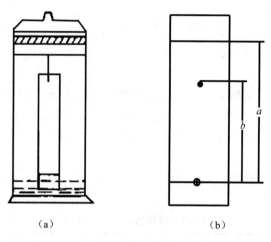

（a）　　　　　　　　（b）

图 3-18　纸色谱法

由于毛细现象，展开剂沿滤纸逐渐向上移动。滤纸上的试样斑点也随着展开剂的移动而逐渐向上移动，于是试样与固定相和流动相不断接触，由于试样中各组分在两相中分配系数不同。因此，各组分随展开剂向上移动的速度也不同。

分配系数大的组分在滤纸上滞留时间较长，向上移动速度慢；反之，分配系数小的组分滞留时间短，向上移动快。这样，随着展开剂的移动，试样各组分在两相中经过反复多次的分配而分离开。当展开剂升到一定高度，各组分明显分开时，将滤纸取出晾干，并用铅笔将展开剂的前沿所达到位置在滤纸上进行标记。

5）显色。有色物质展开后得到各种颜色的斑点，不需显色。但对无色物质，展开后还需根据该化合物的特性采用各种方式显色。例如：有的化合物在紫外光下产生荧光，则可利用紫外光照射来使化合物显色。酚类可用 $FeCl_3$ 的乙醇溶液喷雾显色，芳香伯胺类可用二甲氨基苯甲醛喷雾显色等。

6）纸色谱的鉴定。试样斑点经展开及显色（对无色物质）后，在滤纸上出现不同颜色及不同位置的斑点，每一斑点代表试样中的一个组分[图3-18（b）]。用 R_f 值表示化合物的移动率。R_f 为原点到斑点中心的距离 b 与原点到溶剂前沿线的距离 a 的比值。

$$R_f = \frac{b}{a} \times 100\%$$

R_f 值与化合物及展开剂的性质、温度、滤纸质量等因素有关。若展开剂、温度、滤纸等实验条件相同，R_f 值应是化合物的特性常数，但由于影响 R_f 值的因素很多，难以准确测定。故一般在相同的实验条件下用标准试样作对比来对化合物进行鉴定。

（3）实验步骤。

1）先将展开剂按 25：25：6（质量比）配制，混合均匀，倒入标本缸（展开瓶）。

2）将层析滤纸剪成宽 2 cm、长 15 cm 的条状。在离底边 2 cm 处用毛细滴管点上小滴样品液，即为原点。如不浓则可在原处重复 1～2 次，但应在晾干后进行，否则原点直径较大。原点直径应在 0.3～0.5 cm，并用铅笔在纸边画好起始线，吹干或晾干样品液。

3）将吹干的层析滤纸挂在展开瓶中的小钩上，将小钩或层析纸放低，与展开剂接触，但不能浸没原点。盖严后，展开剂沿滤纸上升，当展开剂前沿接近滤纸上端时，将滤纸取出，记下溶剂前沿位置。

4）将层析滤纸用电吹风热气吹干或用电炉小火烘，喷上显色剂显色，必要时可以用电吹风吹或电炉烘干。显色后，两种物质的斑点、高度、颜色不同，得以分离鉴别。

注意事项：

①层析纸放入展开剂的深度，要能浸没滤纸 0.5～1 cm，但不能接触原点。

②在本实验条件下，组分浓度太高或试样斑点直径大于 0.5 cm，混合物的分离效果不好。

③展开剂为有机溶剂，实验应在无火源的环境中进行。

（4）数据记录与处理。

按表 3-1 填好实验数据，并作处理。

表 3-1　纸色谱法试验数据记录表

试样	颜色	a/cm	b/cm	R_f
脯氨酸				
苯丙氨酸				
未知试样				

将已知试样和未知试样的颜色和 R_f 做比对，即可得到未知试样的成分。

2. 柱色谱。

柱色谱也是色谱法的一种，它通过色谱柱来进行分离。色谱柱内装有表面积很大、经过活化的多孔或粉状的固体吸附剂作为固定相，如氧化铝或硅胶。液体样品从柱顶加入，在那里被吸附剂吸附。然后从柱的顶部加入有机溶剂作为洗脱剂。由于吸附剂对各组分的吸附力不同，在吸附剂上发生吸附—解析—再吸附—再解析的过程，继续用溶剂洗脱时，则各组分以不同速度、不同时间随溶剂从色谱柱下端流出，用容器分别收集已经分开的溶质，达到分离的目的。

本实验是利用色谱法从次甲基蓝和甲基橙两种染料的混合物中分离出甲基橙。

（1）仪器和药品。

仪器：色谱柱 18 mm×300 mm、吸滤瓶、滴液漏斗、水、玻璃毛

药品：甲基橙：次甲基蓝=1：5（质量比）溶于 95%乙醇中，95%乙醇

（2）实验内容。

装置如图 3-19 所示。装柱时，先将玻璃管洗净、干燥，然后在玻璃管收缩处塞一小团玻璃毛，在玻璃毛的上面覆盖一层砂，砂的厚度不超过 5 mm，当加砂到管中时，应不断

轻轻拍打玻璃管，使填充紧密。然后加入 30 g 活性 Al_2O_3 吸附剂。一边加，一边轻轻拍打玻璃管，使填充紧密。剪一块滤纸，直径大小恰好为玻璃管的内径，将此小片滤纸放在吸附剂的上面，用 95% 的乙醇淋洗柱子。在吸滤瓶处连接水泵抽取，使溶剂流出的速度恰好为每分钟 15 滴。继续从滴液漏斗中加入 95% 的乙醇，使乙醇在吸附剂的顶部以上保持 1 cm 高度，勿使柱顶变干。

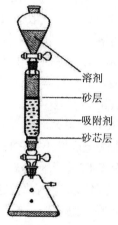

图 3-19　柱色谱

　　立即将样品 1 mL 倾入色谱柱顶部，并用 95% 的乙醇对色谱柱淋洗。此时两种染料的谱带分开。继续用 95% 的乙醇作洗脱液淋洗，直至全部次甲基蓝染料被洗至滤瓶中。这时可看到黄色的甲基橙留在柱内，即已达到甲基橙与次甲基蓝分离的目的。换用水为洗脱液，淋洗色谱柱，可将甲基橙洗出。

（三）思考题

1. 纸色谱分析法的原理是什么？
2. 纸色谱分析法的操作有哪些步骤？

（四）环保提醒

　　1. 纸色谱所用的展开剂通常为具有挥发性甚至有毒的有机溶剂，因而在实验中应及时将盛有展开剂的展开瓶盖好，防止有机物挥发。烘干层析滤纸时应在通风橱中进行，让有机物排到室外。实验完毕后的展开剂统一回收处理。

　　2. 柱色谱所用淋洗剂乙醇溶液需回收处理，可将其作为蒸馏实验的试剂。

实验七　溶液的配制

（一）实验目的

1. 掌握移液管的使用。
2. 掌握容量瓶的使用。
3. 学习用容量瓶配制溶液的方法。

（二）实验内容

1．移液管的使用。

移液管是精确量取一定体积液体的仪器，为量出容器。移液管的种类很多，通常分无分度移液管和分度移液管两类。无分度移液管的中部膨大，上下两端细长，上端刻有环形标线，膨大部分标有其容积和标定时的温度（一般为 20℃）。使用时将溶液吸入管内，使液面与标线相切，再放出，则放出的溶液体积就等于管上标示的容积。常用无分度移液管的容积有 5 mL、10 mL、25 mL 和 50 mL 等多种。由于读数部分管颈小，其准确性较高，缺点是只能用于量取一定体积的溶液。另一种是带有分度的移液管，可以准确量取所需要的刻度范围内某一体积的溶液，但其准确度差一些。容积有 0.5 mL、1 mL、2 mL、5 mL、10 mL 等多种，这种有分度的移液管也称为吸量管。

在使用移液管前，应先用自来水洗至内壁不挂水珠，若内壁有水珠，须用洗液洗涤后，再用自来水冲洗至内壁不挂水珠，然后用蒸馏水洗涤 2～3 遍，最后用少量被移取的溶液润洗 2～3 次，以保持转移的溶液浓度不变。然后把管插入溶液液面下约 1.5 cm 处。不应伸入太多，但绝不能让移液管下部尖嘴接触容器底部，以免尖嘴损坏；也不应伸入太少，以免液面下降时吸入空气。一般用右手的拇指和中指捏住移液管的标线上方，用左手持洗耳球，先把洗耳球内空气压出，然后把洗耳球的尖端压在移液管上口，慢慢松开左手使溶液吸入管内，当液面升高到刻度以上时移去洗耳球，立即用右手的食指按住管口。将移液管提离液面，使管尖端轻轻靠着储瓶内壁，略微放松食指，并用拇指和中指轻轻转动移液管，让溶液慢慢流出。当液面平稳下降至凹液面最低点与标线相切时，立即用食指压紧管口。取出移液管，移入准备接受液体的容器中，使移液管尖端紧靠容器内壁，容器倾斜而移液管保持直立，放开食指让液体自然下流，待移液管内液体全部流出后，停 15 s 再移开移液管，见图 3-20。切勿把残留在管尖的液体吹出，因为在校正移液管时，已经考虑了尖端所保留液体的体积。若移液管上面标有"吹"字，则应将留在管端的液体吹出。

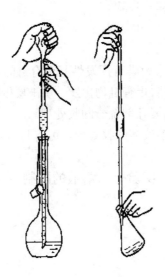

图 3-20　移液管的使用

2．容量瓶的使用。

容量瓶是一种细颈梨形的平底瓶，带有磨口玻璃塞或橡皮塞。瓶颈上刻有标线，瓶上标有其体积和标定时的温度。在标定温度下，当液体充满到标线位置时，所容纳的溶液体积等于容量瓶上标示的体积，所以容量瓶为量入容器。容量瓶主要用来配制标准溶液，或稀释一定量溶液到一定的体积。通常有 10 mL、25 mL、50 mL、100 mL、250 mL、500 mL、1 000 mL 等规格。

容量瓶在使用前要检查是否漏水。方法是：将容量瓶装入 1/2 体积的水，盖上塞子，左手按住瓶塞，右手拿住瓶底，倒置容量瓶，观察是否有漏水现象，然后将瓶塞旋转180°，再一次检查是否漏水。若不漏水，即可使用。容量瓶应洗干净后使用，如图 3-21 所示。

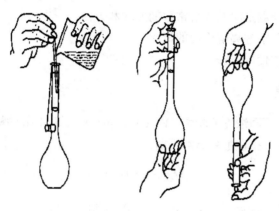

图 3-21 容量瓶的使用

用固体配制溶液时，称量后先在小烧杯中加入少量水把固体溶解，必要时可加热。待冷却到室温后，将杯中的溶液沿玻璃棒小心地注入容量瓶中，再从洗瓶中挤出少量水淋洗玻璃棒及烧杯 2～3 次，并将每次淋洗液注入容量瓶中，再加水至容量瓶标线处。但需注意的是，当液面将接近标线时，应使用滴管，小心地逐滴加水至弯月面最低点恰好与标线相切。塞紧瓶塞，将容量瓶倒转数次。此时必须用手指压紧瓶塞，以防脱落，并在倒转时加以振荡摇匀，以保证瓶内溶液浓度上下各部分均匀。

容量瓶是磨口瓶，瓶塞不能张冠李戴，一般可以用橡皮筋系在瓶颈上，避免玷污、打碎或丢失。

3．练习。

（1）配制 250 mL 0.1 mol·L^{-1} 的 NaOH 溶液。

（2）配制 100 mL 0.1 mol·L^{-1} 的 Na_2CO_3 溶液。

（三）思考题

1．将烧杯里的溶液转移到容量瓶中后，为什么要用少量蒸馏水洗涤烧杯 2～3 次，并将洗涤液全部转移到容量瓶中？

2．在用容量瓶配制溶液时，如果加水超过了刻度线，倒出一些溶液，再重新加水到刻度线。这种做法对吗？如果不对，会引起什么误差？如果已经这样做了，又该怎么办？

第二节 测定性实验

实验八 醋酸离解常数的测定

（一）实验目的

1. 了解用酸度计测定醋酸离解常数的原理和方法。
2. 进一步理解并掌握离解平衡的概念。
3. 熟悉酸度计的使用方法。

（二）实验原理

本实验通过测定不同浓度的醋酸（HAc）的 pH 来求算 HAc 的标准离解常数。HAc 是弱电解质，在水溶液中存在下列离解平衡：

$$HAc \rightleftharpoons H^+ + Ac^-$$

起始时 $\qquad c_0 \qquad 0 \qquad 0$

平衡时 $\qquad c_0\text{-}x \qquad x \qquad x$

根据化学平衡原理，生成物浓度乘积与反应物浓度乘积之比为一常数，即

$$K_a^\theta = \frac{c'(H^+)\,c'(Ac^-)}{c'(HAc)}$$

式中，K_a^θ 即为醋酸的离解常数。将平衡时各物质的浓度代入上式，得

$$K_a^\theta = \frac{c'(H^+)^2}{c_0 - c'(H^+)} = \frac{x^2}{c_0 - x}$$

式中，c_0 为 HAc 的起始浓度；x 为平衡时氢离子（或醋酸根离子）的浓度；K_a^θ 为离解常数。根据离解度的定义，平衡时已离解的分子数占原有分子总数的百分数称作离解度 α，即 $\alpha = c'(H^+)/c_0$。因此，如果由实验测出醋酸溶液的 pH 值，即可求出 $c(H^+)$，再由上式求出 α，并由实验测出醋酸的离解常数 K_a^θ。

（三）仪器和药品

仪器：酸度计、150 mL 烧杯、50 mL 酸式滴定管、100 mL 小烧杯
药品：HAc 溶液（0.1 mol·L^{-1}，已标定）

（四）实验内容及数据处理

1. 配制不同浓度的 HAc 溶液。

将 5 只烘干的小烧杯，用滴定管依次加入已知浓度的 HAc 溶液 40.00 mL、20.00 mL、10.00 mL、5.00 mL 和 2.00 mL，再从另一滴定管中依次加入 0.00 mL、20.00 mL、30.00 mL、

35.00 mL 和 38.00 mL 蒸馏水，并分别搅拌均匀。

2．醋酸溶液 pH 的测定。

用酸度计测定上述溶液的 pH，并将结果填入表 3-2。

数据记录与处理：

室温（℃）：_____

表 3-2 醋酸溶液 pH 测定数据记录表

烧杯编号	加入 HAc 的体积/mL	加入水的体积/mL	混合后 HAc 的原始浓度/（mol·L⁻¹）	pH	$c(H^+)$/（mol·L⁻¹）	$c(Ac^-)$/（mol·L⁻¹）	$c(HAc)$/（mol·L⁻¹）	K_a^θ（HAc）
1	40.00	0.00						
2	20.00	20.00						
3	10.00	30.00						
4	5.00	35.00						
5	2.00	38.00						

3．计算醋酸溶液的标准离解常数 K_a^θ（HAc）。

根据实验数据计算出各溶液的 K_a^θ（HAc），求出平均值。

由实验可知：在一定温度条件下，HAc 的离解常数为一个固定值，与溶液的浓度无关。

（五）思考题

1．测得的 HAc 离解常数是否与附录四中所给的 K_a^θ（HAc）有误差？试讨论如何才能减少误差。

2．如何配制不同浓度的 HAc 溶液？

3．如何由测得的 HAc 溶液的 pH 计算 K_a^θ（HAc）？

实验九　化学反应速率和化学平衡

（一）实验目的

1．掌握浓度、温度、催化剂对化学反应速率的影响。
2．掌握浓度、温度对化学平衡移动的影响。
3．练习在水浴中进行恒温操作。
4．学习根据实验数据作图。

（二）实验原理

化学反应速率是以单位时间内反应物浓度的减少或生成物浓度的增加来表示的。化学反应速率由化学反应的本性决定，但反应速率会受到外界反应条件（如浓度、温度、催化剂等）的影响。

例如，碘酸钾和亚硫酸氢钠在水溶液中发生如下反应：

$$2KIO_3 + 5NaHSO_3 \longrightarrow Na_2SO_4 + 3NaHSO_4 + K_2SO_4 + I_2\downarrow + H_2O$$

反应中生成的 I_2 遇淀粉变为蓝色。如果在反应物中预先加入淀粉作指示剂，则淀粉变蓝所需时间 t 可用来表示反应速率的大小。反应速率与 t 成反比而与 $1/t$ 成正比。本实验中我们可以固定 $NaHSO_3$ 溶液的浓度，改变 KIO_3 溶液的浓度，可以得到一系列与不同浓度 KIO_3 相应的淀粉变蓝的时间 t 值，将 KIO_3 浓度与 $1/t$ 作图，可得到一条直线。从图中能反映出浓度对反应速率的影响。

温度影响化学反应速率是非常明显的。对大多数化学反应来说，温度升高，化学反应速率增大；温度降低，反应速率降低。

催化剂可以很大程度上改变化学反应速率，大部分情况下加快反应速率，催化剂与反应系统处于同相，称为均相（或单相）催化。例如，在 $KMnO_4$ 和 $H_2C_2O_4$ 的酸性混合溶液中，加入 Mn^{2+} 可增大反应速率。该反应的化学反应速率可由 $KMnO_4$ 的紫红色褪去时间长短来表示。该反应可表示如下：

$$2KMnO_4 + 5H_2C_2O_4 + 3H_2SO_4 \longrightarrow 2MnSO_4 + 10CO_2 + K_2SO_4 + 8H_2O$$

催化剂与反应系统不为同一相，称为多相催化，例如，H_2O_2 溶液在常温下不易分解放出氧气，而加入催化剂 MnO_2 则 H_2O_2 分解速率明显加快。

在可逆反应中，当正、逆反应速率相等时即达到化学平衡。改变平衡系统的条件（如浓度或系统中有气体时的压力或温度），平衡受到破坏，会使平衡发生移动。根据吕·查德里原理，当条件改变时，平衡就向着减弱这个改变的方向移动。

例如，$CuSO_4$ 水溶液中，Cu^{2+} 以水合离子形式存在，$[Cu(H_2O)_4]^{2+}$ 呈蓝色，当加入一定量 Br^- 后，会发生下列反应：

$$[Cu(H_2O)_4]^{2+} + 4Br^- \rightleftharpoons [CuBr_4]^{2-} + 4H_2O$$

$[CuBr_4]^{2-}$ 为黄色，改变反应物或生成物浓度，会使平衡移动，从而使溶液改变颜色。

该反应为吸热反应，升高温度会使平衡向右移动，降低温度平衡则向左移动。我们可以通过反应过程中的颜色变化来确定温度对平衡移动的影响。

（三）仪器和药品

仪器：秒表、温度计（100℃）、量筒（100 mL、10 mL 各 2 个）、烧杯（100 mL 4 只）、NO_2 平衡仪

药品：液体试剂：酸：H_2SO_4（3 mol·L^{-1}）、$H_2C_2O_4$（0.05 mol·L^{-1}）

盐：KIO_3（0.05 mol·L^{-1}）、$NaHSO_3$（0.05 mol·L^{-1}，带有淀粉）、$KMnO_4$（0.01 mol·L^{-1}）、$MnSO_4$（0.1 mol·L^{-1}）、$FeCl_3$（0.1 mol·L^{-1}）、NH_4SCN（0.1 mol·L^{-1}）、$CuSO_4$（1 mol·L^{-1}）、KBr（2 mol·L^{-1}）

其他试剂：H_2O_2（质量分数为 3%）

固体试剂：MnO_2、KBr

其他：碎冰

（四）实验内容

1．浓度对反应速率的影响。

用量筒准确量取 10 mL 0.05 mol·L⁻¹ 的 NaHSO₃ 溶液和 35 mL 蒸馏水，倒入 100 mL 小烧杯中，搅拌均匀。用另一只量筒准确量取 5 mL 0.05 mol·L⁻¹ 的 KIO₃ 溶液，将量筒中的 KIO₃ 溶液迅速倒入盛有 NaHSO₃ 溶液的烧杯中，立刻按表计时，并搅拌溶液，记录溶液变为蓝色的时间，并填入表 3-3。用同样方法按表 3-3 编号进行实验。

数据记录：

室温（℃）_____

表 3-3　浓度对反应速率影响实验数据记录表

实验编号	NaHSO₃ 体积/mL	H₂O 体积/mL	KIO₃ 体积/mL	溶液变蓝时间 t/s	$1/t$（10^{-2}·s⁻¹）	c（KIO₃）/（mol·L⁻¹）
1	10	35	5			
2	10	30	10			
3	10	25	15			
4	10	20	20			
5	10	15	25			

根据以上实验数据，以 c（KIO₃）为横坐标、$1/t$ 为纵坐标绘制曲线。

2．温度对反应速率的影响。

在一只 100 mL 的小烧杯中，混合 10 mL NaHSO₃ 溶液和 35 mL 蒸馏水，在试管中加入 5 mL KIO₃ 溶液，将小烧杯和试管同时放在比室温高出约 10℃ 的水浴中，恒温 3 min 左右，将 KIO₃ 溶液倒入 NaHSO₃ 溶液中，立即计时，并搅拌溶液，记录溶液变为蓝色的时间，并填入表 3-4 中，同时将室温时同条件下的实验结果填入表 3-4 中。

数据记录：

表 3-4　温度对反应速率影响实验数据记录表

实验编号	NaHSO₃ 体积/mL	H₂O 体积/mL	KIO₃ 体积/mL	实验温度/℃	溶液变蓝时间 t/s
1	10	35	5		
2	10	35	5		

如果在室温 30℃ 以上做本实验，则用冰浴代替热水浴，温度比室温低 10℃。

根据实验结果，说明温度对反应速率的影响。

3．催化剂对反应速率的影响。

（1）均相催化。

在试管中加入 1 mL 3 mol·L⁻¹ 的 H₂SO₄ 溶液、10 滴 0.1 mol·L⁻¹ 的 MnSO₄ 溶液、1 mL 0.05 mol·L⁻¹ 的 H₂C₂O₄ 溶液，在另一支试管中加入 1 mL 3 mol·L⁻¹ 的 H₂SO₄ 溶液、10 滴蒸馏水、1 mL 0.05 mol·L⁻¹ 的 H₂C₂O₄ 溶液。然后向两支试管中各加入 3 滴 0.01 mol·L⁻¹ 的 KMnO₄ 溶液，摇匀，观察并比较两支试管中紫红色褪去的快慢。

（2）多相催化。

在试管中加入 3% 的 H_2O_2 溶液 1 mL，观察是否有气泡产生，然后向试管中加入少量 MnO_2 粉末，观察是否有气泡放出，并检验是否为氧气。

注意：在 MnO_2 的催化作用下，H_2O_2 的分解反应非常剧烈，故加入试管中的 H_2O_2 不宜过多，否则产生的氧太多太急，不易控制。催化剂用量要少，试管不可太小，以防反应过分剧烈而使反应物冲出试管。由于 H_2O_2 分解时反应剧烈，如果有有机杂质存在时，可能会引起爆炸，故所用 MnO_2 须预先加以灼烧以除去其中的有机杂质。H_2O_2 溶液不要太浓，以质量分数为 3% 为宜，以免发生危险。

4. 浓度对化学平衡的影响。

（1）在小烧杯中加入 10 mL 蒸馏水，然后加入 0.1 $mol·L^{-1}$ 的 $FeCl_3$ 及 0.1 $mol·L^{-1}$ 的 NH_4SCN 溶液各 2 滴，得到浅红色溶液，反应如下：

$$Fe^{3+} + nSCN^- \rightleftharpoons [Fe(SCN)_n]^{3-n} \qquad n=1\sim6$$

将所得溶液等分于两支试管中，在第一支试管中逐滴加入 0.1 $mol·L^{-1}$ 的 $FeCl_3$ 溶液，观察颜色的变化，并将其与第二支试管中的颜色比较。说明浓度对化学平衡的影响。

注意：$FeCl_3$ 溶液和 KSCN 溶液的浓度不宜超过 0.01 $mol·L^{-1}$。否则由于开始实验时生成的血红色溶液太深，再加入 Fe^{3+} 或 SCN^- 时，血红色加深会不明显，使实验过程中颜色变化不易观察清楚。如果红色太深，可用水稀释至浅红色，再进行实验。

（2）在三支试管中分别加入 1 $mol·L^{-1}$ 的 $CuSO_4$ 溶液 10 滴、5 滴、5 滴，在第二、第三支试管中各加入 2 $mol·L^{-1}$ 的 KBr 溶液 5 滴，在第三支试管中再加入少量固体 KBr，比较三支试管中溶液的颜色，并解释之。

5. 温度对化学平衡的影响。

（1）在试管中加入 1 $mol·L^{-1}$ 的 $CuSO_4$ 溶液 1 mL 和 2 $mol·L^{-1}$ 的 KBr 溶液 1 mL，混合均匀，分装在三支试管中，将第一支试管加热至近沸，第二支试管放入冰水槽中，第三支试管保持室温，比较三支试管中溶液的颜色，并解释之。

（2）取一只带有两个玻璃球的平衡仪，其中的 NO_2 和 N_2O_4 气体处于平衡状态，它们之间的平衡关系为：

$$2NO_2（g）\rightleftharpoons N_2O_4（g）\qquad \triangle H^\theta = -54.43\ kJ·mol^{-1}$$

NO_2 为红棕色气体，N_2O_4 为无色气体，气体混合物的颜色视二者的相对含量不同，可从浅红棕色至红棕色。将平衡仪的一个玻璃球浸入热水中，另一个玻璃球浸入冰水中（图 3-22），观察两个玻璃球中气体颜色的变化，指出平衡移动的方向，用吕·查德里原理解释之。

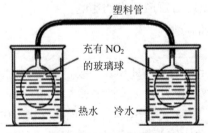

图 3-22　NO_2 平衡仪

（五）思考题

1．通过此实验，你如何理解浓度、温度、催化剂对反应速率的影响？
2．如何判断浓度、温度的变化对化学平衡移动方向的影响？

实验十 电导率法测定硫酸钡的溶度积

（一）实验目的

1．熟悉沉淀的生成、陈化、离心分离、洗涤等基本操作。
2．了解饱和溶液的制备。
3．了解难溶电解质溶度积测定的方法。

（二）实验原理

难溶电解质的溶解度很小，很难直接测定。但是，只要有溶解作用，溶液中就有电离出来的带电离子，就可以通过测定该溶液的电导或电导率，再根据电导与浓度的关系，计算出难溶电解质的溶解度，从而换算出溶度积。

1．电导和电导率。

电解质溶液导电能力的大小，可以用电阻 R 或电导 G 来表示，两者互为倒数，即：

$$G = 1/R \tag{3-1}$$

电导的单位为西（西门子，Siemans），符号为 S。

在一定温度下，两电极间溶液的电阻 R 与两极间的距离 L 成正比，与电极面积 A 成反比：

$$R \propto L/A \quad \text{或} \quad R = \rho L/A \tag{3-2}$$

ρ 为比例常数，称为电阻率，它的倒数称为电导率，以 κ 表示。
即 $\kappa = 1/\rho$，单位为 $S \cdot m^{-1}$。
由式（3-1）和式（3-2）可得

$$G = \kappa A/L \quad \text{或} \quad \kappa = GL/A \tag{3-3}$$

电导率 κ 表示相距 1 m、面积为 1 m^2 的两个电极之间的电导。式（3-3）中 L/A 称为电极常数或电导池常数。

实际应用中 G 的单位 S 太大，常用毫西（mS）或微西（μS）。

2．摩尔电导率和溶度积。

在一定温度下，相距 1 m 的两个平行电极之间，含有 1 mol 电解质溶液的电导率，称为摩尔电导，以 Λ_m 表示，单位为 $S \cdot m^2 \cdot mol^{-1}$，即

$$\Lambda_m = \kappa/c \tag{3-4}$$

对于溶解度很小的 $BaSO_4$，只要测得其饱和溶液的电导或电导率，利用式（3-4）就能

算出 $BaSO_4$ 的浓度（即溶解度），进而算出其溶度积：

$$c(BaSO_4) = \frac{\kappa(BaSO_4)}{1\,000\Lambda_m(BaSO_4)} \tag{3-5}$$

在 $BaSO_4$ 的饱和溶液中，存在下列平衡：

$$BaSO_4\,(s) \rightleftharpoons Ba^{2+} + SO_4^{2-}$$

其一定温度下的溶度积为

$$K_{sp}^{\theta}(BaSO_4) = \{ c(Ba^{2+})/c^{\theta}\}\{ c(SO_4^{2-})/c^{\theta}\} = \{c(BaSO_4)/c^{\theta}\}^2 \tag{3-6}$$

但在实验中，所测得的 $BaSO_4$ 饱和溶液的电导率或电导，包含有水电离出的 H^+ 和 OH^-，所以计算时必须减去，即

$$\kappa\,(BaSO_4) = \kappa\,(BaSO_4\,溶液) - \kappa\,(H_2O)$$

或 $\qquad G\,(BaSO_4) = G\,(BaSO_4\,溶液) - G\,(H_2O) \tag{3-7}$

至此，根据式（3-5）、式（3-6）和式（3-7）可以得出 $BaSO_4$ 溶度积的计算式为：

$$K_{sp}^{\theta}(BaSO_4) = \left\{ \frac{\kappa(BaSO_4\,溶液) - \kappa(H_2O)}{1\,000\Lambda_m(BaSO_4)} \right\}^2 \tag{3-8}$$

在 25℃时：

$$K_{sp}^{\theta}(BaSO_4) = \left\{ \frac{[\kappa(BaSO_4\,溶液) - \kappa(H_2O)] \times 10^{-4}}{28.728} \right\}^2 \tag{3-9}$$

根据式（3-3）、式（3-7）和式（3-9）式得到

$$K_{sp}^{\theta}(BaSO_4) = \left\{ \frac{[G(BaSO_4\,溶液) - G(H_2O)]L/A}{1\,000\Lambda_m(BaSO_4)} \right\}$$

（三）仪器和药品

仪器：雷磁 DDS-11A 电导率仪、离心机，DJS-1 型铂光亮电极
药品：H_2SO_4（0.05 $mol \cdot L^{-1}$）、$BaCl_2$（0.05 $mol \cdot L^{-1}$）、$AgNO_3$（0.01 $mol \cdot L^{-1}$）

（四）实验内容

1. $BaSO_4$ 沉淀的制备。
（1）取 0.05 $mol \cdot L^{-1}$ 的 $BaCl_2$ 和 H_2SO_4 溶液各 30 mL，分别倒入两个小烧杯中。
（2）将 H_2SO_4 溶液加热至近沸时，在不断搅拌下，逐滴将 $BaCl_2$ 溶液加入 H_2SO_4 溶液中，加完后盖上表面皿，继续加热煮沸 5 min，再小火保温 10 min，搅拌数分钟后，取下静置、陈化。当沉淀上层的溶液澄清时，用倾析法倾去上层清液。
（3）将沉淀和少量余液用玻璃棒搅成乳状，分次转移至离心管中，进行离心分离，弃

去溶液。

（4）在小烧杯中盛约 40 mL 蒸馏水，加热近沸，用其洗涤离心管中的 $BaSO_4$ 沉淀：每次加入 4～5 mL 水，用玻璃棒将沉淀充分搅混，再离心分离，弃去洗涤液。重复洗涤至洗涤液中无 Cl^- 为止。一般洗涤至第四次时，就可进行有无 Cl^- 检查。思考如何检查 Cl^-。

2．$BaSO_4$ 饱和溶液的制备。

在上述制得的纯 $BaSO_4$ 沉淀中，加入少量水，用玻璃棒将沉淀搅混后，全部转移到小烧杯中，再加蒸馏水 60 mL，搅拌均匀后，盖上表面皿，加热煮沸 3～5 min，稍冷后，再置于冷水浴中搅拌 5 min，重新浸在另一盛有少量冷水的水浴中静置、冷却至室温。沉淀至上层的溶液澄清时，即可进行电导或电导率的测定。

3．电导率的测定。

（1）测定配制 $BaSO_4$ 饱和溶液的蒸馏水的电导率。

（2）测定 $BaSO_4$ 饱和溶液的电导率。

室温/℃	κ（$BaSO_4$）/（$\mu S \cdot cm^{-1}$）	κ（H_2O）/（$\mu S \cdot cm^{-1}$）

4．数据处理与讨论。

（1）计算 $BaSO_4$ 的溶度积。

（2）计算实验的相对误差。

（3）讨论产生实验误差的原因。

（4）本实验洗涤液中无 Cl^- 时，Cl^- 的浓度是多少？

（五）思考题

1．制备 $BaSO_4$ 时，为什么要洗至无 Cl^-？

2．如何使用电导率仪？

3．在测定 $BaSO_4$ 的电导时，水的电导可以忽略吗？为什么？

实验十一　离解平衡和沉淀-溶解平衡

（一）实验目的

1．加深理解同离子效应、盐类的水解作用及影响盐类水解的主要因素。

2．检验缓冲溶液的缓冲作用。

3．复习酸度计的使用方法。

4．加深理解沉淀-溶解平衡、沉淀生成和溶解的条件，了解分步沉淀及沉淀的转化。

（二）实验原理

弱电解质在水溶液中都发生部分离解，离解出的离子与未离解的分子处于平衡状态。例如，弱酸 HAc，其标准离解平衡常数表达式为：

$$HAc \rightleftharpoons H^+ + Ac^-$$

$$K_a^\theta(HAc) = \frac{\{c(H^+)/c^\theta\}\{c(Ac^-)/c^\theta\}}{\{c(HAc)/c^\theta\}}$$

若在此平衡系统中加入含有相同离子的强电解质，就会使电离平衡向左移动，从而 HAc 电离程度降低，这种作用称为同离子效应。

盐类（除强酸强碱盐以外）在水溶液中都会发生水解。盐类水解程度的大小主要由盐类的本性决定，但也受温度、浓度和酸度的影响。盐类水解过程是吸热过程，升高温度可促进水解；加水稀释溶液，也有利于增进水解；如果水解产物中有沉淀或气体，则水解程度更大。如 $BiCl_3$ 的水解：

$$BiCl_3 + H_2O \rightleftharpoons BiOCl\downarrow + 2\,HCl$$

在盐类水溶液中加入酸，则抑制水解；加入碱则促进水解。上例中如加入盐酸，可抑制 $BiCl_3$ 的水解，平衡向左移动，使沉淀消失。如加碱则促进水解。

弱酸（或弱碱）及其盐的混合溶液，具有抵抗外来的少量酸、碱或稀释的影响，而其溶液的 pH 保持稳定，这种溶液称为缓冲溶液。

在一定温度下，难溶电解质的饱和溶液中，难溶电解质浓度与标准浓度比值以离子系数为幂的乘积是一个常数，称为溶度积常数，简称溶度积。如在 PbI_2 饱和溶液中，建立如下平衡：

$$PbI_2（s）\rightleftharpoons Pb^{2+} + 2I^-$$

其溶度积常数 K_{sp}^θ 的表达式为：

$$K_{sp}^\theta(PbI_2) = \{c(Pb^{2+})/c^\theta\}\{c(I^-)/c^\theta\}^2$$

将任意状况下离子浓度幂的乘积（离子积）与溶度积比较，则可以判断沉淀的生成或溶解，称为溶度积规则。在已生成沉淀的系统中，加入某种能降低离子浓度的试剂，使溶液中离子积小于溶度积时，就可使沉淀溶解。此外盐效应也可使难溶电解质的溶解度有所增大。

如果溶液中同时存在数种离子，它们都能与同一种沉淀剂作用产生沉淀，当溶液中逐渐加入此沉淀剂时，某种难溶电解质的离子浓度幂的乘积先达到它们溶度积的就先沉淀出来，后达到它们溶度积的就后产生沉淀，这种先后沉淀的次序称为分步沉淀。

将一种沉淀转化为另一种沉淀的过程，称为沉淀的转化。对于相同类型难溶电解质之间转化的难易，可以通过比较它们的溶度积的大小来判断。

（三）仪器和药品

仪器：pHS-3 型精密数显酸度计、台秤、试管

药品：液体试剂：酸：HCl（0.1 mol·L^{-1}、2 mol·L^{-1}、6 mol·L^{-1}）、HNO$_3$（2 mol·L^{-1}）、HAc（0.1 mol·L^{-1}）

碱：NH$_3$·H$_2$O（0.1 mol·L^{-1}、2 mol·L^{-1}）、NaOH（0.1 mol·L^{-1}、2 mol·L^{-1}）

盐：AgNO$_3$（0.1 mol·L^{-1}）、KI（0.001 mol·L^{-1}、0.1 mol·L^{-1}）、MgCl$_2$（0.1 mol·L^{-1}）、FeCl$_3$（0.5 mol·L^{-1}）、CuSO$_4$（0.5 mol·L^{-1}）、Pb(NO$_3$)$_2$（0.001 mol·L^{-1}、

0.1 mol·L^{-1}）、NH$_4$Cl（0.1 mol·L^{-1}、1 mol·L^{-1}）、NH$_4$Ac（0.1 mol·L^{-1}）、ZnCl$_2$（0.1 mol·L^{-1}）、Na$_2$S（0.1 mol·L^{-1}）、NaAc（0.1 mol·L^{-1}）、CaCl$_2$（0.1 mol·L^{-1}、0.5 mol·L^{-1}）、Na$_2$SO$_4$（0.5 mol·L^{-1}）、Na$_2$CO$_3$（饱和）、PbCl$_2$（饱和）、NaCl（0.1 mol·L^{-1}、饱和）、(NH$_4$)$_2$C$_2$O$_4$（饱和）

固体试剂：NH$_4$Ac、NaCl、NH$_4$Cl、NaAc、BiCl$_3$、NaNO$_3$、Fe(NO$_3$)$_3$·9H$_2$O

其他：酚酞、甲基橙、精密 pH 试纸、广泛 pH 试纸、普通滤纸 20 mm×（30～40）mm

（四）实验内容

1. 电离平衡。

（1）弱电解质的同离子效应。

1）在两支试管中各加入 0.1 mol·L^{-1} 的 HAc 溶液 1 mL，再分别加 1 滴甲基橙，然后在一支试管中，加少量固体 NH$_4$Ac，振荡使其溶解，观察溶液颜色变化，与另一试管进行比较，并解释现象。

2）参照上述步骤，自行设计简单实验，证实弱碱溶液中的同离子效应。

（2）盐类水解。

1）预备试剂及初步实验：

①用广泛 pH 试纸测定 0.1 mol·L^{-1} 的 NaCl、NaAc、NH$_4$Cl、NH$_4$Ac 溶液的 pH，一并测出蒸馏水的 pH，与自己计算的上述各溶液的 pH 作比较。

②在三支试管中各加入 3 mL 蒸馏水，然后分别加入少量固体 NaAc、Fe(NO$_3$)$_3$·9H$_2$O 及半粒绿豆大小的 BiCl$_3$，振荡，观察现象。用 pH 试纸分别测定其 pH，并解释之。

保留 NaAc、Fe(NO$_3$)$_3$、BiCl$_3$ 三支试管中的物质。

2）在盛 NaAc 溶液的试管中，加 1 滴酚酞指示剂，加热，观察溶液颜色变化，并解释之。

3）将 1）制得的 Fe(NO$_3$)$_3$ 溶液分成三份，第一份留作比较用；第二份中加入 2 mol·L^{-1} 的 HNO$_3$1～2 滴，观察溶液颜色变化；第三份用小火加热，观察溶液颜色变化。解释之。

4）在 1）制得的含 BiOCl 白色浑浊物的试管中逐滴加入 6 mol·L^{-1} 的 HCl，并剧烈振荡，至溶液澄清（注意 HCl 不要太过量）。再加水稀释，有何现象？解释之。并讨论实验室应如何配制 BiCl$_3$、SnCl$_2$ 等易水解盐类的溶液。

（3）缓冲溶液的缓冲作用。

在 100 mL 烧杯中加入 0.1 mol·L^{-1} 的 HAc 和 0.1 mol·L^{-1} 的 NaAc 溶液各 12.5 mL，搅拌均匀，在 pH 计上测定 pH。加入蒸馏水 25 mL，稀释 1 倍，搅匀后再测定其 pH。然后将此溶液分为两份，一份加入 0.1 mol·L^{-1} 的 HCl 溶液 5 滴，搅匀，用 pH 计测定其 pH；另一份中加入 0.1 mol·L^{-1} 的 NaOH 溶液 5 滴，搅匀，此实验要求所加 HCl 和 NaOH 溶液的液滴大小相近。再用 pH 计测定其 pH。结果填入下表并与计算值比较。

溶液编号	pH 计算值	pH 测定值
a. 12.5 mL 0.1 mol·L^{-1} 的 HAc 与 12.5 mL 0.1 mol·L^{-1} 的 NaAc 混合溶液		
b. 加入蒸馏水 25 mL，将 a 稀释 1 倍		
c. 在 b 中加入 5 滴 0.1 mol·L^{-1} 的 HCl 溶液		
d. 在 b 中加入 5 滴 0.1 mol·L^{-1} 的 NaOH 溶液		

2．沉淀-溶解平衡。

（1）沉淀的生成。

1）在两支试管中各盛蒸馏水 10 滴，分别加入 1 滴 0.5 mol·L^{-1} 的 CuSO$_4$、0.5 mol·L^{-1} 的 FeCl$_3$ 溶液，摇匀，然后各加入 0.1 mol·L^{-1} 的 NaOH 溶液 1 滴，振荡，观察并记录现象，写出反应方程式。

2）取 1 滴 0.1 mol·L^{-1} 的 Pb(NO$_3$)$_2$ 于点滴板上，加入 0.1 mol·L^{-1} 的 KI 溶液 1 滴，观察现象，写出反应方程式。

另取 1 滴 0.001 mol·L^{-1} 的 Pb(NO$_3$)$_2$ 于点滴板上，加入 0.001 mol·L^{-1} 的 KI 溶液 1 滴，观察现象，并解释。

（2）沉淀的溶解。

1）在试管中加入 0.1 mol·L^{-1} 的 MgCl$_2$ 溶液 4 滴，滴加 2 mol·L^{-1} 的氨水 5～6 滴，观察现象。然后再逐滴加入 1 mol·L^{-1} 的 NH$_4$Cl，观察现象，解释并写出有关反应方程式。

2）在试管中加 10 滴蒸馏水，加入 0.1 mol·L^{-1} 的 Pb(NO$_3$)$_2$ 溶液 1 滴和 0.1 mol·L^{-1} 的 KI 溶液 2 滴，振荡试管，观察沉淀颜色和形状，然后再加入少量固体 NaNO$_3$，振荡，观察现象，并解释。

3）在试管中滴加 3 滴 0.1 mol·L^{-1} 的 AgNO$_3$ 溶液，加入 2 mol·L^{-1} 的 NaOH 溶液 1 滴，观察是否有沉淀。再继续逐滴加入 2 mol·L^{-1} 的氨水，观察现象，解释并写出反应方程式。

（3）分步沉淀。

1）在试管中加入 0.5 mol·L^{-1} 的 CuSO$_4$ 溶液 2 滴、0.5 mol·L^{-1} 的 FeCl$_3$ 溶液 2 滴，用 1 mL 水稀释，摇匀，逐滴加入 0.1 mol·L^{-1} 的 NaOH，振荡，观察沉淀颜色。根据沉淀颜色和溶度积规则，判断哪一种难溶物质先沉淀。

2）在试管中加入 0.1 mol·L^{-1} 的 Na$_2$S 溶液 2 滴和 0.1 mol·L^{-1} 的 NaCl 溶液 2 滴，稀释至 1 mL，加入 0.1 mol·L^{-1} 的 Pb(NO$_3$)$_2$ 溶液 2～3 滴，振荡试管，观察沉淀颜色，待沉淀沉降后，再向清液中逐滴加入 0.1 mol·L^{-1} 的 Pb(NO$_3$)$_2$ 溶液。此时不要振荡试管，以免黑色沉淀泛起，观察沉淀颜色。

运用溶度积数据和溶度积规则说明上述现象。

（4）沉淀的转化。

在两支离心试管中各加入 0.5 mol·L^{-1} 的 CaCl$_2$ 溶液 10 滴和 0.5 mol·L^{-1} 的 Na$_2$SO$_4$ 溶液 10 滴，用玻璃棒轻轻摩擦试管内壁，以生成沉淀。离心分离，弃去清液。在一支含有沉淀的试管中加入 2 mol·L^{-1} 的 HCl 溶液 10 滴，观察沉淀是否溶解。在另一支试管中加入 1 mL 饱和 Na$_2$CO$_3$ 溶液，振荡或搅拌 2～3 min，使沉淀转化，离心分离，弃去清液，沉淀用蒸馏水洗涤 1～2 次，然后在沉淀中加入 2 mol·L^{-1} 的 HCl 溶液 10 滴，观察现象，写出有关反应方程式。

（五）思考题

1．如何用实验证明同离子效应？

2．哪些类型的盐会发生水解？NaAc 和 NH$_4$Cl 溶液的 pH 如何计算？影响盐类水解的因素有哪些？本实验中是如何促进和抑制水解的？

3．什么是缓冲溶液？如何计算其 pH 值？

4. 什么是溶度积规则？如何使用该规则判断沉淀的生成？

实验十二　氧化还原与电化学

（一）实验目的

1. 学习根据氧化还原反应比较电极电势的相对高低。
2. 掌握酸度、浓度对氧化还原反应的影响。
3. 掌握能斯特方程式的应用，了解酸度、浓度对电极电势的影响。

（二）实验原理

在化学反应中，元素的原子或离子在反应前后有电子得失，或氧化值变化的一类反应，称为氧化还原反应。对于物质在反应中是起氧化作用还是起还原作用，要由具体反应来判定。例如，MnO_2 在酸性介质中与 KI 反应，为氧化剂；在强碱性介质中与 $KMnO_4$ 反应，为还原剂。

氧化剂和还原剂的相对强弱，可用其组成电对的电极电势来衡量。一个电对的电极电势代数值越大，其氧化态的氧化能力越强，其还原态的还原能力越弱，反之则相反。所以，利用标准电极电势表就能选择适当的氧化剂和还原剂来设计氧化还原反应，判断氧化还原反应的产物、方向和程度。例如：

$$Fe^{3+}+e^- \rightleftharpoons Fe^{2+} \qquad E^\theta=0.771V$$

$$MnO_4^-+8H^++5e^- \rightleftharpoons Mn^{2+}+4H_2O \qquad E^\theta=1.51V$$

$KMnO_4$ 标准电极电势较大，作氧化剂，$FeSO_4$ 标准电极电势较小，作还原剂，它们在酸性介质中反应后生成 Mn^{2+}、Fe^{3+} 和 H_2O，反应方程式为：

$$MnO_4^-+5Fe^{2+}+8H^+ \rightleftharpoons Mn^{2+}+5Fe^{3+}+4H_2O$$

电极电势也受电对中离子浓度影响，电对在任一离子浓度下的电极电势，可由能斯特方程算出。例如：Cu-Zn 原电池，若在铜半电池中加入氨水，会生成深蓝色、难离解的四氨合铜（Ⅱ）配离子$[Cu(NH_3)_4]^{2+}$，使 Cu^{2+} 离子浓度降低，从而电极电势也降低：

$$Cu^{2+}+4NH_3 \rightleftharpoons [Cu(NH_3)_4]^{2+}（深蓝色）$$

$$E（Cu^{2+}/Cu）=E^\theta（Cu^{2+}/Cu）+\frac{0.059\,2}{2}\lg\{c（Cu^{2+}）/c^\theta\}$$

金属的腐蚀主要是电化学腐蚀，其原因是不纯金属暴露在潮湿空气中后，金属表面形成了无数的微电池——腐蚀电池，活泼金属原子的电子发生转移使其成为金属离子而剥离。例如：铜和锌紧密接触，锌上电子将会"部分"转移到铜上而形成电偶，此时如有电解质存在，它们就形成腐蚀电池，锌是腐蚀电池的阴极，这样阴极锌被腐蚀，阳极铜就得到保护。这就是大海中轮船的铜螺旋桨、船壳上镶嵌锌或镁的合金及工业上钢铁零件常用表面镀锌来保护基体金属免受腐蚀的原理。

（三）仪器和药品

仪器：数字式万用表

药品：液体试剂：酸：HCl（1 mol·L^{-1}、浓）、HNO$_3$（浓、极稀）、H$_2$SO$_4$（1 mol·L^{-1}、3 mol·L^{-1}）、HAc（6 mol·L^{-1}）

碱：NaOH（2 mol·L^{-1}、6 mol·L^{-1}）、NH$_3$·H$_2$O（6 mol·L^{-1}）

盐：KI（0.1 mol·L^{-1}）、KBr（0.1 mol·L^{-1}）、(NH$_4$)$_2$Fe(SO$_4$)$_2$（0.2 mol·L^{-1}）、KMnO$_4$（0.01 mol·L^{-1}、0.1 mol·L^{-1}）、Na$_2$SO$_3$（0.1 mol·L^{-1}）、FeCl$_3$（0.1 mol·L^{-1}）、FeSO$_4$（1 mol·L^{-1}）、K$_2$Cr$_2$O$_7$（0.4 mol·L^{-1}）、Pb(NO$_3$)$_2$（1 mol·L^{-1}）、Na$_2$SiO$_3$（d=1.06，由水玻璃配制）、CuSO$_4$（0.5 mol·L^{-1}）、ZnSO$_4$（0.5 mol·L^{-1}）、I$_2$溶液（0.01 mol·L^{-1}）、Br$_2$溶液（0.01 mol·L^{-1}）

固体试剂：MnO$_2$

其他：CCl$_4$、铜片、锌片、KI—淀粉试纸、砂纸、盐桥、碳棒、石墨电极

（四）实验内容

1. 比较 Br$_2$/Br$^-$、I$_2$/I$^-$、Fe^{3+}/Fe^{2+} 电对电极电势的相对高低。

根据表 3-5 进行实验。写出有关反应方程式。根据实验结果，定性地比较 Br$_2$/Br$^-$、I$_2$/I$^-$、Fe^{3+}/Fe^2 三个电对的电极电势的相对高低（即代数值的相对大小），并指出哪个电对的氧化态是最强的氧化剂，哪个电对的还原态是最强的还原剂。

表 3-5　比较 Br/Br$^-$、I$_2$/I$^-$、Fe^{3+}/Fe^{2+} 电对电极电势的相对高低

实验内容摘要		现象	解释	结论
编号	操作内容			
试管 1	5 滴 0.1 mol·L^{-1}KI 溶液	滴加 0.1 mol·L^{-1}FeCl$_3$ 溶液 2 滴+20 滴 CCl$_4$		
试管 2	5 滴 0.1 mol·L^{-1}KBr 溶液			
试管 3	0.5 mL0.2 mol·L^{-1}(NH$_4$)$_2$Fe (SO$_4$)$_2$ 溶液	滴加溴水 2~3 滴+20 滴 CCl$_4$		
试管 4		滴加碘水 2~3 滴+20 滴 CCl$_4$		

2. 酸度对氧化还原反应的影响。

（1）根据表 3-6 进行实验。讨论高锰酸钾在不同介质条件下的还原产物以及氧化能力的强弱。

表 3-6　酸度对氧化还原产物的影响

编号	操作			现象	解释
试管 1	0.01 mol·L^{-1} 的 KMnO$_4$ 3 滴	滴加 6 mol·L^{-1} 的 NaOH 5 滴	滴加 0.1 mol·L^{-1} 的 Na$_2$SO$_3$ 5 滴		
试管 2		滴加 1 mol·L^{-1} 的 H$_2$SO$_4$ 5 滴			
试管 3		滴加蒸馏水 5 滴			

注：①若 KMnO$_4$ 在酸性介质中加入 Na$_2$SO$_3$ 后不褪色，则应检查 Na$_2$SO$_3$ 试剂是否失效；

②KMnO$_4$+NaOH+Na$_2$SO$_3$ 实验时，Na$_2$SO$_3$ 用量不可过多，否则，多余的 Na$_2$SO$_3$ 会与产物 NaMnO$_4$ 生成 MnO$_2$。

（2）根据表 3-7 中的实验操作方法进行实验，并写出反应式，并加以解释。

表 3-7　酸度对氧化还原反应速率的影响

编号	操作			现象	解释
试管 1	1 mL0.1 mol·L^{-1} 的	滴加 0.5 mL1 mol·L^{-1} 的 H$_2$SO$_4$ 溶液	滴加 1 滴 0.01 mol·L^{-1} 的		
试管 2	KBr 溶液	滴加 6 mol·L^{-1} 的 HAc 溶液	KMnO$_4$		

3．酸度对电极电势的影响。

（1）测定以下电池的电动势：

Fe｜FeSO$_4$（1 mol·L^{-1}）‖ K$_2$Cr$_2$O$_7$（0.4 mol·L^{-1}）｜石墨电极

在重铬酸钾电极中，逐滴加入 1 mol·L^{-1} 的 H$_2$SO$_4$ 溶液，观察电动势有何变化？再向该溶液中滴加 6 mol·L^{-1} 的 NaOH 溶液，观察电动势有何变化？为什么？用能斯特方程解释实验现象，写出电池符号及电池反应方程式。

（2）在下列标准电极电势中：

$$I_2 + 2e \rightleftharpoons 2I^- \qquad E^\theta = 0.534\ 5V$$

$$MnO_4^- + 2H_2O + 3e \rightleftharpoons MnO_2 + 4OH^- \qquad E^\theta = 0.588V$$

由电极电势可知 MnO$_4^-$ 与 I$^-$ 发生如下反应：

$$2MnO_4^- + 6I^- + 4H_2O^+ \rightleftharpoons 2MnO_2 + 3I_2 + 8OH^-$$

在 100 mL 烧杯中加入 30 mL 0.1 mol·L^{-1} 的 KMnO$_4$ 溶液和少量 MnO$_2$ 粉末，另一个烧杯中混合 0.1 mol·L^{-1} 的 KI 和 0.01 mol·L^{-1} 的 I$_2$ 溶液各 15 mL。两杯中分别插入一根有导线连接的碳棒，将碳棒上导线分别与数字式万用电表相连，两上烧杯用一根 U 形管盐桥相连，测定原电池的电势差，并指出原电池的正负极。

在 KMnO$_4$-MnO$_2$ 混合溶液中，边搅拌边滴加 1 mol·L^{-1} 的硫酸 5～8 滴，观察电势差的变化趋势，测定原电池的电势差，并指出原电池的正负极。在电势差达到最大时记下所加硫酸的体积。再在此混合溶液中滴加 6 mol·L^{-1} 的 NaOH 溶液 10～15 滴，观察电势差的变化趋势，测定原电池的电势差，并指出原电池的正负极。在电势差约为 0 时记下所加 NaOH 溶液的体积。解释实验现象。

4．浓度对氧化还原反应的影响。

（1）浓度对氧化还原产物的影响。

在两支试管中分别加入锌粒一粒。再分别滴加浓硝酸和稀硝酸各 5 滴，观察第一支试管中有无红棕色 NO$_2$ 气体产生，检验第二支试管中有无 NH$_4^+$ 生成。

表 3-8　浓度对氧化还原产物的影响

实验内容摘要		现象	解释
编号	操作		
试管 1	锌粒　滴加 5 滴浓 HNO$_3$		
试管 2	滴加 5 滴稀 HNO$_3$		

注：以上反应应在通风口处进行。

提示：Zn 加 HNO_3（稀）时观察现象，反应 30 s 后滴加 NaOH 振荡，直到沉淀溶解。再加过量 NaOH，加热，在试管口用湿 pH 试纸检验，观察试纸颜色变化。

（2）浓度对氧化还原反应方向的影响。

在两支干燥的试管中各加入少量 MnO_2 固体，再分别加入 1 mol·L^{-1} 的 HCl 和浓 HCl 各 1 mL，微热，用 KI-淀粉试纸分别检验有无氯气生成。

表 3-9 浓度对氧化还原方向的影响

实验内容摘要		现象	解释
编号	操作		
试管 1	MnO_2 固体 滴加 1 mL 1 mol·L^{-1} 的 HCl		
试管 2	滴加 1 mL 浓 HCl		

注：以上反应应在通风口处进行。

5．浓度对电极电势的影响。

在两只 100 mL 的烧杯中分别加入 40 mL 0.5 mol·L^{-1} 的 $CuSO_4$ 溶液和 0.5 mol·L^{-1} 的 $ZnSO_4$ 溶液，在 $CuSO_4$ 溶液中插入一铜片，在 $ZnSO_4$ 溶液中插入一锌片，两杯用一根 U 形管盐桥相连，再分别用导线将铜电极连接数字式万用电表的正极，将锌电极连接负极，测定原电池的电势差。然后在 $CuSO_4$ 溶液中，在搅拌下滴加 6 mol·L^{-1} 的 $NH_3·H_2O$ 溶液，观察电势有何变化，解释之。

实验完毕后，$ZnSO_4$、$CuSO_4$ 溶液应回收。

6．金属的电化学腐蚀——腐蚀电池（可选做）。

（1）在 100 mL 烧杯中按 $Pb(NO_3)_2$、HAc、Na_2SiO_3 的体积比为 1∶11∶10 配制成 60～70 mL 混合溶液，依次混合时都必须搅拌均匀，混合溶液应为弱酸性（pH≈5）。

（2）将混合溶液放在水浴上缓慢加热至约 90℃，加热时尽量不使升温太快、过高，防止胶冻内生成气泡，直至形成硅胶冻。

（3）取铜片和锌片用砂纸擦光，再用纸擦净，然后将铜片一端的 1 cm 处弯成适当角度，再和锌片成"人"字形地插入硅胶冻中 2～3 cm。处在胶冻外面的两金属片上端（即人字形部分）一定要紧密接触，才能构成电偶。

（4）数分钟后观察现象，作出解释，写出反应式。

（五）思考题

1．如何自行设计氧化还原实验？要考虑哪些情况？

2．如何使用标准电极电势表？

3．能用能斯特方程解释该实验中浓度对电极电势的影响吗？

实验十三 配位化合物

（一）实验目的

1．理解配位化合物与简单化合物、复盐之间的区别。

2．掌握简单离子与配位离子的区别。

3．理解配离子稳定性以及平衡移动的原理。

4．学会利用配位反应进行混合离子分离及离子的鉴别。

（二）实验原理

复盐在溶液中能全部离解成简单离子，如：

$$NH_4Fe(SO_4)_2 \longrightarrow NH_4^+ + Fe^{3+} + 2SO_4^{2-}$$

而配离子在溶液中只能部分离解成简单离子，如：

$$[Cu(NH_3)_4]SO_4 \longrightarrow [Cu(NH_3)_4]^{2+} + SO_4^{2-}$$
$$[Cu(NH_3)_4]^{2+} \rightleftharpoons Cu^{2+} + 4NH_3$$

由于配离子在溶液中存在离解平衡，故有 $K^{\theta}_{\text{不稳}}$ 常数存在，它是一个标志配离子稳定程度的物理量。

例如：

$$[Cu(NH_3)_4]^{2+} \rightleftharpoons Cu^{2+} + 4NH_3$$

$$K^{\theta}_{\text{不稳}} = \frac{\{c(Cu^{2+})/c^{\theta}\}\{c(NH_3)/c^{\theta}\}^4}{c([Cu(NH_3)_4]^{2+})/c^{\theta}}$$

在相同情况下，配离子的 $K^{\theta}_{\text{不稳}}$ 数值越小，表示配合物的稳定性越大。

通过配位反应形成的配合物，其许多性质如溶解度、颜色、氧化还原性等都与组成配合物的原物质有很大不同。如 AgCl 在水中的溶解度很小，但在氨水中因生成了 $[Ag(NH_3)_2]^+$，溶解度增大。又如 Co^{2+} 的水合离子为粉红色，而与 KSCN 作用则生成蓝色的 $[Co(SCN)_4]^{2-}$ 离子。再如，Hg^{2+} 可氧化 Sn^{2+}，形成 $[HgI_4]^{2-}$ 后，Hg^{2+} 的浓度变得很小，致使氧化能力降低，不再与 Sn^{2+} 发生反应，其形成配离子的反应如下：

$$Hg^{2+} + 2I^- \longrightarrow HgI_2$$
$$\text{（红色）}$$
$$HgI_2 + 2I^- \longrightarrow [HgI_4]^{2-}$$
$$\text{（无色）}$$

当配位平衡的条件改变，如加入一定的沉淀剂时，生成更难溶物质而使配离子破坏，使配合物向沉淀转化。如：

$$AgCl + 2NH_3 \longrightarrow [Ag(NH_3)_2]^+ + Cl^-$$

$$[Ag(NH_3)_2]^+ + Br^- \rightleftharpoons AgBr + 2NH_3$$

金属离子可以和多个配位原子的配体形成环状结构的配合物，称为螯合物。螯合物具有更大的稳定性，且具有特征颜色，可用于某些离子的鉴定。如深蓝色的 $[Cu(NH_3)_4]^{2+}$ 配离子和 EDTA 二钠盐作用，生成更稳定的五个五元环的螯合物，显浅蓝色；Fe^{2+} 与邻二氮菲反应生成橘红色的螯合物；Ni^{2+} 与二乙酰二肟反应生成鲜红色沉淀。

配位反应常用于某些离子的分离，如：

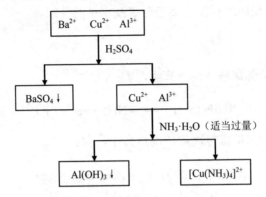

（三）仪器和药品

仪器：点滴板、离心试管、离心机

药品：液体试剂：碱：$NH_3 \cdot H_2O$（2 mol·L^{-1}、6 mol·L^{-1}）、NaOH（2 mol·L^{-1}）

盐：$FeCl_3$（0.1 mol·L^{-1}、0.5 mol·L^{-1}）、KSCN（0.1 mol·L^{-1}、饱和）、NaF（饱和）、$(NH_4)_2C_2O_4$（饱和）、$HgCl_2$（0.1 mol·L^{-1}）、KI（0.1 mol·L^{-1}）、$SnCl_2$（0.1 mol·L^{-1}）、$NiSO_4$（0.1 mol·L^{-1}）、EDTA（0.1 mol·L^{-1}）、NaCl（0.1 mol·L^{-1}）、$AgNO_3$（0.1 mol·L^{-1}）、KBr（0.1 mol·L^{-1}）、$Na_2S_2O_3$（0.1 mol·L^{-1}）、$NH_4Fe(SO_4)_2$（0.1 mol·L^{-1}）、$K_3[Fe(CN)_6]$（0.1 mol·L^{-1}）、Na_2S（0.5 mol·L^{-1}）、$Cu(NO_3)_2$（0.1 mol·L^{-1}）、$CuSO_4$（0.1 mol·L^{-1}）、$Fe(NO_3)_3$（0.1 mol·L^{-1}）、$FeSO_4$（0.1 mol·L^{-1}）

固体试剂：$CuCl_2$、NaF

其他：丙酮、邻二氮菲水溶液（质量分数为 0.25%）、二乙酰二肟水溶液（质量分数为 1%）、奈斯勒试剂

（四）实验内容

1. 配位化合物与简单化合物的区别。

（1）在一支试管滴入 5 滴 0.1 mol·L^{-1} 的 $FeCl_3$ 溶液，加入 1 滴 0.1 mol·L^{-1} 的 KNCS 溶液，观察现象。

（2）以铁氰化钾 $K_3[Fe(CN_6)]$ 代替 $FeCl_3$，做同样实验，观察溶液是否呈血红色。并与上述（1）中的结果对比，说明配位化合物与简单化合物有何区别。

2. 配位化合物与复盐的区别。

在三支试管中，各滴入 10 滴 0.1 mol·L^{-1} 的 $NH_4Fe(SO_4)_2$ 溶液，分别检验溶液中是否含有 NH_4^+（用奈斯勒试剂检验）、Fe^{3+}、SO_4^{2-}，并与上述（2）中的结果对比，说明配位化合物与复盐有何区别。

3. 配离子的生成和离解。

（1）取浓度为 0.1 mol·L^{-1} 的 $CuSO_4$ 溶液 10 滴，逐滴加入 6 mol·L^{-1} 的 $NH_3 \cdot H_2O$，观察记录现象，写出反应方程式。继续滴加氨水，至生成的沉淀完全溶解，再多加 1 滴，将溶液分成三份。

在一份溶液中加入 2 mol·L^{-1} 的 NaOH 溶液 2 滴，观察现象，解释之。

在另一份溶液中加入 0.5 mol·L^{-1} 的 Na$_2$S 溶液 2 滴，观察现象，解释并写出反应方程式。

在第三份溶液中逐滴加入浓度为 1 mol·L^{-1} 的 H$_2$SO$_4$，观察现象，解释并写出反应方程式。

（2）自行设计实验检验[Ag(NH$_3$)$_2$]$^+$配离子的生成和离解。

4．配合物生成时颜色的改变。

（1）在试管中滴加 2 滴 0.1 mol·L^{-1} 的 FeCl$_3$ 溶液，加入 0.1 mol·L^{-1} 的 KSCN 溶液 1 滴，观察溶液颜色的变化。再逐滴加入饱和 NaF 溶液，又有何变化？解释并写出反应方程式。

（2）取一支试管，加入 1.5 mL 水，再加入少量的 CuCl$_2$ 固体，振荡溶解后观察颜色，逐滴加入浓 HCl，颜色有何变化？再逐滴加水稀释，颜色又有何变化？解释并写出反应方程式。

（3）在试管中滴加 2 滴 0.1 mol·L^{-1} 的 CoCl$_2$ 溶液，再滴加饱和 KSCN 溶液 1 滴，再加入 2 滴丙酮，振荡。观察有机层的颜色变化。

5．配合物形成时氧化还原性的改变。

（1）取两支试管，各加入 0.1 mol·L^{-1} 的 FeCl$_3$ 溶液 5 滴，在其中一支试管内加入少许 NaF 固体，使溶液黄色褪去，然后分别向两支试管中加入 0.1 mol·L^{-1} 的 KI 溶液 10 滴，观察现象，解释并写出反应方程式。

（2）在点滴板的两个井穴中各加入 0.1 mol·L^{-1} 的 HgCl$_2$ 溶液 1 滴，在其中一个井穴内逐滴加入 0.1 mol·L^{-1} 的 KI 溶液至生成的沉淀又消失，然后分别向两井穴中加入 1 滴 0.1 mol·L^{-1} 的 SnCl$_2$ 溶液，是否产生沉淀？观察现象，解释并写出反应方程式。

6．配位平衡与沉淀平衡。

在离心试管中加入 5 滴 0.1 mol·L^{-1} 的 AgNO$_3$ 溶液和 5 滴 0.1 mol·L^{-1} 的 NaCl 溶液，离心分离，弃去清液，用少量去离子水洗涤沉淀，离心分离，弃去洗涤液，在沉淀上加入 2 mol·L^{-1} 的 NH$_3$·H$_2$O 使沉淀溶解。往所得溶液中加 1 滴 0.1 mol·L^{-1} 的 NaCl 溶液，观察现象，再加入 1 滴 0.1 mol·L^{-1} 的 KBr 溶液有何现象？若有 AgBr 沉淀生成，使 AgBr 沉淀完全，离心分离，洗涤沉淀两次，然后加入 0.5 mol·L^{-1} 的 Na$_2$S$_2$O$_3$ 溶液，使沉淀溶解。向所得溶液中加一滴 0.1 mol·L^{-1} 的 KBr 溶液，是否有 AgBr 沉淀生成？再加入几滴 0.1 mol·L^{-1} 的 KI 溶液，有何现象？

通过上述实验比较 AgCl、AgBr、AgI 的 K_{sp}^{θ} 大小和[Ag(NH$_3$)$_2$]$^+$、[Ag(S$_2$O$_3$)$_2$]$^{3-}$的稳定性。

7．配位平衡的移动。

（1）取 2 滴 0.1 mol·L^{-1} 的 FeCl$_3$ 溶液，加入 8 滴饱和(NH$_4$)$_2$C$_2$O$_4$ 溶液，溶液颜色有何变化？加入 1 滴 0.1 mol·L^{-1} 的 NH$_4$SCN 溶液，溶液颜色有无变化？若向溶液中逐滴加入 6 mol·L^{-1} 的 HCl 溶液，颜色有何变化？解释观察到的现象。

（2）取 5 滴 0.1 mol·L^{-1} 的 FeCl$_3$ 溶液加入 0.1 mol·L^{-1} 的 NH$_4$SCN 溶液，滴加 0.1 mol·L^{-1} 的 EDTA 溶液，有何现象发生？

8．螯合物的生成（可选做）。

（1）用所给试剂制备两份 10 滴的[Cu(NH$_3$)$_4$]$^{2+}$溶液，一份留作比较，另一份中逐滴加入 0.1 mol·L^{-1} 的 EDTA 溶液，有现象时停止滴加。观察现象，解释并写出反应方程式。

（2）在点滴板上加 0.1 mol·L^{-1} 的 FeSO$_4$ 溶液和质量分数为 0.25%的邻二氮菲溶液各 1

滴，观察现象。

（3）在点滴板上加 $0.1\ mol \cdot L^{-1}$ 的 $NiSO_4$ 溶液 1 滴、$2\ mol \cdot L^{-1}$ 的 $NH_3 \cdot H_2O$ 溶液 1 滴和质量分数为 1%的二乙酰二肟溶液 1 滴，观察现象。

9．利用配位反应分离混合离子。

取浓度均为 $0.1\ mol \cdot L^{-1}$ 的 $AgNO_3$、$Cu(NO_3)_2$、$Fe(NO_3)_3$ 溶液各 4 滴于同一试管中，振荡混合，自行设计实验步骤将其分离。画出分离过程示意图。

（五）思考题

1．如何从本质上区别配合物与复盐？
2．利用能斯特方程，讨论配合物的形成如何改变物质的氧化还原性。
3．探讨配位平衡与沉淀反应、氧化还原反应、溶液酸碱性的关系。

（六）环保提示

本实验产生的废液中含有 Cu^{2+}、Hg^{2+}、Ni^{2+}、Ag^+ 等离子。应回收集中处理。

实验十四　缓冲溶液的配制和性质的测定

（一）实验目的

1．掌握缓冲溶液的配制方法，加深对其性质的理解。
2．掌握刻度吸管、滴管的使用方法。
3．了解 pH 计测定溶液 pH 的原理，学会使用 pH 计。

（二）实验原理

缓冲溶液是由弱酸或弱碱及其盐组成的。对于由弱酸及其盐组成的缓冲体系，其 pH 可用式（3-10）表示

$$pH = pK_a + lg C_{盐}/C_{酸} \qquad (3\text{-}10)$$

因此，缓冲溶液的 pH 除了主要取决于 pK_a 外，还随盐和酸的浓度比而变。只要按不同的浓度比配制溶液，就可得到不同 pH 的缓冲溶液。必须指出的是，由上述公式计算得到的 pH 是近似值，精确的计算应用活度而不是浓度。

缓冲溶液中具有抗酸及抗碱成分，所以加入少量酸或碱其 pH 变化不大。当稀释缓冲溶液时，酸和盐的浓度比不变，故适当稀释对 pH 影响不大。缓冲容量是衡量缓冲能力大小的尺度，它的大小与缓冲剂浓度、缓冲组分比值有关。缓冲溶液浓度越大，缓冲容量越大；缓冲组分比值为 1：1 时，缓冲容量最大。

pH 计测定溶液的 pH 是一种比较精确而又快速的方法（电位法）。pH 计的指示电极（常用玻璃电极）和参比电极（常用甘汞电极）与待测溶液组成一原电池。

玻璃电极｜待测溶液（pH_x）‖甘汞电极

甘汞电极的电极电势稳定不变，而玻璃电极的电极电势与待测液的 pH 有关，因此通过测定电池的电动势便可求得待测液的 pH，公式为：

$$E_x = \varphi_甘 - (\varphi_玻^\theta - 0.059\,pH_x) \qquad (3\text{-}11)$$

因 $\varphi_玻^\theta$ 不确定，故先用已知 pH 的标准液代替待测液测定电池电动势以求算 $\varphi_玻^\theta$，这称为定位或校正，公式为：

$$E_s = \varphi_甘 - (\varphi_玻^\theta - 0.059\,pH_s) \qquad (3\text{-}12)$$

两式相减便可求得 pH_x。0.059 由 2.303RT/F 换算所得，该数值随温度而变。在 pH 计上可通过温度补偿器加以校正。

（三）仪器和药品

仪器：pH 计、刻度吸管、烧杯（50 mL）、试管

药品：HAc 溶液（0.1 mol·L^{-1}）、NaAc 溶液（0.1 mol·L^{-1}）、NH$_3$·H$_2$O 溶液（0.1 mol·L^{-1}）、NaOH 溶液（0.1 mol·L^{-1}，pH=10）、NH$_4$Cl 溶液（0.1 mol·L^{-1}）、HCl 溶液（0.1 mol·L^{-1}，pH=5）、pH 广泛试纸、邻苯二甲酸氢钾溶液（0.05 mol·L^{-1}，pH=4.01）、硼酸钠溶液（0.01 mol·L^{-1}，pH=9.18）

（四）实验内容

1．配制缓冲溶液。

通过计算,把配制下列四种缓冲溶液所需各组分的体积填入表 3-10(总体积为 30 mL)。然后分别用 pH 试纸和 pH 计测定它们的 pH，与计算值比较。

表 3-10 缓冲溶液数据记录表

缓冲溶液	pH	各组分体积/mL	pH 实验值	
			pH 试纸	pH 酸度计
甲	5.05	0.1 mol·L^{-1}HAc		
		0.1 mol·L^{-1}NaAc		
乙	5.05	0.05 mol·L^{-1}HAc		
		0.05 mol·L^{-1}NaAc		
丙	9.25	0.1 mol·L^{-1} NH$_3$·H$_2$O		
		0.1 mol·L^{-1}NH$_4$Cl		
丁	8.55	0.1 mol·L^{-1}NH$_3$·H$_2$O		
		0.1 mol·L^{-1}NH$_4$Cl		

2．缓冲溶液的性质。

（1）缓冲溶液对少量酸碱溶液的缓冲作用。

①取两支试管，分别加 5 mL 甲缓冲溶液和 pH=5 的 HCl 溶液，然后在两支试管中各加入 5 滴 0.1 mol·L^{-1} 的 HCl 溶液，用 pH 试纸测定 pH。

用同样的方法，试验 5 滴 0.1 mol·L^{-1} 的 NaOH 溶液对两个溶液 pH 的影响，记录实验结果。

表 3-11　pH 实验结果记录

试管	溶液	酸碱加入量	pH
1	甲缓冲溶液	5 滴 0.1 mol·L^{-1} 的 HCl	
2	pH=5 的 HCl	5 滴 0.1 mol·L^{-1} 的 HCl	
3	甲缓冲溶液	5 滴 0.1 mol·L^{-1} 的 NaOH	
4	pH=5 的 HCl	5 滴 0.1 mol·L^{-1} 的 NaOH	

②用丁缓冲溶液和 pH=10 的 NaOH 溶液重复上述实验，记录结果。

表 3-12　pH 实验结果记录

试管	溶液	酸碱加入量	pH
1	丁缓冲溶液	5 滴 0.1 mol·L^{-1} 的 HCl	
2	pH=10 的 NaOH	5 滴 0.1 mol·L^{-1} 的 HCl	
3	丁缓冲溶液	5 滴 0.1 mol·L^{-1} 的 NaOH	
4	pH=10 的 NaOH	5 滴 0.1 mol·L^{-1} 的 NaOH	

（2）测定缓冲溶液稀释前后的 pH 变化。

分别取 10 mL 乙缓冲溶液、丙缓冲溶液、pH=5 的 HCl 溶液、pH=10 的 NaOH 溶液，各加入 10 mL 水，用 pH 计测定它们的 pH，记录实验结果。

表 3-13　pH 实验结果记录

试管	溶液	稀释前的 pH	稀释后的 pH
1	乙缓冲溶液	5.05	
2	丙缓冲溶液	9.25	
3	pH=5 的 HCl	5	
4	pH=10 的 NaOH	10	

上述实验说明缓冲溶液具有什么性质？

3．缓冲容量。

在剩余的甲、乙、丙、丁四种缓冲溶液中，分别加入 5 mL 0.1 mol·L^{-1} 的 NaOH 溶液，用 pH 计测 pH。记录实验结果，解释原因。

表 3-14　pH 实验结果记录

溶液	缓冲剂浓度	加入 NaOH 后的 pH
甲缓冲溶液	0.1 mol·L^{-1}	
乙缓冲溶液	0.1 mol·L^{-1}	
缓冲比		
丙缓冲溶液	0.1 mol·L^{-1}	
丁缓冲溶液	0.1 mol·L^{-1}	

（四）思考题

1．缓冲溶液为什么具有缓冲能力？它的 pH 由哪些因素决定？

2．现有 H_3PO_4、HAc、$H_2C_2O_4$、H_2CO_3、HF 等几种酸及其盐（包括酸式盐），欲配制 pH=2、pH=10、pH=12 的缓冲溶液，问各选用哪种作为缓冲剂较好？

3．$NaHCO_3$ 溶液是否具有缓冲能力？为什么？

（五）注意事项

1．本实验酸和盐的浓度影响溶液的 pH，因此，要求配制准确。

2．熟悉酸度计的使用及注意事项，正确掌握使用方法。

第四章　物质的制备实验

　　物质的制备包括气体的制备、无机化合物的制备、有机化合物的制备等。气体的制备包括气体的制取、收集、净化与干燥。无机化合物、有机化合物的种类繁多，制备方法各有不同，差别很大。

一、物质制备的一般方法

　　（1）利用氧化还原的方法制备。

　　利用活泼金属与酸直接反应，经过蒸发、浓缩、结晶、分离即可得到产品，如由铁和硫酸制备硫酸亚铁铵。

　　不活泼金属不能直接与非氧化性酸反应，必须加入氧化剂。反应后必须有分离、除杂的步骤。如硫酸铜不能直接由铜和稀硫酸直接反应来制备，必须加入氧化剂，再用重结晶的方法来提纯制得。

　　（2）利用复分解反应制备。

　　利用复分解反应来制备无机物时，如果产物是气体，只需要进行收集、净化与干燥即可。若产物是可溶物，就要经过分离、蒸发、浓缩、结晶等步骤才能得到产物。

　　（3）有机化合物的制备需要设计物质的制备线路，设计反应装置，反应条件包括温度、时间、反应物料的摩尔比以及催化剂等，产品结构也需在制备前得到确认。

二、物质提纯的一般方法

　　1. 结晶和重结晶。

　　结晶是指当易溶物质在溶液中的含量超过了该物质的溶解度时，晶体从溶液中析出的过程，留下的溶液为母液。可溶性杂质留在母液里经过多次结晶的过程称为重结晶。重结晶可以达到分离物质的目的。

　　结晶过程分为两个阶段。一个是晶核形成阶段，另一个是晶核成长阶段。溶液的过饱和程度以及温度，特别是温度，能影响结晶的速度，并影响晶体颗粒的大小。

　　结晶时溶液的 pH 范围和浓缩蒸发的时间都能影响晶体的纯度和结晶的程度。因此，在结晶时，应充分合理地控制溶液的酸度和浓缩蒸发的时间。结晶时溶液的 pH 范围取决于被结晶物质的性质。例如 $CuSO_4 \cdot 5H_2O$ 溶液在弱酸性的条件下，容易生成 $Cu_2(OH)_2SO_4$ 沉淀，所以制备 $CuSO_4 \cdot 5H_2O$ 晶体时应将制备液 pH 控制在 1～2。当晶体颗粒大而且均匀时，夹带的母液和杂质少，所得的产品纯度高，但是结晶时间长。当晶体快速析出时情况则相反。

　　结晶时，溶液蒸发浓缩的程度与物质的溶解度有关。若物质在常温下溶解度较大，例如 $MgSO_4 \cdot 7H_2O$，则结晶时一般将溶液蒸发浓缩至稀粥状；若物质在常温下溶解度较小，但随温度升高溶解度明显增加，则结晶时一般将溶液蒸发至出现晶膜，例如 $CuSO_4 \cdot 5H_2O$；若溶解度在常温下较小，但随温度变化更为明显，则这类物质结晶时必须蒸发浓缩到一定的体积，使溶液达到饱和后再慢慢结晶，例如 $K_3Fe(C_2O_4)_3 \cdot 3H_2O$。

有机化合物的重结晶关键在于选择合适的溶剂。重结晶的溶剂选择要符合以下原则：重结晶物质的溶解度随温度的变化较大；杂质在溶剂中的溶解度要么很大，留在母液中，要么很小，可随过滤除去；溶剂与重结晶的物质容易分离；溶剂的毒性、易燃性符合要求。

2．蒸馏。

蒸馏是利用液体混合物中各组分的挥发性不同，使组分分离，达到提纯的目的。例如，用蒸馏法分离提纯乙醇时，根据乙醇混合液中各组分的沸点不同进行分离。低于 $77℃$ 的馏分为易挥发杂质，$77 \sim 79℃$ 的馏分为 95% 的乙醇水溶液，当高于 $79℃$ 时，乙醇的浓度会下降，含有水与电解质等难挥发物质。若纯度要求更高，则需进行多次蒸馏。

3．萃取。

萃取也是分离和提纯物质的常用方法之一。利用物质在两种不相溶或微溶的溶剂中溶解度或分配比不同，使物质从一种溶剂转移到另一种溶剂中，这样顺利实现分离和提纯。萃取通常分为液—液萃取和固—液萃取。

4．其他方法。

用化学反应转移溶质的形式也是一种提纯方法。一种不纯的固体物质，在一定的温度下反应生成气体，该气体在不同的温度时又可以发生分解重新得到纯净的物质。

当物质中所含杂质的离子易水解时，可以通过调整 pH 促使杂质沉淀，或者通过氧化还原反应改变杂质离子的状态，使其水解完全从而提纯物质。

实验一　硫酸铜的提纯

（一）实验目的

1．了解用重结晶法提纯物质的基本原理。
2．练习托盘天平的使用。
3．掌握加热、溶解、蒸发、浓缩、结晶、常压过滤、减压过滤等基本操作技术。

（二）实验原理

硫酸铜为可溶性晶体物质。根据物质溶解度的不同，可溶性晶体物质中的杂质包括难溶于水的杂质和易溶于水的杂质。一般可先用溶解、过滤的方法，除去难溶于水的杂质；然后再用重结晶法使易溶于水的杂质与原溶液分离。

重结晶的原理是：由于晶体物质的溶解度一般随温度的降低而减小，当热的饱和溶液冷却时，待提纯的物质首先结晶析出而少量杂质由于尚未达到饱和，仍留在母液中。

粗硫酸铜晶体中的杂质通常以硫酸亚铁（$FeSO_4$）、硫酸铁 [$Fe_2(SO_4)_3$] 为最多。当蒸发浓缩硫酸铜溶液时，亚铁盐易氧化为铁盐，而铁盐易水解，有可能生成 $Fe(OH)_3$ 沉淀混在析出的硫酸铜晶体中，所以在蒸发浓缩的过程中，溶液应保持酸性。

若亚铁盐或铁盐含量较多，可先用过氧化氢（H_2O_2）将 Fe^{2+} 氧化为 Fe^{3+}，再调节溶液的 pH 值约至 4，使 Fe^{3+} 水解为 $Fe(OH)_3$ 沉淀过滤而除去。

$$2Fe^{2+}+H_2O_2+2H^+ \Longrightarrow 2Fe^{3+}+2H_2O$$

$$Fe^{3+} + 3H_2O \xrightarrow[\text{}]{pH\approx4} Fe(OH)_3 + 3H^+$$

可用 KSCN 检验提纯后的精硫酸铜的纯度。

（三）仪器和药品

仪器：台秤、100 mL 烧杯、量筒、石棉网、玻棒、酒精灯、漏斗、滤纸、漏斗架、表面皿、蒸发皿、铁三脚、洗瓶、布氏漏斗、抽滤装置、硫酸铜回收瓶

药品：液体试剂：酸：HCl（2 mol·L^{-1}）、H_2SO_4（1 mol·L^{-1}）

　　　　　　　　碱：NaOH（2 mol·L^{-1}）、氨水（6 mol·L^{-1}）

　　　　　　　　盐：KSCN（1 mol·L^{-1}）

　　　　　　　　其他：H_2O_2（质量分数为 3%）

　　　　固体试剂：粗 $CuSO_4$

其他：pH 试纸

（四）实验内容

1．称量和溶解。

用台秤称取粗硫酸铜约 2 g，其质量记为 W_1，放入洁净的 100 mL 烧杯中，加入蒸馏水 20 mL。然后将烧杯置于石棉网上加热，并用玻棒搅拌。当硫酸铜完全溶解时，立即停止加热。大块的硫酸铜晶体应先在研钵中研细。每次研磨的量不宜过多。研磨时，不得用研棒敲击，应慢慢转动研棒，轻压晶体成细粉末。

2．沉淀。

在上述溶液中加入 3%H_2O_2 溶液 10 滴，加热，并搅拌，同时逐滴加入 2 mol·L^{-1}NaOH 溶液直到 pH＝3.5～4（用 pH 试纸检验），再加热片刻，放置，使红棕色 $Fe(OH)_3$ 沉降。用 pH 试纸（或石蕊试纸）检验溶液的酸碱性时，应将小块试纸放入干燥清洁的表面皿或点滴板上，然后用玻璃棒蘸取待检验溶液点在试纸上，切忌将试纸投入溶液中检验。

3．过滤。

将折好的滤纸放入漏斗中，用洗瓶挤出少量水润湿滤纸，使之紧贴在漏斗壁上。将漏斗放在漏斗架上，趁热过滤硫酸铜溶液，滤液置于清洁的蒸发皿中。从洗瓶中挤出少量水洗涤烧杯及玻璃棒，洗涤液也应全部滤入蒸发皿中。过滤后的滤纸及残渣投入废液缸中。也可以采用减压过滤的方法过滤。

4．蒸发和结晶。

在滤液中滴入 2 滴 1 mol·L^{-1}H_2SO_4 溶液，使溶液酸化，保持 pH=1.0～2.0，然后在石棉网上加热，蒸发浓缩，切勿加热过猛使液体溅失。当溶液表面刚出现一层极薄的晶膜时，停止加热，静置冷却至室温，使 $CuSO_4 \cdot 5H_2O$ 充分结晶析出。抽滤析出的硫酸铜晶体。通过水浴干燥法进一步干燥，停止干燥后，将硫酸铜置于滤纸上，吸去其表面的水分。

5．在台秤上称量硫酸铜的质量为 W_2。

（五）硫酸铜纯度的检验

将 0.3 g 粗硫酸铜粉末放置于小烧杯中，用 10 mL 蒸馏水溶解，加入 1 mL 1 mol·L^{-1} H$_2$SO$_4$ 溶液，使溶液酸化，然后再滴加 2 mL 质量分数为 3%的 H$_2$O$_2$，煮沸片刻，使其中的 Fe^{2+}氧化为 Fe^{3+}。

待溶液冷却后，边搅拌边逐滴加入 6 mol·L^{-1} 氨水，直至最初生成的蓝色沉淀完全消失，溶液呈深蓝色为止。此时 Fe^{3+}已完全转化为 Fe(OH)$_3$ 沉淀，而 Cu^{2+}则完全转化为 [Cu(NH$_3$)$_4$]$^{2+}$离子。

用普通漏斗过滤，并用滴管将 1 mol·L^{-1} 氨水滴于滤纸内的沉淀上，直到蓝色洗去为止，滤液可弃去。此时橙黄色的 Fe(OH)$_3$ 沉淀仍留在滤纸上。

用滴管把 3 mL 稍热的 2 mol·L^{-1} 盐酸滴于上面滤纸上，以溶解 Fe(OH)$_3$，如果一次不能完全溶解，可将滤液加热，再滴到滤纸上洗涤。

在滤液中滴入 2 滴 1 mol·L^{-1} 的 KSCN 溶液，则溶液应呈血红色。Fe^{3+}越多，血红色越深，因此可根据血红色的深浅程度比较出 Fe^{3+}的多与少，保留此血红色溶液与下面试验进行对照。

称取 0.3 g 提纯过的精硫酸铜，重复上面的实验操作，比较二者血红色的深浅程度，以评定产品的质量。

（六）结果记录

粗硫酸铜的质量 W_1 = _____ g；精制硫酸铜的质量 W_2 = _____ g。

$$回收率 = \frac{W_2}{W_1} \times 100\%$$

（七）思考题

1. 粗硫酸铜溶解时，加热和搅拌起什么作用？
2. 用重结晶法提纯硫酸铜，在蒸发滤液时，为什么加热不可过猛？为什么不可将滤液蒸干？
3. 滤液为什么必须经过酸化才能进行加热浓缩？在浓缩过程中应注意哪些问题？
4. 在提纯硫酸铜过程中，为什么要加 H$_2$O$_2$ 溶液，并保持溶液的 pH 值约为 4？
5. 为了提高精制硫酸铜的产率，实验过程中应注意哪些问题？

（八）环保提醒

实验后提纯的硫酸铜，不能随意丢弃，应该将其回收到试剂瓶中，作为实验试剂使用。

实验二　氯化钠的提纯

（一）实验目的

1. 掌握提纯 NaCl 的原理和方法。

2．学习溶解、沉淀、常压过滤、减压过滤、蒸发浓缩、结晶和烘干等基本操作。

3．掌握 Ca^{2+}、Mg^{2+}、SO_4^{2-} 等离子的定性鉴定。

（二）实验原理

化学试剂或医药用的 NaCl 都是以粗食盐为原料提纯的，粗食盐中含有 Ca^{2+}、Mg^{2+}、K^+ 和 SO_4^{2-} 等可溶性杂质及泥沙等不溶性杂质。选择适当的试剂可使 Ca^{2+}、Mg^{2+}、SO_4^{2-} 等离子生成难溶盐沉淀而除去，一般先在食盐溶液中加 $BaCl_2$ 溶液，除去 SO_4^{2-} 离子：

$$Ba^{2+} + SO_4^{2-} = BaSO_4 \downarrow$$

然后再在溶液中加 NaOH 和 Na_2CO_3 溶液，除 Ca^{2+}、Mg^{2+} 和过量的 Ba^{2+}：

$$Ca^{2+} + CO_3^{2-} = CaCO_3 \downarrow$$

$$Ba^{2+} + CO_3^{2-} = BaCO_3 \downarrow$$

$$2Mg^{2+} + 2OH^- + CO_3^{2-} = Mg_2(OH)_2CO_3 \downarrow$$

过量的 Na_2CO_3 溶液用 HCl 中和。粗食盐中的 K^+ 仍留在溶液中。由于 KCl 溶解度比 NaCl 大，而且在粗食盐中含量少，所以在蒸发和浓缩食盐溶液时，NaCl 先结晶出来，而 KCl 仍留在溶液中。

（三）仪器和药品

仪器：电磁加热搅拌器、循环水泵、吸滤瓶、布氏漏斗、普通漏斗、烧杯、蒸发皿、台秤、离心机、点滴板

药品：液体试剂：酸：H_2SO_4（3 mol·L^{-1}）、HCl（6 mol·L^{-1}）、HAc（2 mol·L^{-1}）

　　　　　　　碱：NaOH（6 mol·L^{-1}）

　　　　　　　盐：Na_2CO_3（饱和溶液）、$(NH_4)_2C_2O_4$（饱和溶液）、$BaCl_2$（0.2 mol·L^{-1}、1 mol·L^{-1}）、镁试剂（对硝基偶氮间苯二酚）

　　　　固体试剂：NaCl（粗）

其他：滤纸、pH 试纸

（四）实验步骤

1．粗盐溶解。

称取约 3 g 粗食盐于 100 mL 烧杯中，其质量记为 W_1，加入 20 mL 蒸馏水，用电磁加热搅拌器（或酒精灯）加热搅拌使其溶解。

2．去除 SO_4^{2-}。

加热溶液至沸，边搅拌边滴加 1 mol·L^{-1} $BaCl_2$ 溶液 1～2 mL 至沉淀完全，继续加热 5 min，使沉淀颗粒长大从而易于沉降。

3．检查 SO_4^{2-} 是否除尽。

将电磁搅拌器（或酒精灯）移开，待沉降后取 5 滴上层清液于试管中，滴加 2 滴 6 mol·L^{-1}HCl，再加 2 滴 1 mol·L^{-1} $BaCl_2$ 溶液，如有混浊，表示 SO_4^{2-} 尚未除尽，需再加 $BaCl_2$ 溶液直至完全除尽 SO_4^{2-}。继续加热保温 5～10 min，放置，并用普通漏斗过滤。

4．去除 Ca^{2+}、Mg^{2+} 和过量的 Ba^{2+}。

在上述滤液中加入 10 滴 6 mol·L^{-1} 的 NaOH 溶液，加热至沸腾，然后边搅拌边滴加饱

和 Na_2CO_3 溶液，至滴入 Na_2CO_3 溶液不生成沉淀为止，再多加 5 滴 Na_2CO_3 溶液，静置。

5. 检查 Ba^{2+} 是否除尽。

用吸管取上清液 10 滴离心分离。取分离出的清液加入 2 滴 3 $mol·L^{-1}$ 的 H_2SO_4 溶液，如有混浊现象，则表示 Ba^{2+} 未除尽，继续加 Na_2CO_3 溶液，直至除尽为止。常压过滤至蒸发皿中，弃去沉淀。

6. 用 HCl 调整酸度并除去 CO_3^{2-}。

在滤液中滴加 6 $mol·L^{-1}$ 的 HCl 溶液，加热搅拌，中和到溶液呈微酸性，保持 pH 值为 3～4。

7. 浓缩与结晶。

在蒸发皿中把溶液浓缩至原体积的 1/3（稀糊状），冷却结晶，抽吸过滤，用少量的 2：1 酒精水溶液洗涤晶体，抽滤至布氏漏斗下端无水滴。

然后转移到蒸发皿中小火烘干，冷却，称量产品为 W_2 g。计算产率，产品待检验。

8. 产品纯度的检验。

取粗食盐和提纯后的产品 NaCl 各 0.3 g，分别溶于约 5 mL 蒸馏水中，然后用下列方法对离子进行定性检验并比较二者的纯度。

（1）SO_4^{2-} 的检验。

在两支试管中分别加入上述粗、纯 NaCl 溶液约 1 mL，分别加入 2 滴 6 $mol·L^{-1}$ HCl 和 3～4 滴 0.2 $mol·L^{-1}$ $BaCl_2$ 溶液，观察其现象。

（2）Ca^{2+} 的检验。

在两支试管中分别加入粗、纯 NaCl 溶液约 1 mL，加 2 $mol·L^{-1}$ HAc 溶液使呈酸性，再分别加入 3～4 滴饱和 $(NH_4)_2C_2O_4$ 溶液，观察现象。

（3）Mg^{2+} 的检验。

在两支试管中分别加入粗、纯 NaCl 溶液约 1 mL，先各加入 4～5 滴 6 $mol·L^{-1}$ NaOH 溶液，摇匀，再分别加 3～4 滴镁试剂[1]溶液，若溶液有蓝色絮状沉淀时，表示有镁离子存在；若溶液仍为紫色，表示无镁离子存在。

（五）实验结果

（1）① 粗盐____ g；② 精盐____ g；③ 精盐外观：_____；

④ 产率 $=\dfrac{W_2}{W_1}\times100\%=$ _____。

（2）产品纯度检验按表 4-1 进行。

表 4-1　纯度检验现象记录及结论

检验项目	检验方法	被检溶液	实验现象	结论
SO_4^{2-}	加 6 $mol·L^{-1}$ HCl、0.2 $mol·L^{-1}$ $BaCl_2$	1 mL 粗 NaCl 溶液		
		1 mL 纯 NaCl 溶液		
Ca^{2+}	加饱和 $(NH_4)_2C_2O_4$ 溶液	1 mL 粗 NaCl 溶液		
		1 mL 纯 NaCl 溶液		
Mg^{2+}	加 6 $mol·L^{-1}$ NaOH、镁试剂溶液	1 mL 粗 NaCl 溶液		
		1 mL 纯 NaCl 溶液		

（六）注意事项

[1]镁试剂：硝基偶氮间苯二酚，它在酸性溶液中呈黄色，在碱性溶液中呈红色或紫色，当被 $Mg(OH)_2$ 吸附后则呈天蓝色。

（七）思考题

1．在除去 Ca^{2+}、Mg^{2+}、SO_4^{2-} 时为何先加 $BaCl_2$ 溶液，然后再加 Na_2CO_3 溶液？
2．能否用 $CaCl_2$ 代替毒性大的 $BaCl_2$ 来除去食盐中的 SO_4^{2-}？
3．在除 Ca^{2+}、Mg^{2+}、SO_4^{2-} 等杂质离子时，能否用其他可溶性碳酸盐代替 Na_2CO_3？
4．在提纯粗食盐过程中，K^+ 将在哪一步操作中除去？
5．加 HCl 除去 CO_3^{2-} 时，为什么要把溶液的 pH 值调至 3～4？调至恰为中性如何？
（提示：从溶液中 H_2CO_3、HCO_3^- 和 CO_3^{2-} 浓度的比值与 pH 值的关系去考虑。）

（八）环保提醒

提纯后的 NaCl 应回收备用。

实验三　硫酸亚铁铵的制备（微型实验）

（一）实验目的

1．掌握制备复盐硫酸亚铁铵的方法，了解复盐的特性。
2．练习使用微型仪器进行水浴加热、蒸发、结晶、常压过滤和减压过滤等基本操作。
3．了解无机物制备的投料、产量、产率的有关计算，以及产品纯度的检验方法。

（二）实验原理

铁能溶于稀硫酸中生成硫酸亚铁：

$$Fe+2H^+ \rightleftharpoons Fe^{2+}+H_2$$

通常，亚铁盐在空气中易氧化。例如，硫酸亚铁在中性溶液中能被溶于水中的少量氧气氧化并与水作用，甚至析出棕黄色的碱式硫酸铁（$[Fe(OH)_2]_2SO_4$）或 $Fe(OH)_3$ 沉淀。

$$4Fe^{2+}+2SO_4^{2-}+O_2+6H_2O == 2[Fe(OH)_2]_2SO_4+4H^+$$

若在硫酸亚铁溶液中加入与 $FeSO_4$ 相等的物质的量的硫酸铵，则生成复盐硫酸亚铁铵。硫酸亚铁铵比较稳定，它的六水合物 $(NH_4)_2SO_4 \cdot FeSO_4 \cdot 6H_2O$ 不易被空气氧化，在定量分析中常用以配制亚铁离子的标准溶液。与所有的复盐一样，硫酸亚铁铵在水中的溶解度比组成它的每一组分 $FeSO_4$ 或 $(NH_4)_2SO_4$ 的溶解度都要小，见表 4-2。蒸发浓缩所得溶液，可制得浅绿色的硫酸亚铁铵晶体。

$$Fe^{2+}+2NH_4^++2SO_4^{2-}+6H_2O \rightleftharpoons (NH_4)_2SO_4 \cdot FeSO_4 \cdot 6H_2O$$

如果溶液的酸性减弱，则亚铁盐（或铁盐）中 Fe^{2+} 与水作用的程度将会增大。在制备 $(NH_4)_2SO_4 \cdot FeSO_4 \cdot 6H_2O$ 过程中，为了使 Fe^{2+} 不与水作用，溶液需要保持足够的酸度。

表 4-2　三种盐水中的溶解度　　　　　　　　　单位：g/100 g

温度/℃	$FeSO_4 \cdot 7H_2O$	$(NH_4)_2SO_4$	$(NH_4)_2SO_4 \cdot FeSO_4 \cdot 6H_2O$
10	20.0	73.0	17.2
20	26.5	75.4	21.6
30	32.9	78.0	28.1
50	48.6	84.5	31.3
70	56.0	91.9	38.5

用比色法可估计产品中所含杂质 Fe^{3+} 的量。由于 Fe^{3+} 能与 SCN^- 生成红色的物质 $[Fe(SCN)]^{2+}$，当红色较深时，表明产品中含 Fe^{3+} 较多；当红色较浅时，表明产品中含 Fe^{3+} 较少。所以，只要将所制备的硫酸亚铁铵晶体与 KSCN 溶液在比色管中配制成待测溶液，将它所呈现的红色与含一定量 Fe^{3+} 所配制成的标准 $Fe(SCN)]^{2+}$ 溶液的红色进行比较，根据红色深浅程度相仿情况，即可知待测溶液中杂质 Fe^{3+} 的含量，从而可确定产品的等级。

（三）仪器与药品

仪器：台式天平、10 mL 微型锥形瓶、25 mL 烧杯、蒸发皿、点滴板、水浴锅（可用大烧杯代替）、吸滤瓶、微型布氏漏斗、真空泵（可以用吸球代替）、温度计、比色管（25 mL）
药品：液体试剂：酸：HCl（2 mol·L⁻¹）、H₂SO₄（3 mol·L⁻¹）

　　　　　　　盐：Fe^{3+} 标准溶液（0.010 0 mg·L⁻¹）、KSCN（1 mol·L⁻¹）、Na₂CO₃（质量分数为 10%）

　　　　　　　其他试剂：乙醇（体积分数为 95%）

　　　　　　　固体试剂：(NH₄)₂SO₄ 固体、铁屑

　　　其他：pH 试纸

（四）实验步骤

1. 铁屑洗净去油污。

用台式天平称取约 0.5 g 铁屑，放入 10 mL 微型锥形瓶中，加入 3 mL 10% 的 Na₂CO₃ 溶液，小火加热，以除去铁屑表面的油污。约 10 min 后，倾去碳酸钠碱性溶液，用自来水冲洗后，再用蒸馏水把铁屑冲洗干净。

2. 硫酸亚铁制备。

向盛有已经处理好的洁净铁屑的锥形瓶中加入 2.5 mL 3 mol·L⁻¹ H₂SO₄ 溶液，在水浴中加热。控制铁屑与稀硫酸反应，不要过于激烈，至基本不再冒出气泡为止，大约需 10 min。由于铁屑中的杂质在反应中会产生一些有毒气体，操作最好在通风橱中进行。在加热过程中应不时加入少量的蒸馏水，以补充被蒸发的水分，防止 FeSO₄ 结晶出来；同时要控制溶液的 pH 值不大于 1。用微型布氏漏斗、吸球趁热进行减压过滤，如果滤纸上有少量的硫酸亚铁晶体析出，可以用少量的蒸馏水将晶体溶解。滤液承接于干净的蒸发皿中。对未反

应完的铁屑残渣依次滴加 7~8 滴 3 mol·L^{-1} 的 H$_2$SO$_4$、少量蒸馏水洗涤。洗涤液合并至滤液中，将留在烧杯中及滤纸上的残渣取出，用滤纸吸干后称量。根据已作用的铁屑质量，计算溶液中 FeSO$_4$ 的理论产量。

3．硫酸亚铁铵制备。

根据 FeSO$_4$ 的理论产量，同时考虑到 FeSO$_4$ 在操作过程中的消耗和损失，(NH$_4$)$_2$SO$_4$ 的用量可以按照 FeSO$_4$ 的理论产量的 85% 计算。并按照计算量在台秤上称取所需固体 (NH$_4$)$_2$SO$_4$ 的用量（约为 1.2 g）。在室温下将(NH$_4$)$_2$SO$_4$ 配制成饱和溶液，然后倒入上面制得的 FeSO$_4$ 溶液中。混合均匀并调节 pH 值为 1~2，在水浴锅上蒸发浓缩至溶液表面刚出现薄层的结晶时为止。蒸发过程不宜搅动。自水浴锅上取下蒸发皿，放置、冷却，即有浅蓝绿色晶体硫酸亚铁铵析出。待冷至室温后，用布氏漏斗抽滤，将分离后的母液倒入回收瓶以后，用少量的 95% 乙醇洗去晶体表面所附着的水分，此时应继续抽滤。将晶体取出，置于两张干净的滤纸之间，并轻压以吸干母液，称重。计算理论产量和产率。公式如下：

$$产率=\frac{实际产量}{理论产量}\times100\%$$

4．产品检验。

（1）标准溶液的配制。向 3 支 25 mL 的比色管中各加入 2 mL 2 mol·L^{-1} HCl 和 1 mL 1 mol·L^{-1} 的 KSCN 溶液。再用移液管分别加入不同体积的 0.010 0 mol·L^{-1} Fe^{3+}标准溶液 1.00 mL、3.00 mL 和 5.00 mL，最后用去离子水稀释至刻度，制成含不同浓度的 Fe^{3+}标准溶液。这三支比色管中所对应的各级硫酸亚铁铵药品的规格分别为：

含 Fe^{3+} 0.05 mg，符合一级标准；

含 Fe^{3+} 0.10 mg，符合二级标准；

含 Fe^{3+} 0.20 mg，符合三级标准。

（2）Fe^{3+}分析。称取 1.0 g 产品，置于 25 mL 比色管中，加入 15 mL 不含氧气的蒸馏水，加入 2 mL 2 mol·L^{-1} HCl 和 1 mL 1 mol·L^{-1} 的 KSCN 溶液，用玻璃棒搅拌均匀，加水至刻度线。将它与配制好的上述标准溶液进行目测比色，确定产品的等级。在进行比色操作时，可在比色管下衬白瓷板；为了消除周围光线的影响，可用白纸将盛有溶液的那部分比色管的四周包住。从上往下观察，对比溶液颜色的深浅程度来确定产品的等级。

（五）思考题

1．在铁与硫酸反应，蒸发浓缩溶液时，为什么采用水浴？

2．计算酸亚铁铵的产率时，应以什么为准？为什么？

3．能否将最后产物直接放在表面皿上加热干燥？为什么？

4．制备硫酸亚铁时，为什么要使铁过量？

5．在硫酸亚铁的制备过程中，为何要趁热过滤，锥形瓶中及漏斗上的残渣是否要用热的去离子水洗涤，洗涤液是否要弃掉？

（六）环保提醒

1．Fe^{3+}作为废水中的重金属离子之一，对水具有污染作用。实验产生的含 Fe^{3+}废水不能随意排放，可以通过氢氧化物沉淀法去除废水中的重金属离子。石灰、电石渣、碳酸钠、苛性钠、石灰石、白云石等各种碱性试剂均可作为沉淀剂。

2．实验中制备的硫酸亚铁铵，不能随意丢弃，应该将其回收到试剂瓶中，作为实验试剂使用。

实验四　溴乙烷的制备（微型实验）

（一）实验目的

1．学习以乙醇为原料制备溴乙烷的原理和方法。
2．学习微型蒸馏、回流仪器的装配和拆卸等基本操作和技能。
3．学习分液漏斗的使用方法。
4．学习低沸点有机物的微型蒸馏操作。

（二）实验原理

用乙醇、溴化钠及硫酸作用是制备溴乙烷常用的方法。

$$NaBr+H_2SO_4 == HBr+NaHSO_4$$

$$C_2H_5OH+HBr \longrightarrow C_2H_5Br+H_2O$$

溴乙烷的沸点很低，为 38.4℃。

上述制备反应是一个可逆反应，通常可以采用增加其中一种反应物的浓度或设法移走产物使溴乙烷及时离开反应体系的方法，使平衡向右移动。本实验两种措施并用，以使反应顺利完成。

若 H_2SO_4 浓度太大，又会引起一系列副反应。

$$H_2SO_4+2HBr == SO_2+2H_2O+Br_2$$

$$2C_2H_5OH \xrightarrow[140℃]{浓H_2SO_4} C_2H_5\text{-}O\text{-}C_2H_5+H_2O$$

$$C_2H_5OH \xrightarrow[170℃]{浓H_2SO_4} CH_2=CH_2+H_2O$$

若反应混合物中水量太少，HBr 气体容易在操作时散逸而使反应不完全。但是由于这个反应是可逆反应，水的用量太大，也不利于反应的完全，因此，反应混合物中水的量是此反应的关键因素。

（三）仪器和药品

仪器：5 mL 和 10 mL 微型圆底烧瓶、微型直形冷凝管、微型蒸馏头、冷凝管、分液漏斗、温度计

药品：液体试剂：酸：浓硫酸
　　　　　　　　盐：饱和 $NaHSO_3$
　　　固体试剂：无水溴化钠、无水氯化钙
　　　其他试剂：无水乙醇

（四）实验步骤

1. 仪器安装。

按图 4-1 所示安装仪器。溴乙烷沸点很低，极易挥发。为了避免损失，在接收瓶中加入 1 mL 冰水及 1 mL 饱和 NaHSO₃ 溶液，放在冰水浴中冷却，并使接收瓶恰好浸没在冰水中。

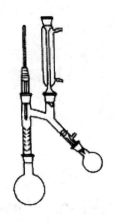

图 4-1　制取溴乙烷的微型实验装置

2. 加入样品。

在 10 mL 圆底烧瓶中加入 1 mL 冷水、1 mL（0.017 mol）无水乙醇，在冷水浴中冷却和不断振荡下，分几次加入 2 mL（0.036 mol）浓硫酸。混合均匀，冷却到室温。在轻微振荡下加入 1.5 g（0.015 mol）研细的溴化钠。振荡均匀后，再加入几粒沸石，小心摇动烧瓶使其混合均匀。

3. 加热反应。

用油浴加热，注意控制温度在 110～120℃，防止反应过于剧烈，直到无溴乙烷流出为止。随反应进行，反应混合液开始有气体出现，此时一定要控制加热强度，不要造成暴沸，随反应进行固体逐渐减少。当固体全部消失时，反应液变得黏稠，然后变成透明油状液体。此时已接近反应终点。

4. 分离提纯。

反应完成后，首先小心地拆下接收瓶，然后关闭酒精灯。用毛细管小心地将上层馏出液中的有机层吸入试管中，振荡下加入浓硫酸 10 滴。直到上层产物由乳白色变为透明液体，下层为硫酸层。吸去下层浓硫酸。在上层的溴乙烷中加入 1 小块无水氯化钙干燥。将干燥好的粗产品通过颈部塞有少许棉花的玻璃漏斗加入到干燥的 5 mL 圆底烧瓶中，加入一粒沸石，装上微型蒸馏头和温度计，蒸馏头外围包上用冰水浸渍过的湿布。水浴加热蒸馏，收集 35～40℃馏分（溴乙烷为无色液体，沸点 38.4℃，$d_4^{20}=1.46$，$n_D^{20}=1.4239$）。

（五）思考题

1. 溴乙烷的制备中浓 H_2SO_4 洗涤的目的何在？
2. 溴乙烷沸点低，约为 38.4℃，实验中采取了哪些措施减少溴乙烷的损失？

（六）环保提醒

溴乙烷有毒性，产品宜统一回收。

实验五 乙酸乙酯的制备（微型实验）

（一）实验目的

1. 了解酯化反应的原理，学习乙酸乙酯的制备方法。
2. 进一步熟悉微型蒸馏、过滤、回流等基本操作。
3. 掌握分液漏斗的使用，液体有机化合物的洗涤、干燥等基本操作。

（二）实验原理

在少量浓 H_2SO_4 的催化下，CH_3COOH 和 CH_3CH_2OH 反应生成 $CH_3COOCH_2CH_3$：

$$CH_3COOH + CH_3CH_2OH \underset{110\sim125℃}{\overset{H_2SO_4}{\rightleftharpoons}} CH_3COOCH_2CH_3 + H_2O$$

酯化反应是可逆反应。为了提高酯的收率，根据化学平衡原理，本实验采用加入过量的反应物乙醇，以及在反应过程中不断蒸出生成物乙酸乙酯和水的方法，促使反应向生成乙酸乙酯的方向进行。

浓 H_2SO_4 除起催化作用外，还可吸收反应生成的部分 H_2O，也有利于反应向生成酯的方向进行。

$CH_3COOC_2H_5$ 与 H_2O 或 C_2H_5OH 可分别形成二元和三元共沸物，其共沸点均比 C_2H_5OH 和 CH_3COOH 的沸点低，因此，反应生成的 $CH_3COOC_2H_5$ 和 H_2O 很容易被蒸出。

当反应温度较高时，有副反应发生：C_2H_5OH 分子间脱水生成乙醚。

$$2CH_3CH_2OH \underset{140\sim150℃}{\overset{H_2SO_4}{\longrightarrow}} CH_3CH_2OCH_2CH_3 + H_2O$$

（三）仪器与药品

仪器：微型直形冷凝管、5 mL 圆底烧瓶、微型蒸馏头、3 mL 具塞离心试管、玻璃漏斗、折光仪

药品：液体试剂：酸：冰醋酸、浓 H_2SO_4
　　　　　　　　盐：饱和 Na_2CO_3、饱和 NaCl、饱和 $CaCl_2$
　　　固体试剂：无水 Na_2SO_4
　　　其他试剂：乙醇（95%）
其他：蓝色石蕊试纸、沸石

（四）实验内容

1. 仪器安装。
按顺序依次安装好酯化反应装置、微型蒸馏装置、微量液体干燥装置。安装顺序：

一般从热源开始，由下而上、由左至右；通冷凝水：下端进，上端出。从侧面观察整个装置中各仪器的轴线都应在同一平面内。各仪器连接部位都应装配紧密，防止漏气（图4-2、图4-3）。

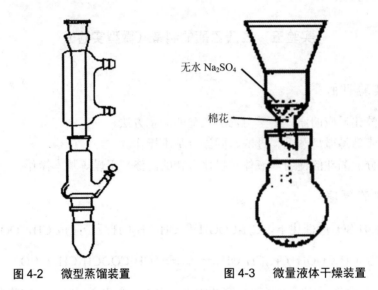

图4-2　微型蒸馏装置　　　　　图4-3　微量液体干燥装置

2．加入样品。

将 1.1 mL 无水乙醇（0.019 mol）和 0.9 mL 冰醋酸（0.016 mol）加入 5 mL 圆底烧瓶中，边摇边缓慢地加入 0.3 mL 浓硫酸（0.005 6 mol），混合均匀，投入沸石，装上微型直形冷凝管。

3．加热反应。

将上述混合物隔石棉网小火或油浴加热。控制油浴温度在 110～125℃。使反应物缓缓回流 30 min。待冷却后，取下球形冷凝管，装上微型蒸馏头，重新投入沸石加热蒸馏，装置如图4-2 所示，馏出液体积约为反应物总体积的 2/3。

4．分离、提纯、干燥。

用毛细滴管吸出馏出液，置于 3 mL 具塞离心试管中，慢慢地向馏出液中滴加饱和碳酸钠溶液[1]，并不断搅拌直到不再有二氧化碳气体产生。用毛细滴管向其中挤入空气搅拌，进行微型洗涤，静置分层后，用毛细滴管分去水层。向酯层中滴加 0.2 mL 饱和氯化钠溶液洗涤[2]，再用 0.2 mL 饱和氯化钙洗涤，最后用蒸馏水洗涤，分去下层液体。

在玻璃漏斗上用少许棉花填塞其颈部，称取 80 mg 无水硫酸钠放在漏斗颈部的棉花上。将洗涤后的酯用毛细滴管吸取，滴加到漏斗内，漏斗下面用一干燥的 3 mL 圆底烧瓶作为接液瓶，装置见图4-3。

向装有干燥后酯 3 mL 的圆底烧瓶中加入一粒沸石，装上微型蒸馏头，水浴加热蒸馏，收集 73～80℃馏分。

纯乙酸乙酯的沸点为 77.2℃，d_4^{20}=1.46，n_D^{20}=1.423 9。测其折光率。

（五）注意事项

[1]在馏出液中除了酯和水外，还含有少量未反应的乙醇和乙酸，也有副产物乙醚，故

必须用碱来除去其中的酸，并用饱和氯化钙溶液来除去未反应的醇，否则会影响到酯的产量。乙酸乙酯与水或乙醇可生成共沸混合物，若三者共存则生成三元共沸混合物。

[2]当酯层用碳酸钠洗涤后，紧接着用氯化钙溶液洗涤，可能会产生絮状的碳酸钙沉淀，并使进一步分离变得困难。故在两步骤之间须用水洗涤一下。但由于乙酸乙酯在水中有一定的溶解度，为尽可能减少由此而造成的损失，实际采用饱和食盐水进行洗涤。

（六）思考题

1．查找相关文献，找到乙酸乙酯的折光率。

2．在酯化反应中加入浓 H_2SO_4 有哪些作用？在反应过程中浓 H_2SO_4 是否有消耗？

3．蒸出的粗乙酸乙酯中主要有哪些杂质？如何除去？

4．用饱和氯化钙溶液洗涤，可以除去何种杂质？为什么先用饱和食盐水洗涤？用水代替饱和食盐水行吗？

（七）环保提醒

1．安全提示：冰醋酸有中等程度的毒性，兼有腐蚀性，不宜触及皮肤。冰醋酸和乙醇都属于一级易燃品，使用时不要接触明火。

2．产品乙酸乙酯宜统一回收。

实验六 肥皂的制备

（一）实验目的

1．了解皂化反应原理及肥皂的制备方法。

2．熟悉普通回流装置的安装与操作方法。

3．熟悉盐析原理，掌握沉淀的洗涤及减压过滤操作技术。

（二）实验原理

动物脂肪的主要成分是高级脂肪酸甘油酯。将其与氢氧化钠溶液共热，就会发生碱性水解（皂化反应），生成高级脂肪酸钠（即肥皂）和甘油。

在反应混合液中加入溶解度较大的无机盐，以降低水对有机酸盐（肥皂）的溶解作用，可使肥皂较为完全地从溶液中析出。这一过程叫作盐析。利用盐析的原理，可将肥皂和甘油较好地分离开。

本实验中以猪油为原料制取肥皂。反应式如下：

$$\begin{array}{c}R_1COOCH_2\\|\\R_2COOCH\\|\\R_3COOCH_2\end{array}\quad\xrightarrow[\triangle]{NaOH/H_2O}\quad\begin{array}{c}R_1COONa\\R_2COONa\\R_3COONa\end{array}\quad+\quad\begin{array}{c}CH_2-OH\\CH-OH\\CH_2-OH\end{array}$$

甘油三羧酸酯　　　　　　　　　　肥皂　　　　甘油

（三）仪器与药品

仪器：圆底烧瓶（250 mL）、球形冷凝管、烧杯（400 mL）、10 mL 移液管、漏斗、纱布

药品：猪油、乙醇（95%）、NaOH（40%）、饱和食盐水

（四）实验步骤

1. 加入物料，安装仪器。

在 250 mL 圆底烧瓶中，用移液管移取已熔化的猪油样 2～4 mL（熔化态的猪油由实验室提前准备），15～20 mL 95% 的乙醇[1]和 10～15 mL 40% 的氢氧化钠溶液。然后参照图 4-4 安装普通回流装置。

图 4-4　回流装置

2. 加热皂化。

检查装置后，先开冷却水，再用石棉网小火加热，保持微沸 40 min。此间若烧瓶内产生大量泡沫，可从冷凝管上口滴加少量 1∶1 的乙醇（95%）和 NaOH（40%）混合液，以防止泡沫冲入冷凝管中。

皂化反应结束后，先停止加热，稍冷后再停冷却水，最后拆除实验装置。

3. 盐析并采用多层纱布减压过滤。

在搅拌下，趁热将反应混合物倒入盛有 150 mL 饱和食盐水的烧杯中，静置冷却[2]。

将纱布剪成适当尺寸长方形，并根据纱布网状疏密情况，将纱布叠 2～3 层后使其成为边长约为 2 倍布氏漏斗直径的正方形代替圆形滤纸放入漏斗中，再将充分冷却后的皂化液倒入漏斗中进行减压过滤，在过滤的后期，将露在漏斗外的纱布折回到漏斗中并将样品包裹，在减压过滤的同时，用一个适当大小的烧杯底部对样品包裹进行挤压，以加速过滤，提高效率。

用冷水洗涤沉淀两次，抽干。

4. 干燥、称重。

滤饼取出后，随意压制成型，自然晾干后，称量质量。并计算产率[3]。

（五）注意事项

[1]加入乙醇是为了使猪油、碱液和乙醇互溶，成为均相溶液，便于反应的进行。

[2]肥皂和甘油在碱液中形成胶体，不便分离。加入饱和食盐水可破坏胶体，使肥皂凝聚并从混合液中离析出来。

[3]将猪油加热至 45℃时，测得 2.0 mL、3.0 mL、4.0 mL 猪油所对应的质量数分别为 1.77 g、2.65 g、3.53 g。

（六）实验结果

肥皂质量：＿＿＿＿ g；　　产率：＿＿＿＿。

（七）思考题

1．肥皂是依据什么原理制备的？除猪油外，还有哪些物质可以用来制备肥皂？
2．皂化反应后，为什么要进行盐析？

（八）环保提醒

1．安全提示：氢氧化钠呈强碱性，对人体组织的腐蚀性很大，既不要吸入，也不要触及皮肤。
2．自制的肥皂含有较强碱性，未经处理不宜直接用来洗衣物。
3．废液中含有副产物甘油，可设计方法回收利用。

实验七　乙酰水杨酸的制备

（一）实验目的

1．熟悉酚羟基酰化反应的原理，掌握乙酰水杨酸的制备方法。
2．掌握普通回流装置的安装与操作方法。
3．掌握利用重结晶精制固体产品的操作技术。

（二）实验原理

乙酰水杨酸俗名为阿司匹林，是白色晶体，熔点为 135℃，微溶于水。
本实验以浓硫酸为催化剂，使水杨酸与乙酸酐在 65～80℃发生酰化反应，制取阿司匹林，反应式如下：

阿司匹林可与碳酸氢钠反应生成水溶性的钠盐，作为杂质的副产物则不能与碱作用，可在用碳酸氢钠溶液进行重结晶时分离除去。

（三）仪器与药品

仪器：圆底烧瓶（100 mL）、表面皿、球形冷凝管、电炉与调压器、水浴锅、温度计、烧杯（100 mL、200 mL）

药品：水杨酸、乙酸酐、浓硫酸、盐酸溶液（1∶2）、饱和碳酸氢钠溶液

（四）实验步骤

1. 酰化反应。

在 100 mL 干燥的圆底烧瓶中加入 4 g 水杨酸和 10 mL 新蒸馏的乙酸酐，在不断振摇下缓慢滴加 10 滴浓硫酸，安装普通回流装置，通水后，于水浴中加热，使水杨酸溶解。控制水浴温度在 65～80℃，反应 20 min。

2. 结晶。

稍冷后，拆下冷凝管。将反应液在搅拌下倒入盛有 100 mL 冷水的烧杯中，并用冰-水浴冷却，放置 20 min。待结晶完全析出后，减压过滤。用少量冷水洗涤结晶两次，压紧抽干。

将滤饼移至表面皿上，晾干、称量质量。

3. 重结晶。

将粗产物放入 100 mL 烧杯中，加入 50 mL 饱和碳酸氢钠溶液并不断搅拌，直至无二氧化碳气泡产生为止。

减压过滤，除去不溶性杂质。滤液倒入洁净的 200 mL 烧杯中，在搅拌下加入 30 mL 1∶2 的盐酸溶液，阿司匹林即呈沉淀析出。将烧杯置于冰-水浴中充分冷却后，减压过滤。用少量冷水洗涤滤饼两次，压紧抽干。

4. 称量、计算收率。

将结晶小心转移至洁净的表面皿上，晾干后称量，并计算收率。

（五）环保提醒

1. 乙酸酐有毒并有较强烈的刺激性，取用时应特别小心。
2. 浓硫酸有强腐蚀性，千万不要触及皮肤。
3. 实验后的阿司匹林，不能随意丢弃，应该将其回收。

第五章 元素化学与物质鉴定

本章主要为元素化合物性质实验和物质鉴定实验。

按照试剂的用量，常把化学实验分为常量实验、半微量实验和微量实验。本书中的性质实验采用微量实验和半微量实验，固体用量一般小于 1 g，液体试剂一般为几滴到 1～2 mL，凡是实验中没有注明用量的，均按照此范围尽量少取。实验中采用的仪器也尽量用小试管、滴管、滴瓶、小玻棒、点滴板等。沉淀与溶液的分离采用离心机。离子检验以试管反应或点滴板反应为主。这样可以节省药品、节省时间、减少环境污染。

性质或鉴定实验看起来容易，如将几滴某甲溶液滴加到某乙溶液中，其实不然。实际上，两溶液的任意混合有时并不能真正反映出实验的本质，也得不到正确的结果。实验结果往往与反应的条件有很大的关系，如反应温度、浓度、介质、催化剂，有时甚至与反应物之间的量的关系、反应物加入的次序都有直接关系。因此，实验时应尤其注意。

物质鉴定是对物质进行定性分析。其任务是鉴定物质由哪些元素、离子、原子团或哪些化合物组成。可以对无机化合物和有机化合物进行定性分析。对于离子或者无机物的分析，通常采用溶液中的沉淀反应、颜色的变化、生成有特征的配合物或者产生特征气体的反应等。学习离子的分离和鉴定，需要大量的有关元素和化合物性质的知识，同时，还需要综合运用化学平衡的基本原理。因此，学习元素化学部分可以系统地掌握元素以及化合物的基本性质，掌握离子和一些重要有机化合物的重要性质，进一步巩固四大平衡的基础知识。同时，还可以通过设计实验方案，对复杂组分进行分离和鉴定，使理论学习更具有应用意义。

实验一 卤素的性质及其离子的鉴定（部分为微量试验）

（一）实验目的

1. 比较卤化氢以及卤素离子的还原性递变规律。
2. 掌握氯的含氧酸及其盐的性质。
3. 掌握卤素离子的鉴定方法。

（二）实验原理

氟、氯、溴、碘是元素周期表中ⅦA族元素，它们的原子的价电子层构型为 ns^2np^5，它们都容易得到一个电子而成为稳定的-1价离子，因此卤素都是很强的氧化剂，其氧化能力顺序为：$F_2>Cl_2>Br_2>I_2$。但在一定的条件下，它们也可生成氧化数为+1，+3，+5，+7 的化合物。

1. 卤化氢。

无水卤化氢很不活泼，室温下不能侵蚀干燥的金属，液态时也不导电。但其溶于水成为氢卤酸后，性质就大不相同。除氢氟酸外，其余几种氢卤酸都是强酸。由于在 HX 中卤素离子都处在最低的氧化态，除 F^- 离子外，其他离子都具有一定的还原性。还原能力的顺序是：$I^- > Br^- > Cl^- > F^-$。如 HI 和 HBr 分别可将浓 H_2SO_4 还原成 H_2S 和 SO_2，而 HCl 与浓 H_2SO_4 则不发生氧化还原反应。

2. 卤素的含氧酸及其盐的性质。

在这类化合物中，卤素原子与氧原子以共用电子对的形式形成化学键。卤素的氧化数（除氟外）为正值。因此，氧化性便成了它们最主要的性质。

次卤酸均不稳定，以次氯酸为例，当其水溶液浓度较高时或受光的照射便发生分解：

$$2HClO \xrightarrow{\text{光照}} 2HCl + O_2 \uparrow$$

卤素在碱性溶液中，各电对的电极电势如下：

E_B^θ/V

从电势图可知，卤素在碱性溶液中歧化倾向很大，不仅卤素自身歧化生成次卤酸盐，而且次卤酸盐还能继续歧化而生成卤酸盐及卤离子。

对于 ClO^- 离子，室温时歧化速度慢，而当温度升至 75℃ 左右时，其歧化速度显著加快。

对于 BrO^- 和 IO^- 离子，歧化反应速度在室温时已相当快，IO^- 离子甚至在 0℃ 时就可以歧化。因此，Br_2 与碱溶液反应在低温下生成 BrO^-：

$$Br_2 + 2OH^- = BrO^- + Br^- + H_2O$$

随着温度升高，生成 BrO_3^- 的反应便成为主反应。

$$3Br_2 + 6OH^- = BrO_3^- + 5Br^- + 3H_2O$$

I_2 与碱溶液几乎不生成次碘酸盐，而是歧化直接成为 IO_3^- 离子：

$$3I_2 + 6OH^- = IO_3^- + 5I^- + 3H_2O$$

可见，溴和碘在碱溶液里的歧化反应最终产物将是它们的卤酸盐。

若改变溶液的酸碱性，便能实现上述反应的逆反应。例如，将含有 BrO_3^- 和 Br^- 的溶液酸化时，即有游离态溴析出：

$$5Br^-+BrO_3^-+6H^+ \Longrightarrow 3Br_2+3H_2O$$

3．I⁻、Br⁻、Cl⁻离子混合物的鉴定。

I⁻、Br⁻、Cl⁻离子能和 Ag⁺依次生成难溶于水的 AgI（黄色）、AgBr（浅黄色）、AgCl（白色）沉淀。

它们都不溶于稀 HNO₃ 溶液。AgCl 在氨水和(NH₄)₂CO₃ 溶液中，因生成配离子$[Ag(NH_3)_2]^+$而溶解，AgBr 和 AgI 则不溶，其反应为：

$$AgCl+2NH_3 \Longrightarrow [Ag(NH_3)_2]^++Cl^-$$

利用这个性质，可以将 AgCl 和 AgBr、AgI 进行分离。在分离 AgBr、AgI 后的溶液中，再加入稀 HNO₃酸化，则 AgCl 又重新沉淀，其反应为：

$$[Ag(NH_3)_2]Cl+2H^+ \Longrightarrow AgCl\downarrow +2NH_4^+$$

Br⁻和I⁻可以用 Cl₂ 氧化成 Br₂ 和 I₂ 再进行鉴定。

（三）仪器和药品

仪器：烧杯、试管、点滴板、离心试管、离心机

药品：液体试剂：酸：H₂SO₄（2 mol·L⁻¹、6 mol·L⁻¹、浓）、HCl（2 mol·L⁻¹、浓）、HNO₃（2 mol·L⁻¹、6 mol·L⁻¹）

碱：NaOH（2 mol·L⁻¹）、氨水（6 mol·L⁻¹、浓）

盐：KClO₃（饱和）、NaCl（0.1 mol·L⁻¹）、KI（0.1 mol·L⁻¹）、KBr（0.1 mol·L⁻¹）、AgNO₃（0.1 mol·L⁻¹）、FeCl₃（0.1 mol·L⁻¹）、Pb(Ac)₂（0.1 mol·L⁻¹）

其他试剂：新制氯水、新制溴水、新制碘水、淀粉溶液、品红溶液、CCl₄

固体试剂：NaCl、KI、KBr

其他：pH 试纸、KI-淀粉试纸、醋酸铅试纸、普通滤纸 20 mm×（30～40）mm

（四）实验内容

1．氯、溴、碘单质的溶解性。

取 3 支试管，分别加新配氯水、溴水和碘水 4 滴，观察，记录颜色。再分别加入 4 滴 CCl₄，振荡试管，观察，记录水相和 CCl₄ 相的颜色。

2．根据标准电极电势，自行设计实验，确证卤素单质间的置换顺序。

要求：

（1）通过实验证明 Cl₂ 能置换出 Br₂，Br₂ 能置换出 I₂。

（2）通过实验说明 Cl₂、Br₂、I₂ 氧化性相对强弱的变化规律，写出有关反应方程式。

（3）所做实验应能观察到明显的实验现象。

3．卤化氢还原性的比较。

（1）向盛有少量 NaCl 晶体的试管中加入 10 滴浓 H₂SO₄，微热。观察试管中颜色变化，并将蘸有浓氨水的玻璃棒移近试管口，检验产生的气体。

（2）取两支试管分别加入少量 KBr、KI 晶体，再加入 10 滴浓 H₂SO₄，微热。观察各

试管中颜色的变化，并分别用 KI-淀粉试纸、醋酸铅试纸检验各试管中产生的气体。

（3）分别用 0.1 mol·L^{-1} KBr 溶液、0.1 mol·L^{-1} KI 溶液与 0.1 mol·L^{-1} FeCl$_3$ 溶液作用，设法检验是否生成 Br$_2$ 和 I$_2$。

（4）在一张滤纸的中心处，滴加 1 滴 0.1 mol·L^{-1} KBr 溶液，待其湿润之后，再滴加 1 滴氯水，滤纸呈现黄色的斑点。在呈黄色的斑点处，再滴加 1 滴 0.1 mol·L^{-1} KI 溶液，滤纸上的斑点颜色变为浅褐色。在浅褐色的斑点处，再滴一滴淀粉溶液，滤纸上的斑点变为浅蓝色。

根据以上实验结果比较 HCl、HBr、HI 还原性的强弱。

4．卤素含氧酸及其盐的性质。

（1）次氯酸盐的氧化性。

取 1 mL 新制氯水，用 2 mol·L^{-1} 的 NaOH 溶液碱化使 pH 值为 8～9，再将其分盛于 3 支试管中。在其中的一支试管中加入数滴 2 mol·L^{-1} 的 HCl，检验 Cl$_2$ 产生；在另一支试管中加入 0.1 mol·L^{-1} 的 KI 溶液 3～5 滴，检验 I$_2$ 产生；在第三支试管中加入 2 滴品红溶液，观察颜色改变。根据以上实验，说明 ClO$^-$ 离子的性质。

（2）氯酸盐的氧化性。

①用下列试剂检验氯酸盐在酸碱性介质中的氧化能力大小：

给定试剂：饱和 KClO$_3$ 溶液、2 mol·L^{-1} 的 NaOH 溶液、0.1 mol·L^{-1} 的 NaCl 溶液、KI-淀粉试纸、HCl（浓）。

②用实验证实 ClO$_3^-$ 在酸性介质中能将 I$^-$ 离子氧化成 I$_2$ 和 IO$_3^-$ 离子（无色）。

给定试剂：0.1 mol·L^{-1} 的 KI 溶液、6 mol·L^{-1} 的 H$_2$SO$_4$ 溶液、饱和 KClO$_3$ 溶液。

5．卤素离子的鉴定。

（1）Cl$^-$ 离子的鉴定。

取 3 滴 0.1 mol·L^{-1} NaCl 溶液于离心试管中，加入 1 滴 2 mol·L^{-1} 的 HNO$_3$ 溶液和 3 滴 0.1 mol·L^{-1} 的 AgNO$_3$ 溶液，观察沉淀颜色。离心弃去清液，于沉淀上逐滴加入 6 mol·L^{-1} 的 NH$_3$·H$_2$O，观察沉淀是否溶解？然后再用 2 mol·L^{-1} 的 HNO$_3$ 酸化，观察沉淀是否复现。

（2）Br$^-$ 离子的鉴定。

取 2 滴 0.1 mol·L^{-1} 的 KBr 溶液，加入 1 滴 2 mol·L^{-1} 的 H$_2$SO$_4$ 和 5 滴 CCl$_4$，然后逐滴加入氯水，振荡后观察 CCl$_4$ 层颜色变化。

（3）I$^-$ 离子的鉴定。

参照上述实验方法，鉴定 I$^-$ 离子的存在。

6．设计性实验。

（1）领取未知样品一份，内含 Ag$^+$、Pb^{2+} 的硝酸盐一种或两种，鉴定其中所含有的阳离子或者阴离子。

（2）Cl$^-$、Br$^-$、I$^-$ 混合离子的分离鉴定。各取 5 滴 0.1 mol·L^{-1} 的 NaCl 溶液、0.1 mol·L^{-1} 的 KBr 溶液、0.1 mol·L^{-1} 的 KI 溶液混合，设计实验进行分离鉴定。

要求：查阅相关的参考书籍，写出分离、鉴定步骤，并以直观的示意图表示。实验后，将实验现象以及实验结论交给教师审阅。

（五）思考题

1．I_2 在水中、KI 溶液中及 CCl_4 中的溶解情况和颜色如何？ Br_2 在水中和 CCl_4 中的溶解情况和颜色又如何？

2．参照电极电势表，判断 Cl_2、Br_2、Fe^{3+} 和 I_2 的氧化性强弱次序。

3．氯酸盐在什么条件下有明显的氧化性？能否选用 HNO_3 或 HCl 来酸化？

（六）环保提醒

1．安全提示：浓硫酸具有强烈的腐蚀性、吸水性和脱水性，应小心使用，切忌溅到衣物和皮肤上。浓盐酸为挥发性的强酸，涉及使用浓盐酸的实验须在通风橱内操作完成，且应小心使用，勿溅到衣物和皮肤上。一旦不小心将浓硫酸和浓盐酸溅到皮肤上，应马上用滤纸吸干，然后再用大量水冲洗，最后用饱和碳酸氢钠溶液洗涤。

2．卤素单质都有毒性，毒性随相对原子质量的增高而降低。液溴造成的伤害比氯大，使用时注意。若碘水溶液不小心溅到皮肤上，可用少量稀碱处理，并立即用水冲洗。

3．实验中的有毒废液应回收并集中处理。

实验二 过氧化氢、硫的化合物及其离子的鉴定
（部分为微量试验）

（一）实验目的

1．掌握过氧化氢的性质。
2．掌握硫化氢、硫化物、亚硫酸盐及硫代硫酸盐的性质。
3．掌握 S^{2-}、SO_3^{2-}、$S_2O_3^{2-}$ 离子的鉴定和分离方法。

（二）实验原理

氧、硫均是周期表中VIA族元素，其原子的价电子构型为 ns^2np^4，氧一般形成-2价的化合物，而硫能形成–2、+4 和+6 价的化合物。

1．过氧化氢的性质。

过氧化氢（H_2O_2）俗称双氧水。市售商品双氧水通常是 30%的过氧化氢水溶液，它是透明的液体。过氧化氢的主要性质有氧化性、还原性、不稳定性、弱酸性等。

在 H_2O_2 分子中，氧的氧化数是–1，处于 O_2（氧化数为 0）和 O^{2-}（氧化数为–2）之间。因此它既可作氧化剂，又可作还原剂。作氧化剂时，其还原产物为 H_2O 或 OH^-；作还原剂时，其氧化产物为 O_2。

过氧化氢是一种弱酸，其 $K_a^{\theta}=2.40\times10^{-12}$，其酸性比 H_2O 稍强。过氧化氢遇光、受热或当有 MnO_2 及其他重金属离子存在的情况下可加速其分解。

2．硫化氢及硫化物的性质。

硫化氢水溶液，实验室常用硫代乙酰胺（CH_3CSNH_2）在酸性溶液中水解而取得：

$$CH_3CSNH_2 + 2H_2O + H^+ \rightleftharpoons CH_3COOH + NH_4^+ + H_2S\uparrow$$

H_2S 中 S 的氧化数是 -2，它是强还原剂。H_2S 可与多种金属离子生成不同颜色的难溶硫化物。由于硫化物的溶解度差别相当大，一般利用硫化物的溶解度不同及颜色的差异，通过控制溶液的 pH 值来进行金属离子的分离与鉴定。

S^{2-} 离子能与稀酸反应产生 H_2S 气体。可以根据 H_2S 特有的蛋臭味，或生成 PbS 使醋酸铅试纸变黑的现象来检验 S^{2-} 离子。此外，在弱碱性条件下，它能与亚硝酰铁氰化钠 $Na_2[Fe(CN)_5NO]$ 反应生成紫色配合物，这也是鉴定 S^{2-} 离子的一个特征反应：

$$S^{2-} + [Fe(CN)_5NO]^{2-} \rightleftharpoons [Fe(CN)_5NOS]^{4-}$$
（紫色）

Na_2S 和 $(NH_4)_2S$ 溶液可以溶解单质硫，在溶液中形成多硫化合物：

$$Na_2S + xS \rightleftharpoons Na_2S_{x+1}$$
$$(NH_4)_2S + xS \rightleftharpoons (NH_4)_2S_{x+1}$$

多硫化物溶液一般呈黄色，随着溶解硫的增多，颜色加深，可深至红色。

当在多硫化物溶液中加入酸时，可生成多硫化氢（H_2S_{x+1}）。多硫化氢不稳定，在空气中逐渐分解成为 H_2S 并析出 S。

硫化氢能与多种金属离子作用，生成不同颜色、不同溶解性的硫化物。根据溶度积规则，只有当离子积小于溶度积时，沉淀才能溶解。因此，针对不同的金属硫化物，要使其溶解，或者提高溶液的酸度抑制 H_2S 的电离，或者采用氧化剂将 S^{2-} 氧化，以使沉淀溶解。因此，ZnS 溶于稀酸，黄色的 CdS 溶于较浓的酸，黑色的 CuS、Ag_2S 要在王水中才能溶解。

3. 亚硫酸及亚硫酸盐的性质。

SO_2 溶于水时，部分与水作用生成亚硫酸。在 SO_2、H_2SO_3 以及 SO_3^{2-} 离子中，S 的氧化数都是 $+4$，它们在酸碱性条件下的电极电势值如下：

$$SO_4^{2-} + 4H^+ + 2e \rightleftharpoons H_2SO_3 + H_2O \qquad E_A^{\theta} = 0.17V$$

$$H_2SO_3 + 4H^+ + 4e \rightleftharpoons S + 3H_2O \qquad E_A^{\theta} = 0.45V$$

$$SO_4^{2-} + H_2O + 2e \rightleftharpoons SO_3^{2-} + 2OH^- \qquad E_B^{\theta} = -0.93V$$

SO_2 及 H_2SO_3 既可作氧化剂，又可作还原剂，还原性强于氧化性。亚硫酸盐具有较强还原性，空气中的氧就可以使它氧化为硫酸盐：

$$2Na_2SO_3 + O_2 \rightleftharpoons 2Na_2SO_4$$

SO_2 或 H_2SO_3 作为氧化剂的典型反应如下：

$$2H_2S + H_2SO_3 \rightleftharpoons 3S\downarrow + 3H_2O$$

$$2H_2S + SO_2 \rightleftharpoons 3S\downarrow + 2H_2O$$

SO_2 能和某些有色有机物生成无色加成物，所以具有漂白性，但这种加成物受热易分解。

SO_3^{2-} 离子的鉴定：SO_3^{2-} 离子也能与 $Na_2[Fe(CN)_5NO]$ 反应生成红色化合物，再加 $ZnSO_4$ 溶液和 $K_4[Fe(CN)_6]$ 溶液，可使红色显著加深。

利用此反应可以鉴定 SO_3^{2-} 离子的存在。

4. 硫代硫酸盐的性质。

$Na_2S_2O_3$ 是一种硫代硫酸盐。$H_2S_2O_3$ 极不稳定。因此，自由的 $H_2S_2O_3$ 实际上并不存在，而是以硫代硫酸盐的形式存在：

$$S_2O_3^{2-}+2H^+ = S\downarrow +SO_2\uparrow +H_2O$$

$Na_2S_2O_3$ 具有还原性，是一个中等强度的还原剂：

$$S_4O_6^{2-}+2e = 2S_2O_3^{2-} \qquad E_A^\theta=0.08V$$

I_2 可将 $Na_2S_2O_3$ 氧化成连四硫酸钠：

$$2Na_2S_2O_3+I_2 = Na_2S_4O_6+2NaI$$

在分析化学中常用此反应来定量测定碘。

$S_2O_3^{2-}$ 离子可以与 Ag^+ 离子反应生成 $Ag_2S_2O_3$ 白色沉淀，而 $Ag_2S_2O_3$ 是不稳定的，能迅速分解为 H_2SO_4 和 Ag_2S，所以颜色将以白—黄—棕—黑变化：

$$Ag_2S_2O_3+H_2O = H_2SO_4+Ag_2S\downarrow$$

$$（黑色）$$

此反应可以鉴定 $S_2O_3^{2-}$ 离子的存在。

如果溶液中同时存在 S^{2-}、SO_3^{2-} 和 $S_2O_3^{2-}$，需要逐个加以鉴定时，因 S^{2-} 离子的存在影响 SO_3^{2-} 离子的鉴定，必须先将 S^{2-} 离子除去。除去 S^{2-} 离子的方法是在含有 S^{2-}、SO_3^{2-} 离子的混合溶液中，加入 $PbCO_3$ 固体，使 $PbCO_3$ 转化为溶度积更小的 PbS 沉淀，离心分离后，再分别鉴定 SO_3^{2-} 和 $S_2O_3^{2-}$ 离子。

（三）仪器和药品

仪器：烧杯、试管、点滴板、离心试管、水浴锅、离心机

药品：液体试剂：酸：HCl（$2\ mol\cdot L^{-1}$、$6\ mol\cdot L^{-1}$、浓）、H_2SO_4（$1\ mol\cdot L^{-1}$）、HNO_3（浓）

碱：$NaOH$（40%）、氨水（$2\ mol\cdot L^{-1}$）

盐：$KMnO_4$（$0.01\ mol\cdot L^{-1}$）、$FeCl_3$（$0.1\ mol\cdot L^{-1}$）、$NaCl$（$0.1\ mol\cdot L^{-1}$）、$Na_2S_2O_3$（$0.1\ mol\cdot L^{-1}$）、Na_2S（$0.1\ mol\cdot L^{-1}$）、$Pb(Ac)_2$（$0.1\ mol\cdot L^{-1}$）、$ZnSO_4$（$0.1\ mol\cdot L^{-1}$、饱和）、$CdSO_4$（$0.1\ mol\cdot L^{-1}$）、$CuSO_4$（$0.1\ mol\cdot L^{-1}$）、$Hg(NO_3)_2$（$0.1\ mol\cdot L^{-1}$）、$AgNO_3$（$0.1\ mol\cdot L^{-1}$）、KI（$0.1\ mol\cdot L^{-1}$）、Na_2SO_4（$0.1\ mol\cdot L^{-1}$）

其他试剂：H_2O_2（质量分数为 3%）、$K_4[Fe(CN)_6]$（质量分数为 $0.1\ mol\cdot L^{-1}$）、溴水、碘水、SO_2 饱和溶液、硫代乙酰胺水溶液（质量分数为 5%）、品红溶液（0.1%）、淀粉溶液、无水乙醇、$Na_2[Fe(CN)_5(NO)]$（1%）

固体试剂：硫粉、$PbCO_3$、MnO_2

其他：醋酸铅试纸、pH 试纸、石蕊试纸、滤纸条、木条

（四）实验内容

1．过氧化氢及过氧化物。

（1）H_2O_2 的酸碱性及过氧化物。

取 5 滴质量分数为 3% 的 H_2O_2，测出其 pH 值；然后加入 4 滴质量分数为 40% 的 NaOH 溶液和 8 滴无水乙醇并混合均匀，观察生成固体 $Na_2O_2 \cdot 8H_2O$ 的颜色。

（2）参考标准电极电势表，选用合适的试剂，自行设计实验证明 H_2O_2 的氧化性和还原性。

要求：分别用 1～2 个实验来证明 H_2O_2 的氧化性和还原性；尽可能在本实验所用试剂中选用；实验现象应明显。记录实验现象，并写出有关的化学反应方程式。

参考试剂：质量分数为 3% 的 H_2O_2、1 $mol \cdot L^{-1}$ 的 H_2SO_4、0.1 $mol \cdot L^{-1}$ 的 KI 溶液、0.01 $mol \cdot L^{-1}$ 的 $KMnO_4$ 溶液、淀粉溶液。

（3）H_2O_2 的不稳定性。

向盛有 1 mL 质量分数为 3% 的 H_2O_2 溶液的试管中加入少量 MnO_2 固体，观察反应情况，并在管口用木条余烬检验气体产物，写出反应式。

2．硫化氢。

（1）制取。

取 5% 硫代乙酰胺溶液 8 滴，加 2 滴稀 H_2SO_4 酸化，加热，以 $Pb(Ac)_2$ 试纸检验试管中放出的 H_2S 气体。

（2）还原性。

①在点滴板中滴加 1 滴 0.01 $mol \cdot L^{-1}$ 的 $KMnO_4$ 溶液，加 1 滴 1 $mol \cdot L^{-1}$ 的 H_2SO_4 酸化，再加 2 滴 5% 的硫代乙酰胺溶液，观察现象。

②以上述实验为例，分别以 $FeCl_3$、溴水为氧化剂，代替上述实验中的 $KMnO_4$ 溶液，证明 H_2S 的还原性。

3．硫化物的溶解性。

（1）在 5 支试管中，分别加入 0.1 $mol \cdot L^{-1}$ 的 NaCl、$Pb(Ac)_2$、$ZnSO_4$、$CdSO_4$、$CuSO_4$、$Hg(NO_3)_2$ 溶液各 4 滴，然后再加 10 滴硫代乙酰胺溶液，水浴加热，观察是否都有沉淀生成。记录各种沉淀的颜色。离心沉降。吸取上层的清液，保留沉淀，留作下一步实验用。

（2）在上面的沉淀中分别加入数滴 2 $mol \cdot L^{-1}$ 的 HCl，观察沉淀是否溶解。将不溶解的沉淀离心分离，用数滴 6 $mol \cdot L^{-1}$ 的 HCl 处理沉淀，观察沉淀是否溶解。

将还不溶解的沉淀再离心分离，用少量蒸馏水洗涤沉淀，再用数滴浓 HNO_3 处理沉淀，微热，观察沉淀是否溶解。

试从实验结果对金属硫化物的溶解性作出比较。

4．多硫化物。

在离心试管中加入少量硫粉，再加入 1 mL 0.1 $mol \cdot L^{-1}$ 的 Na_2S 溶液，将溶液煮沸，注意溶液颜色的变化。将未起作用的硫离心沉降，吸取上层清液于另一试管中，加入 6 $mol \cdot L^{-1}$ 的 HCl 溶液，用 $Pb(Ac)_2$ 试纸检验逸出的气体，并观察溶液的变化，写出有关的方程式。

5．H_2SO_3 的性质。

试用下列试剂证明 H_2SO_3 的酸性、氧化性、还原性以及漂白性。

给定试剂：SO_2 饱和溶液、蓝色石蕊试纸、$0.01\ mol·L^{-1}$ 的 $KMnO_4$ 溶液、5%的硫代乙酰胺溶液、品红溶液。

6．硫代硫酸及其盐的性质。

（1）硫代硫酸的不稳定性。

取 5 滴 $0.1\ mol·L^{-1}$ 的 $Na_2S_2O_3$ 溶液，逐滴加入 $2\ mol·L^{-1}$ 的 HCl，停止片刻观察溶液是否浑浊，并用品红试纸检验放出的气体，写出反应方程式。

（2）硫代硫酸钠的还原性。

在试管中，向 5 滴碘水中逐滴加入 $0.1\ mol·L^{-1}$ 的 $Na_2S_2O_3$ 溶液，观察现象，写出离子方程式。

7．S^{2-}、SO_3^{2-}、$S_2O_3^{2-}$ 离子的鉴定。

（1）S^{2-} 的鉴定。

①取 10 滴 $0.1\ mol·L^{-1}$ 的 Na_2S 溶液，加入 5 滴 $6\ mol·L^{-1}$ 的 HCl，微热，用 $Pb(Ac)_2$ 试纸检验所产生的 H_2S 气体，试纸变黑，证明 S^{2-} 离子存在。

②在点滴板上，加 1 滴 $0.1\ mol·L^{-1}$ 的 Na_2S 溶液，加入 1 滴 1%的 $Na_2[Fe(CN)_5NO]$ 溶液，出现紫红色，则表示有 S^{2-} 存在。

（2）SO_3^{2-} 的鉴定。

在试管中加 2 滴 $0.1\ mol·L^{-1}$ 的 $ZnSO_4$ 溶液，再加 1 滴新配的 $0.1\ mol·L^{-1}$ 的 $K_4[Fe(CN)_6]$ 溶液和 1 滴新配的 1%的 $Na_2[Fe(CN)_5NO]$ 溶液，再滴入 1 滴含 SO_3^{2-} 离子的溶液，搅动，出现红色沉淀，表示有 SO_3^{2-} 离子存在。由于酸能使红色沉淀消失，因此，检验 SO_3^{2-} 离子的酸性溶液需滴加 $2\ mol·L^{-1}$ 的氨水中和。

（3）$S_2O_3^{2-}$ 离子的鉴定。

在点滴板上加 1 滴 $0.1\ mol·L^{-1}$ 的 $Na_2S_2O_3$ 溶液，滴加 $0.1\ mol·L^{-1}$ 的 $AgNO_3$ 溶液，直至产生白色沉淀，观察颜色的变化（白—黄—棕—黑），利用 $Ag_2S_2O_3$ 分解时颜色的变化鉴定 $S_2O_3^{2-}$ 离子的存在。

（4）S^{2-}、SO_3^{2-} 和 $S_2O_3^{2-}$ 离子混合物的分离和鉴定。

取一份含有 S^{2-}、SO_3^{2-}、$S_2O_3^{2-}$ 离子的混合溶液，鉴定 S^{2-} 离子的存在。另取一份混合溶液，在其中加入少量固体 $PbCO_3$，充分搅动，离心分离，并检验 S^{2-} 离子是否沉淀完全，如不完全，清液重复用 $PbCO_3$ 处理，直至 S^{2-} 离子完全被除去。清液分成两份，分别鉴定 SO_3^{2-} 离子和 $S_2O_3^{2-}$ 离子。

8．设计性实验。

实验室有 A、B、C、D 四种没有标签的固体试剂，它们分别为 Na_2S、Na_2SO_3、Na_2SO_4、$Na_2S_2O_3$，试用最简单的方法将它们鉴别开来。

要求：选用合适的试剂，设计好实验的操作步骤和实验方案，写出直观的示意图。实验后，将实验现象以及实验结论交给教师审阅。

（五）思考题

1．金属硫化物的溶解情况可以分为几类？试根据实验内容预先加以分类。

2．$Na_2S_2O_3$ 溶液和 I_2 反应时，能否加酸，为什么？

3．在 S^{2-}、SO_3^{2-} 和 $S_2O_3^{2-}$ 离子混合物的分离和鉴定中，怎样检验 S^{2-} 离子是否沉淀完全？

（六）环保提醒

1. H_2S、SO_2 都是具有刺激性气味的气体，且 H_2S 有较大毒性，吸入微量即出现头痛、眩晕等症状。因此，凡是涉及有 H_2S 和 SO_2 气体生成的实验必须在通风橱内进行。如果不慎吸入 H_2S 气体而感到不适，应立即到室外呼吸新鲜空气。

2. 浓硝酸、浓盐酸都有较强的挥发性和腐蚀性，凡是涉及使用浓硝酸、浓盐酸的实验必须在通风橱内进行，而且要小心使用，千万别溅到衣物和皮肤上。一旦不小心溅到皮肤上，应马上用滤纸吸干，然后再用大量的水冲洗，再用饱和碳酸氢钠溶液洗涤。

3. 镉和汞具有毒性，国家标准规定含镉废水的排放标准不大于 $0.1~mg \cdot L^{-1}$，含汞废水的排放标准不大于 $0.05~mg \cdot L^{-1}$。因此，实验中含镉和含汞的废液应倒入指定容器中。含镉废水和含汞废水的处理方法很多，如化学沉淀法、还原法、离子交换法、膜分离法、吸附法等。对实验室废液简单而有效的处理方法是向含镉和汞的废液中加入硫化钠固体，使两者分别生成硫化镉和硫化汞沉淀，以达到处理的目的。

实验三　铜、锌、银、镉、汞及其离子的鉴定（部分为微量试验）

（一）实验目的

1. 掌握铜、锌、银、镉和汞的氢氧化物的性质。
2. 了解铜、锌、银、镉和汞的配位化合物的形成和性质。
3. 掌握铜、锌、银、镉和汞的分离和鉴定。

（二）实验原理

铜、银属于ⅠB 族元素；锌、镉、汞属于ⅡB 族元素。

因铜的化合物与锌的化合物性质相似，银、铜、汞三元素的化合物性质相近，故分类进行讨论：

1. 铜、锌。

（1）氧化物和氢氧化物。

CuO（黑色）、Cu_2O（红色）和 ZnO（白色）都难溶于水，而易溶于酸生成相应的铜盐和锌盐。

$Cu(OH)_2$、$Zn(OH)_2$ 都是两性氢氧化物。$Cu(OH)_2$ 是浅蓝色无定形沉淀，具有两性，但是以碱性为主。$Zn(OH)_2$ 的两性更突出。它们都溶于强碱溶液中，反应生成配合物：

$$Cu(OH)_2 + 2OH^- \Longrightarrow [Cu(OH)_4]^{2-}$$
$$\text{（深蓝色）}$$

$$Zn(OH)_2 + 2OH^- \Longrightarrow [Zn(OH)_4]^{2-}$$
$$\text{（无色）}$$

$Cu(OH)_2$ 热稳定性差，受热易分解成为 CuO。$Cu(OH)_2$ 在 $80 \sim 90℃$ 便有黑色沉淀产生。$Zn(OH)_2$ 受热后脱水分解，生成 ZnO。

（2）Cu^{2+}和Cu^+的转化。

铜的元素电势图是：

$$E_A^\theta \qquad Cu^{2+} \xrightarrow{\ 0.167\ } Cu^+ \xrightarrow{\ 0.522\ } Cu$$

可见，Cu^+在溶液中极不稳定，容易按下式发生歧化反应：

$$2Cu^+ == Cu^{2+}+Cu \qquad K^\theta=1.04\times10^6$$

从平衡常数可见，溶液中绝大部分Cu^+离子都将转化为Cu^{2+}离子。在水溶液中，欲使Cu^{2+}离子转化为Cu^+离子，使反应向着反歧化方向进行，可采取以下方法：

①加入适当的还原剂。如在含有Cu^{2+}离子的溶液中加入 KI 时，Cu^{2+}离子被I^-离子还原得到白色的碘化亚铜（CuI）沉淀：

$$2Cu^{2+}+4I^- == 2CuI\downarrow+I_2$$
$$（白色）$$

该反应在分析上用来测定Cu^{2+}离子的含量。

②使Cu^+离子形成沉淀或配合物，以降低溶液中Cu^+离子浓度。例如，将Cu^{2+}离子的盐溶液与铜屑混合，在高浓度的Cl^-离子存在下，加热可得无色配离子$[CuCl_2]^-$溶液，将这种溶液稀释，可生成白色 CuCl 沉淀：

$$Cu^{2+}+Cu+4Cl^- == 2[CuCl_2]^-$$
$$（无色）$$
$$[CuCl_2]^- == CuCl\downarrow+Cl^-$$
$$（白色）$$

2．银、镉、汞。

（1）氧化物和氢氧化物。

氧化物有 Ag_2O、HgO、Hg_2O、CdO。Hg_2O 不稳定，立即分解为 HgO 和 Hg，故为黑色，CdO 难溶于水和碱，而可溶于硝酸，HgO 和 CdO 可溶于盐酸。

氢氧化物有 $AgOH$、$Hg(OH)_2$、$Hg_2(OH)_2$、$Cd(OH)_2$，可分别用强碱作用于它们的可溶性盐溶液而生成。它们都是碱性占优势的氢氧化物，$AgOH$、$Hg(OH)_2$、$Hg_2(OH)_2$ 很不稳定，从溶液中析出后，立即分解为它们的氧化物：

$$2Ag^++2OH^- == 2AgOH == Ag_2O\downarrow+H_2O$$

$$Hg^{2+}+2OH^- == Hg(OH)_2 == HgO\downarrow+H_2O$$

$$Hg_2^{2+}+2OH^- == Hg_2(OH)_2 == HgO\downarrow+H_2O+Hg$$

$Cd(OH)_2$ 是较稳定的化合物。

（2）Hg^{2+}离子与Hg_2^{2+}离子的互相转化。

汞的元素电势图为：

$$E_A^\theta \qquad Hg^{2+} \xrightarrow{\ 0.92\ } Hg_2^{2+} \xrightarrow{\ 0.79\ } Hg$$

从电势图可见，在可溶性 Hg^{2+} 盐溶液中，加入适量金属汞，在溶液中即有 Hg_2^{2+} 离子生成，其反应为：

$$Hg^{2+}+Hg \Longrightarrow Hg_2^{2+} \qquad K^{\theta}=166 \qquad ①$$

Hg^{2+} 盐还可被还原剂（如 $SnCl_2$）还原而制得 Hg_2^{2+} 盐。

例如，$HgCl_2$ 与 $SnCl_2$ 反应生成白色 Hg_2Cl_2 沉淀，在过量的 $SnCl_2$ 存在下，Hg_2Cl_2 进一步还原为 Hg：

$$2HgCl_2+SnCl_2 \Longrightarrow Hg_2Cl_2 \downarrow +SnCl_4$$
$$（白色）$$

$$Hg_2Cl_2+SnCl_2 \Longrightarrow 2Hg \downarrow +SnCl_4$$
$$（黑色）$$

由于反应①平衡常数不太大，故采取适当措施，也可使平衡向进行歧化反应方向移动，实现生成 Hg^{2+} 离子的转化。若形成的高汞 Hg（Ⅱ）沉淀更难溶，或者形成的高汞配合物更为稳定，则 Hg_2^{2+} 离子的歧化反应也能显著地进行。例如用氨水处理甘汞（Hg_2Cl_2），此一价汞歧化为溶度积很小的 $HgNH_2Cl$（氨基氯化汞）白色沉淀和金属汞黑色沉淀。由于 $HgNH_2Cl$ 溶度积很小，使溶液中的 Hg^{2+} 离子浓度大大降低，从而使反应①平衡向歧化反应方向移动。因为有 Hg 析出，故显黑色，这一反应可以用来鉴定 Hg_2^{2+} 离子。

$$Hg_2Cl_2+2NH_3 \Longrightarrow HgNH_2Cl \downarrow +Hg \downarrow +NH_4Cl$$
$$（白色）$$

同理，黄绿色的 Hg_2I_2 在过量的 KI 溶液中也可发生歧化反应，生成 $[HgI_4]^{2-}$ 和 Hg。

$$Hg_2^{2+}+2KI \Longrightarrow Hg_2I_2 \downarrow +2K^+$$
$$（黄绿色）$$

$$Hg_2I_2+2I^- \Longrightarrow [HgI_4]^{2-}+Hg \downarrow$$
$$（无色）$$

（3）配合物。

Ag^+ 离子能与 Cl^-、Br^-、I^- 等离子形成配位数为 2 或 4 的配合物，Hg^{2+} 离子也能与它们形成 $[HgX_4]^{2-}$ 型的稳定配合物。

难溶于水的卤化银，可通过形成配合物而使之溶解。难溶于水的汞盐也有这种相似的性质。例如：

$$AgBr+2S_2O_3^{2-} \Longrightarrow [Ag(S_2O_3)_2]^{3-}+Br^-$$

$$HgI_2+2I^- \Longrightarrow [HgI_4]^{2-}$$

$$Hg_2I_2+2I^- \Longrightarrow [HgI_4]^{2-}+Hg$$

Ag^+ 离子和 Cd^{2+} 离子可与过量氨水作用，分别生成 $[Ag(NH_3)_2]^+$ 离子和 $[Cd(NH_3)_4]^{2+}$ 离子，但 Hg^{2+} 离子和 Hg_2^{2+} 离子与过量氨水作用时，在无大量 NH_4^+ 离子存在的条件下，只能形成上面所述的氨基氯化汞，而并不生成氨配离子。其反应式如下：

$$HgCl_2+2NH_3 = HgNH_2Cl\downarrow+NH_4Cl$$
（白色）

$$Hg_2Cl_2+2NH_3 = HgNH_2Cl\downarrow+Hg\downarrow+NH_4Cl$$
（白色）

$$2Hg(NO_3)_2+4NH_3+H_2O = HgO\cdot HgNH_2NO_3\downarrow+3NH_4NO_3$$

$$2Hg_2(NO_3)_2+4NH_3+H_2O = HgO\cdot HgNH_2NO_3\downarrow+2Hg\downarrow+3NH_4NO_3$$
（黑色）

银氨配合物可被甲醛或葡萄糖等还原性物质还原为金属银：

$$2[Ag(NH_3)_2]^++C_6H_{12}O_6+2OH^- = 2Ag\downarrow+4NH_3+H_2O+C_6H_{12}O_7$$

这是玻璃上镀银的化学原理。

3．铜族和锌族元素的离子鉴定。

（1）Cu^{2+}与黄血盐 $K_4[Fe(CN)_6]$作用生成红褐色 $Cu_2[Fe(CN)_6]$沉淀，可以检验出 Cu^{2+}的存在。但有 Fe^{3+}存在时，能与 $K_4[Fe(CN)_6]$作用，生成蓝色沉淀，干扰 Cu^{2+}的鉴定。因此，必须预先去除 Fe^{3+}，可先加入氨水和 NH_4Cl 溶液，使 Fe^{3+}生成 $Fe(OH)_3$ 沉淀，以除去 Fe^{3+}。而 Cu^{2+}则与氨水形成可溶性的配合物留在溶液中。

（2）Zn^{2+}可与无色的二苯硫腙生成粉红色螯合物沉淀：

$$Zn^{2+}+2C_6H_5\text{-}NH\text{-}NH\text{-}CS\text{-}N=N\text{-}C_6H_5 = [Zn(C_6H_5\text{-}N\text{-}NH\text{-}CS\text{-}N=N\text{-}C_6H_5)_2+2H^+$$
（粉红色）

（3）Ag^+离子与 Cl^-离子可生成白色 $AgCl$ 沉淀，此沉淀易溶于氨水，生成$[Ag(NH_3)_2]^+$离子。利用此反应可与其他阳离子氯化物沉淀分离。在所得到的溶液中加入 KI 溶液，则生成黄色 AgI 沉淀。

$$Ag^++2NH_3 = [Ag(NH_3)_2]^+$$
$$[Ag(NH_3)_2]^++I^- = AgI\downarrow+2NH_3$$
（黄色）

（4）Cd^{2+}离子与 S^{2-}离子可生成黄色的 CdS 沉淀。这是鉴定 Cd^{2+}离子的最简单而又灵敏的反应。

$$Cd^{2+}+S^{2-} = CdS\downarrow$$
（黄色）

（5）Hg^{2+}离子可被 Sn^{2+}离子逐步还原，最后还原为金属汞。

Sn^{2+}过量时，沉淀由白色丝光状的沉淀 Hg_2Cl_2，变为灰色或灰黑色的 Hg。

$$2HgCl_2+SnCl_2 = Hg_2Cl_2\downarrow+SnCl_4$$

$$Hg_2Cl_2+SnCl_2 = 2Hg\downarrow+SnCl_4$$

（三）仪器和药品

仪器：烧杯、试管、离心试管、离心机、点滴板

药品：液体试剂：酸：HCl（2 mol·L^{-1}、6 mol·L^{-1}）、H$_2$SO$_4$（2 mol·L^{-1}）

碱：NaOH（1 mol·L^{-1}、6 mol·L^{-1}）、氨水（6 mol·L^{-1}）

盐：CuSO$_4$（0.1 mol·L^{-1}）、ZnSO$_4$（0.1 mol·L^{-1}）、KCNS（饱和）、KI（0.1 mol·L^{-1}、饱和）、CuCl$_2$（1 mol·L^{-1}）、AgNO$_3$（0.1 mol·L^{-1}）、Cd(NO$_3$)$_2$（0.1 mol·L^{-1}）、SnCl$_2$（0.1 mol·L^{-1}）、Hg(NO$_3$)$_2$（0.1 mol·L^{-1}）、Hg$_2$(NO$_3$)$_2$（0.1 mol·L^{-1}）、CdSO$_4$（0.1 mol·L^{-1}）、HgCl$_2$（0.1 mol·L^{-1}）、KCl（0.1 mol·L^{-1}）、KBr（0.1 mol·L^{-1}）、Na$_2$S$_2$O$_3$（0.1 mol·L^{-1}、0.5 mol·L^{-1}）、Na$_2$S（0.1 mol·L^{-1}）

其他试剂：二苯硫腙溶液、淀粉溶液、K$_4$[Fe(CN)$_6$]（0.1 mol·L^{-1}）

固体试剂：铜屑、NaCl

（四）实验内容

1．铜、锌、银、镉、汞的氢氧化物的生成和性质。

（1）在 1 mL 0.1 mol·L^{-1} 的 CuSO$_4$ 溶液中加入 1 mL 1 mol·L^{-1} 的 NaOH 溶液，观察生成沉淀的颜色。

将沉淀分盛于 3 支试管中，在其中两支试管中分别加入 2 mol·L^{-1} 的 HCl 和过量的 6 mol·L^{-1} 的 NaOH 溶液，将另一支试管加热，观察各试管中产生的现象。写出离子方程式。

（2）取 1 滴 0.1 mol·L^{-1} 的 AgNO$_3$ 溶液，加入点滴板的井穴中，滴加 1 mol·L^{-1} 的 NaOH 溶液 1 滴，观察生成沉淀的颜色，写出离子方程式。

（3）参照（1）的方法制备 Zn(OH)$_2$，检验其酸碱性，写出离子方程式。

（4）设计实验，制备 Cd(OH)$_2$，检验其酸碱性，写出离子方程式。

（5）取 1 滴 0.1 mol·L^{-1} 的 Hg(NO$_3$)$_2$ 溶液，加入点滴板的井穴中，滴加 1 mol·L^{-1} 的 NaOH 溶液 1 滴，观察生成沉淀的颜色。

说明各氢氧化物的稳定性。

2．铜、锌、银、镉、汞配位化合物的形成和性质。

（1）银的配位化合物。

在试管中滴入 2 滴 0.1 mol·L^{-1} 的 AgNO$_3$ 溶液，再滴入 2 滴 0.1 mol·L^{-1} 的 KCl 溶液，观察有何现象。然后滴加 6 mol·L^{-1} 的 NH$_3$·H$_2$O 直至沉淀刚好消失。再在此溶液中滴加 2 滴 0.1 mol·L^{-1} 的 KBr 溶液，观察有何现象。最后滴加 0.5 mol·L^{-1} 的 Na$_2$S$_2$O$_3$ 溶液，直至沉淀消失。根据以上现象，写出相应的离子方程式。并通过实验比较[Ag(NH$_3$)$_2$]$^+$ 和 Ag[(S$_2$O$_3$)$_2$]$^{3-}$ 离子的稳定性大小。

（2）铜、锌、镉、汞的配位化合物。

①在 5 支试管中分别加入 3 滴浓度均为 0.1 mol·L^{-1} 的 CuSO$_4$、ZnSO$_4$、CdSO$_4$、Hg(NO$_3$)$_2$ 和 Hg$_2$(NO$_3$)$_2$ 溶液，各分别滴加 6 mol·L^{-1} 的 NH$_3$·H$_2$O，记录产生沉淀的颜色并检验沉淀是否溶于过量的 NH$_3$·H$_2$O；若沉淀溶解，再加入 1 滴 2 mol·L^{-1} 的 NaOH 溶液，观察是否有沉淀产生。

②在 5 支离心试管中分别滴加 4 滴浓度均为 0.1 mol·L^{-1} 的 CuSO$_4$、ZnSO$_4$、CdSO$_4$、

$Hg(NO_3)_2$ 和 $Hg_2(NO_3)_2$ 溶液，各分别滴加 6 $mol \cdot L^{-1}$ 的 KI 溶液。若有沉淀，离心分离后取出清液，检查是否有 I_2 产生；于沉淀上再加入饱和的 KI，观察有何现象。

3．氯化亚铜的生成。

在试管中加入 6 $mol \cdot L^{-1}$ 的 HCl 与 1 $mol \cdot L^{-1}$ 的 $CuCl_2$ 溶液各 5 滴，再加入 0.5 g 固体 NaCl，混合均匀后，溶液呈黄绿色。再加入 Cu 屑约 0.2 g，摇动试管，直至溶液颜色消失，停止摇动。用滴管吸取少量这种溶液，滴入盛有 3 mL 水的试管中，观察现象。解释现象并写出反应方程式。

4．铜、锌、银、镉、汞的鉴定。

（1）Cu^{2+} 离子的鉴定。

在点滴板上滴加 1 滴 Cu^{2+} 离子的溶液，再滴加 1 滴 $K_4[Fe(CN)_6]$ 溶液，出现红棕色沉淀表示有 Cu^{2+} 离子存在。

（2）Zn^{2+} 离子的鉴定。

在点滴板上滴加 1 滴 0.1 $mol \cdot L^{-1}$ 的 $ZnSO_4$ 溶液中，再滴加 1 滴 6 $mol \cdot L^{-1}$ 的 NaOH 溶液，再加入 1 滴二苯硫腙，搅拌，若溶液呈粉红色表示有 Zn^{2+} 离子存在。

（3）Ag^+ 离子的鉴定。

在离心试管中加入 5 滴 0.1 $mol \cdot L^{-1}$ 的 $AgNO_3$ 溶液，再滴加 2 $mol \cdot L^{-1}$ 的 HCl 溶液，至沉淀完全，离心沉降，弃去清液。沉淀用蒸馏水洗涤一次，弃去清液。然后在沉淀中加入过量 6 $mol \cdot L^{-1}$ 的氨水，待沉淀溶解后加入 2 滴 0.1 $mol \cdot L^{-1}$ 的 KI 溶液，有淡黄色 AgI 沉淀生成，表示有 Ag^+ 离子存在，写出反应方程式。

（4）Cd^{2+} 离子的鉴定。

在点滴板上滴加 1 滴 0.1 $mol \cdot L^{-1}$ 的 $Cd(NO_3)_2$ 溶液，再滴加数滴 0.1 $mol \cdot L^{-1}$ 的 Na_2S 溶液，若有黄色的 CdS 沉淀产生，表示溶液中有 Cd^{2+} 离子存在。

（5）Hg^{2+} 离子的鉴定。

在点滴板上滴加 1 滴 0.1 $mol \cdot L^{-1}$ 的 $HgCl_2$ 溶液，再滴加 0.1 $mol \cdot L^{-1}$ 的 $SnCl_2$ 溶液。片刻后若有白色 Hg_2Cl_2 沉淀产生，继而转变为灰黑色的 Hg 沉淀，表示有 Hg^{2+} 离子存在。写出反应方程式。

5．设计性实验。

自行设计 Cu^{2+}、Ag^+、Hg^{2+} 混合离子的分离和鉴定。

要求：①写出分离鉴定方案和具体操作步骤，并以直观的示意图表示。

②保留鉴定结果，以备检查。

（五）思考题

1．将 KI 加至 $CuSO_4$ 溶液中是否会得到 CuI_2 沉淀？

2．黄铜是铜和锌的合金。怎样用实验鉴定黄铜的存在？

3．在银盐、镉盐和汞盐的溶液中加入 NaOH 溶液，是否都能得到相应的氢氧化物？

4．将过量的 KI 溶液分别加入汞（Ⅰ）盐和汞（Ⅱ）盐溶液中，将得到什么物质？

（六）环保提醒

由于镉和汞具有毒性，国家标准规定含镉废水的排放标准不大于 0.1 $mg \cdot L^{-1}$，含汞废水的排放标准不大于 $0.05\ mg\cdot L^{-1}$。因此，实验中含镉和含汞的废液应倒入指定容器中。含镉废水和含汞废水的处理方法很多，如化学沉淀法、还原法、离子交换法、膜分离法、吸附法等。对实验室来说，简单而有效的方法是向含镉和汞的废液中加入硫化钠固体，使两者分别生成硫化镉和硫化汞沉淀，达到处理的目的。

实验四　氮、磷、碳、硅及其化合物（部分为微量实验）

（一）实验目的

1．掌握硝酸的氧化性、亚硝酸的制取和性质。
2．学会 NH_4^+、NO_3^-、NO_2^-、CO_3^{2-}、PO_4^{3-} 的鉴定。
3．了解硅酸盐的性质、硅酸的生成条件和活性炭的吸附作用。

（二）实验原理

1．硝酸、亚硝酸的性质。

硝酸既是强酸，又是强氧化剂。硝酸与非金属反应时，常还原为 NO，硝酸与金属反应时，其还原产物取决于硝酸的浓度和金属的活动性。浓硝酸常被还原为 NO_2，稀硝酸常被还原为 NO。当活泼金属（如 Fe、Cu、Zn）与稀硝酸反应时，主要还原为 NO，与很稀的硝酸反应时，产物为 N_2O 甚至是 NH_3。

硝酸盐在常温下很稳定，受热时放出氧气，属于强氧化剂。

亚硝酸通常由亚硝酸盐与稀酸作用产生。亚硝酸很不稳定，容易分解产生 NO 和 NO_2 气体。

$$NaNO_2+H_2SO_4 = HNO_2+NaHSO_4$$

$$2HNO_2 \underset{热}{\overset{冷}{\rightleftharpoons}} H_2O+NO\uparrow+NO_2\uparrow$$

2．NH_4^+、NO_3^-、NO_2^-、CO_3^{2-}、PO_4^{3-} 的鉴定方法。

NO_2^- 离子的鉴定：NO_2^- 和过量的 $FeSO_4$ 溶液在 HAc 溶液中能生成棕色的 $[Fe(NO)]SO_4$：

$$NO_2^-+Fe^{2+}+2HAc = NO+Fe^{3+}+2Ac^-+H_2O$$
$$NO+FeSO_4 = [Fe(NO)]SO_4$$
$$（棕色）$$

NO_3^- 离子的鉴定：与 NO_2^- 离子的检验类似，但用浓 H_2SO_4 代替 HAc，在浓 H_2SO_4 与上层溶液的交界处出现棕色环，此法又叫棕色环法。

$$NO_3^-+3Fe^{2+}+4H^+ = NO+3Fe^{3+}+2H_2O$$
$$NO+Fe^{2+} = [Fe(NO)]^{2+}$$
$$（棕色）$$

NH_4^+ 离子的鉴定：氨与酸反应生成铵盐，铵盐与碱反应放出氨气，可以鉴定出 NH_4^+ 的存在。

气室法：用 NaOH 溶液与 NH_4^+ 离子反应，在加热的情况下放出氨气，使湿润的红色石蕊试纸变蓝。

PO_4^{3-} 离子的鉴定：PO_4^{3-} 与钼酸铵反应，生成黄色难溶晶体，反应方程式为：

$$PO_4^{3-}+3NH_4^++12MoO_4^{2-}+24H^+ \Longrightarrow (NH_4)_3PO_4\cdot12MoO_3\cdot6H_2O\downarrow+6H_2O$$
$$（黄色）$$

3．碳的同素异形体的性质。

碳有三种同素异形体：金刚石、石墨和 C_n 原子族。活性炭为黑色的细小颗粒或粉末。1 g 活性炭的表面积最高可达 1 000 m^2，所以，活性炭具有较强的吸附能力，可以用于吸附某些气体，以及某些有机物分子中的杂质使其脱色，还能吸附水中的某些重金属离子。

（三）仪器和药品

仪器：点滴板、普通漏斗、启普发生器、表面皿

药品：液体试剂：酸：HCl（2 mol·L^{-1}、6 mol·L^{-1}）、HAc（2 mol·L^{-1}）、HNO$_3$（6 mol·L^{-1}、浓）、浓 H_2SO_4

碱：NaOH（2 mol·L^{-1}）

盐：NH$_4$Cl（0.1 mol·L^{-1}、饱和）、BaCl$_2$（0.1 mol·L^{-1}）、KNO$_3$（0.1 mol·L^{-1}）、KNO$_2$（0.1 mol·L^{-1}）、Na$_2$CO$_3$（0.1 mol·L^{-1}）、NaHCO$_3$（0.1 mol·L^{-1}）、饱和石灰水（新制）、Pb(NO$_3$)$_2$（0.001 mol·L^{-1}）、KMnO$_4$（0.01 mol·L^{-1}）、K$_2$CrO$_4$（0.1 mol·L^{-1}）、Hg(NO$_3$)$_2$（0.001 mol·L^{-1}）、KI（0.02 mol·L^{-1}）、钼酸铵试剂（0.1 mol·L^{-1}）、Na$_3$PO$_4$（0.1 mol·L^{-1}）、Na$_2$SiO$_3$ 溶液（用水玻璃配制）

其他试剂：靛蓝溶液

固体试剂：FeSO$_4$·7H$_2$O、锌粉、铜粉、硫黄粉、NaNO$_3$、Na$_3$PO$_4$、Na$_2$CO$_3$、NaHCO$_3$

其他：活性炭、pH 试纸、滤纸

（四）实验内容

1．铵盐的鉴定：气室法。

在一块表面皿中心贴一块湿润的 pH 试纸，在另一块表面皿中心滴加 3～4 滴铵盐溶液以及 2 mol·L^{-1} 的 NaOH 溶液 2 滴，混合均匀后，将贴有 pH 试纸的表面皿盖在盛有试液的表面皿上，形成一个"气室"，必要时放在水浴上加热，观察试纸的变化，记录现象。

2．浓硝酸和稀硝酸的氧化性。

（1）在两支干燥的试管中，各加入少量硫黄粉，再分别滴加 10 滴浓硝酸和 10 滴稀硝酸，在通风橱内加热煮沸，静置。再分别加入 1 mL 蒸馏水及 0.1 mol·L^{-1} 的 BaCl$_2$ 溶液少许，振荡试管，观察并记录现象，作出结论，写出化学反应方程式。

（2）在两支分别装有少许锌粉和铜粉的干燥试管中，各加入数滴浓 HNO$_3$，出现有色气体时即可终止实验。观察最初出现的气体颜色并记录现象，作出结论，写出化学反应方程式。

（3）在两支分别装有少许锌粉和铜粉的干燥试管中，各加入数滴 6 mol·L^{-1} 的 HNO$_3$ 溶液，观察最初出现的气体颜色，并观察试管口的气体颜色，记录现象，出现有色气体时

即可终止实验。作出结论，写出化学反应方程式。

比较上面实验中出现的气体颜色，并阐述这说明了什么问题。

3．自行设计实验，验证 KNO_2 的氧化性和还原性。

要求：

①参考电极电势表，尽可能在上述试剂中选出常见的氧化剂和还原剂 1～2 个，写出 KNO_2 与这些物质反应的化学方程式，自行设计实验步骤。

②记录现象，作出结论。

提示：亚硝酸盐的酸性溶液可以看作是 HNO_2 溶液。

4．NO_3^-、NO_2^-、CO_3^{2-}、PO_4^{3-} 离子的鉴定。

（1）NO_3^- 离子的鉴定。

试管中加入 $0.1\ mol\cdot L^{-1}$ 的 KNO_3 溶液 10 滴，1～2 小粒 $FeSO_4$ 晶体，振荡，待溶解后，斜持试管，沿试管壁慢慢滴加浓 H_2SO_4 溶液 4～5 滴，此时切勿摇动试管，待浓 H_2SO_4 溶液沿着试管壁慢慢流入试管中溶液的下层后，观察两液层交界处，若有棕色环生成，证明 NO_3^- 离子存在。写出反应方程式。

（2）NO_2^- 离子的鉴定。

试管中加入 $0.1\ mol\cdot L^{-1}$ 的 KNO_2 溶液 1 mL，加入 $2\ mol\cdot L^{-1}$ 的 HAc 溶液 4～5 滴酸化，再加入几小粒 $FeSO_4\cdot 7H_2O$ 晶体，若有棕色出现，证明 NO_2^- 离子存在。写出反应方程式。

（3）CO_3^{2-} 离子的鉴定。

在试管中加入 $0.1\ mol\cdot L^{-1}$ 的 Na_2CO_3 溶液 10 滴，滴加 $2\ mol\cdot L^{-1}$ 的 HCl 溶液，观察有何现象。将蘸有饱和石灰水的玻璃棒垂直置于试管中并置于液面上方，观察有何现象。若石灰水变浑浊，证明有 CO_3^{2-} 离子存在。写出反应方程式。

（4）PO_4^{3-} 离子的鉴定。

在试管中加入 $0.1\ mol\cdot L^{-1}$ 的 Na_3PO_4 溶液 10 滴，再加入 5 滴钼酸铵试剂，剧烈振荡试管，必要时加热至 40～50℃，若有黄色出现，证明有 PO_4^{3-} 离子存在。写出反应方程式。

5．活性炭的吸附作用。

（1）活性炭对溶液中有色物质的脱色作用。

试管中加入 5 滴靛蓝溶液，再加 1 mL 蒸馏水稀释。加入少量的活性炭。振荡试管，放置片刻，观察溶液的颜色是否变化。解释看到的现象。

（2）活性炭对汞盐、铅盐的吸附作用。

①试管中加入 10 滴 $0.001\ mol\cdot L^{-1}$ 的 $Hg(NO_3)_2$ 溶液，然后加入 $0.02\ mol\cdot L^{-1}$ 的 KI 溶液 2～3 滴，观察现象。

在另一支试管中加入 10 滴 $0.001\ mol\cdot L^{-1}$ 的 $Hg(NO_3)_2$ 溶液，然后加入少量活性炭，振荡试管，静置一段时间。吸取上层清液放在另一支干燥的试管中。在溶液中加入 $0.02\ mol\cdot L^{-1}$ 的 KI 溶液 2～3 滴，观察是否有沉淀产生。与上述试管进行比较，解释现象。

②用 $Pb(NO_3)_2$ 溶液进行上述实验，并以 $0.1\ mol\cdot L^{-1}$ 的 K_2CrO_4 溶液代替 KI 溶液进行 Pb^{2+} 的检验。写出相应的反应方程式，并得出结论。

6．碳酸盐的水解。

（1）用 pH 试纸测定表 5-1 中溶液的 pH，并与计算值对照。

表 5-1　pH 的测定

溶液	NaHCO$_3$	Na$_2$CO$_3$
pH 实验值		
pH 计算值		

（2）在两支试管中分别加入 NaHCO$_3$、Na$_2$CO$_3$ 溶液各 1 mL，再加入 0.1 mol·L^{-1} 的 NH$_4$Cl 溶液 1 mL，稍加热后，用 pH 试纸检验哪个试管有氨气逸出。解释现象，写出反应方程式。

7．硅酸凝胶的生成。

取 3 支试管，分别加入 1 mL Na$_2$SiO$_3$ 溶液，用启普发生器向其中的一支试管中通入 CO$_2$ 气体，静置；在第二支试管中加入 6 mol·L^{-1} 的 HCl 1 mL，在第三支试管中加入饱和 NH$_4$Cl 溶液。分别观察现象，并写出化学反应方程式。

8．设计性实验。

用最简单的方法鉴别下列固体物质：NaNO$_3$、Na$_3$PO$_4$、Na$_2$CO$_3$、NaHCO$_3$。

要求：

①预习时写好鉴别各物质的实验步骤。

②实验时记录上述各物质的外观形状、颜色等物理性状，检验是否溶于水。

③根据实验现象作出结论，写出有关的反应方程式。

提示：先取上述物质少许，分别溶解，制成溶液，备用。先用 HCl 溶液检验 CO$_3^{2-}$ 离子，并以饱和石灰水复核；再用 Ca^{2+} 检验 PO$_4^{3-}$，并以钼酸铵试剂复核；最后用棕色环实验检验 NO$_3^-$ 离子。

（五）思考题

1．如何计算 NaHCO$_3$ 溶液和 Na$_2$CO$_3$ 溶液的 pH？

2．怎样利用电极电势表来选择氧化剂和还原剂？

3．化学反应在需要酸性介质条件时，通常不用硝酸的原因是什么？

4．鉴定 NaNO$_3$、Na$_3$PO$_4$、Na$_2$CO$_3$、NaHCO$_3$ 四种物质时还可以采用其他鉴别方法吗？

（六）环保提醒

1．除 N$_2$O 外的所有氮的氧化物均有毒，其中 NO$_2$ 的毒性最大，且中毒后无特效药治疗。因此，有关实验宜在通风橱中进行。

2．铅和可溶性的铅盐都有毒。铅中毒作用虽然缓慢，但会逐渐积累在体内，一旦中毒，则较难治疗。它对人体神经系统、造血系统都有严重危害。典型症状是食欲不振、精神倦怠和头疼。国家标准允许废水中铅的最高排放质量浓度为 1.0 mg·L^{-1}（以 Pb 计）。一般采用沉淀法处理，即用石灰或纯碱作沉淀剂，使废水中的铅生成 Pb(OH)$_2$ 或 PbCO$_3$ 沉淀而除去。

3．铬的化合物对人畜机体有全身致毒作用、刺激作用、累积作用、变态反应、致癌作用和突变作用。国家标准允许废水中的铬最高排放浓度为 1.5 mg·L^{-1}。可采用电解法将 Cr^{6+} 还原为 Cr^{3+}。也可以用化学还原法，向废水中投加还原剂，如硫酸亚铁、亚硫酸氢钠、二氧化硫、水合肼等，在酸性条件下将 Cr^{6+} 还原为 Cr^{3+}。然后投加碱剂，如氢氧化钠、氢氧化钙、碳酸钠等，调节 pH 值，使 Cr^{3+} 形成 $Cr(OH)_3$ 沉淀除去，并经脱水后综合利用。

4. 含汞废水对环境和人体健康威胁极大，我国国家标准规定，汞的排放标准不大于 $0.05\ mg\cdot L^{-1}$。用 Na_2S 或 H_2S 为沉淀剂，使汞生成难溶的硫化汞。

实验五　锡、铅、锑、铋及其离子的鉴定（部分为微量实验）

（一）实验目的

1. 掌握锡、铅、锑、铋的氢氧化物的酸碱性。
2. 掌握 Sn（Ⅱ）的还原性、Pb（Ⅳ）和 Bi（Ⅴ）的氧化性。
3. 掌握 Sn（Ⅱ）、Sb（Ⅲ）及 Bi（Ⅲ）盐的水解性，熟悉 Pb（Ⅱ）的难溶盐。
4. 了解 Sb（Ⅲ）及 Bi（Ⅲ）硫化物的生成和性质。

（二）实验原理

（1）$Sn(OH)_2$、$Pb(OH)_2$、$Bi(OH)_3$ 及 $Sb(OH)_3$ 的酸碱性。

$Sn(OH)_2$、$Pb(OH)_2$、$Sb(OH)_3$ 是两性物质，它们既溶于酸又溶于碱。$Bi(OH)_3$ 呈弱碱性。

（2）$SnCl_2$、$SbCl_3$ 及 $BiCl_3$ 的水解。

三者极易水解，水解后生成白色沉淀，加酸可抑制其水解。

$$SnCl_2 + H_2O \Longrightarrow Sn（OH）Cl\downarrow + HCl$$

$$SbCl_3 + H_2O \Longrightarrow SbOCl\downarrow + 2HCl$$

$$BiCl_3 + H_2O \Longrightarrow BiOCl\downarrow + 2HCl$$

（3）$SnCl_2$ 的还原性及 PbO_2、$NaBiO_3$ 的氧化性。

酸性介质中，$SnCl_2$ 具有较强的还原性，能与 $HgCl_2$ 发生氧化还原反应：

$$SnCl_2 + 2HgCl_2 == SnCl_4 + Hg_2Cl_2\downarrow$$

$$Hg_2Cl_2 + SnCl_2 == SnCl_4 + 2Hg\downarrow$$

可以观察到沉淀的颜色变化为白→灰→黑。此反应用于 Sn^{2+}、Hg^{2+} 的鉴定。

Pb（Ⅳ）具有氧化性。PbO_2 具有氧化性，能将 Cl^- 氧化成 Cl_2：

$$PbO_2 + 4HCl == PbCl_2 + Cl_2\uparrow + 2H_2O$$

Bi（Ⅴ）的氧化性能将 Mn^{2+} 氧化成紫色的 MnO_4^-，此反应用来鉴定 Mn^{2+}，即使只有少量的 Mn^{2+}，也能看到 MnO_4^- 的紫色。

$$5NaBiO_3 + 2Mn^{2+} + 14H^+ == 2MnO_4^- + 5Bi^{3+} + 5Na^+ + 7H_2O$$

（4）Sb_2S_3 和 Bi_2S_3 的溶解性。

Sb_2S_3 不溶于盐酸，但溶于 Na_2S 溶液中：

$$Sb_2S_3 + 3Na_2S =\!\!= 2Na_3SbS_3$$

$$2Na_3SbS_3 + 6HCl =\!\!= Sb_2S_3\downarrow + 3H_2S\uparrow + 6NaCl$$

而 Bi_2S_3 不溶于盐酸和 Na_2S 溶液。其中 Sb_2S_3 为橙红色，Bi_2S_3 为黑色。

（三）仪器和药品

仪器：试管、离心试管、离心机

药品：液体试剂：酸：HCl（2 mol·L^{-1}、6 mol·L^{-1}、浓）、HNO$_3$（6 mol·L^{-1}）、H$_2$SO$_4$（2 mol·L^{-1}）

碱：NaOH（2 mol·L^{-1}）、KOH（2 mol·L^{-1}）、NH$_3$H$_2$O（6 mol·L^{-1}）

盐：AgNO$_3$（0.1 mol·L^{-1}）、SnCl$_2$（0.1 mol·L^{-1}）、Pb(NO$_3$)$_2$（0.1 mol·L^{-1}）、BiCl$_3$（0.1 mol·L^{-1}）、Bi(NO$_3$)$_3$（0.1 mol·L^{-1}）、MnSO$_4$（0.1 mol·L^{-1}）、KI（0.1 mol·L^{-1}）、Na$_2$S（0.5 mol·L^{-1}）、K$_2$CrO$_4$（0.1 mol·L^{-1}）、SbCl$_3$（0.1 mol·L^{-1}）、HgCl$_2$（0.1 mol·L^{-1}）、FeCl$_3$（0.1 mol·L^{-1}）、KCNS（0.1 mol·L^{-1}）、NaHCO$_3$（饱和）

固体试剂：SbCl$_3$、Bi(NO$_3$)$_3$、Pb(NO$_3$)$_2$、NaBiO$_3$、PbO$_2$、SnCl$_2$·2H$_2$O

其他：淀粉-KI 试纸、CCl$_4$

（四）实验内容

1. 锡、铅、锑、铋的氢氧化物性质。

（1）在试管中分别加入 2 滴 0.1 mol·L^{-1} 的 SnCl$_2$ 溶液，再加入 2 mol·L^{-1} 的 NaOH 溶液至产生白色沉淀。向其中一支试管中滴加 2 mol·L^{-1} 的 NaOH 溶液，并留下备用。向另一支试管中滴加 2 mol·L^{-1} 的 HCl 溶液，观察沉淀是否溶解，解释并写出反应方程式。

（2）用 0.1 mol·L^{-1} 的 Pb(NO$_3$)$_2$ 溶液代替 SnCl$_2$，重复以上实验。观察现象并写出结论及反应方程式。

（3）往两支离心试管中各滴加 5 滴 0.1 mol·L^{-1} 的 SbCl$_3$ 溶液，再滴加 2 mol·L^{-1} 的 NaOH 溶液至产生沉淀，观察沉淀颜色。离心分离后分别与 6 mol·L^{-1} 的 HCl、2 mol·L^{-1} 的 NaOH 作用，观察沉淀是否溶解，并写出反应式。

（4）往 10 滴 0.1 mol·L^{-1} 的 Bi(NO$_3$)$_3$ 溶液中滴加 2 mol·L^{-1} 的 NaOH 溶液，观察现象。离心分离后分别试验沉淀与 2 mol·L^{-1} 的 HCl 溶液和 2 mol·L^{-1} 的 NaOH 作用，写出反应式。

由以上实验总结 Sn、Pb、Sb、Bi 的氢氧化物的性质及其酸碱性。

2. 锡、铅、锑、铋的盐类的水解特征。

（1）SnCl$_2$ 的水解。

取少量 SnCl$_2$ 固体用蒸馏水溶解，观察溶解的现象及溶液的酸碱性。向溶液中滴加浓盐酸后又有什么变化，再稀释后又有什么变化，试解释说明。

（2）SbCl$_3$、Bi(NO$_3$)$_3$、Pb(NO$_3$)$_2$ 的水解。

用少量 SbCl$_3$ 固体、Bi(NO$_3$)$_3$ 固体、Pb(NO$_3$)$_2$ 固体重复以上实验，观察其现象有何异同。

3. 锡、铅、锑、铋的化合物的氧化还原性。

（1）Sn（II）的还原性。

①在小试管中滴加 5 滴 0.1 mol·L^{-1} 的 FeCl$_3$ 溶液，再逐滴滴加 0.1 mol·L^{-1} 的 SnCl$_2$ 溶

液，观察现象，写出反应式。试用 KSCN 溶液检验溶液中是否还存在 Fe^{3+}。

②在小试管中滴加 5 滴 0.1 $mol\cdot L^{-1}$ 的 $HgCl_2$ 溶液，再逐滴滴加 0.1 $mol\cdot L^{-1}$ 的 $SnCl_2$ 溶液，观察有何现象。继续滴加 0.1 $mol\cdot L^{-1}$ 的 $SnCl_2$ 又有何变化，写出反应式。

③向 10 滴自制 Na_2SnO_2 溶液[1（1）]中滴加 0.1 $mol\cdot L^{-1}$ 的 $Bi(NO_3)_3$ 2 滴，观察现象，写出反应式。

通过以上实验比较 Sn（II）与 Fe（II）、Sn（II）与 Hg（I）还原性的强弱。

（2）Pb（IV）的氧化性。

①在干燥试管中加入少量 PbO_2 固体，加入 10 滴浓盐酸，并用淀粉-KI 试纸检验产生的气体，观察现象并写出反应方程式。

②在有少量 PbO_2 固体的试管中加入 2 滴 6 $mol\cdot L^{-1}$ 的 HNO_3 酸化，再加入 1 滴 0.1 $mol\cdot L^{-1}$ 的 $MnSO_4$ 溶液，于水浴中加热，观察现象，写出反应式。

由以上实验对比 Pb（IV）与 Cl_2、Pb（IV）与 MnO_4^- 氧化性的强弱。

（3）Bi（V）的氧化性。

①在试管中加入少量 $NaBiO_3$ 固体及少量的水，以稀酸酸化溶液（思考用什么酸酸化）。再加入少量 0.1 $mol\cdot L^{-1}$ 的 KI 溶液及四氯化碳溶液，观察现象，写出反应式。

②在试管中加入 2 滴 0.1 $mol\cdot L^{-1}$ 的 $MnSO_4$ 溶液并用 2 滴 2 $mol\cdot L^{-1}$ 的 H_2SO_4 溶液酸化后加入 $NaBiO_3$ 固体，观察溶液颜色，写出反应式。

通过以上实验说明 Bi（V）的氧化性。

4．Pb（II）的难溶盐。

（1）自行设计实验，观察 $PbCl_2$、$PbCrO_4$、$PbSO_4$、PbI_2 与 PbS 沉淀的颜色。并写出各反应方程式。

（2）将上述 $PbCl_2$ 沉淀的试管离心分离，弃去清液，向沉淀中滴加浓盐酸，振荡试管，观察现象，写出反应方程式。

（3）将上述 PbI_2 沉淀离心，弃去清液，向沉淀中逐滴滴加 2 $mol\cdot L^{-1}$ 的 KI 溶液，振荡试管，观察现象，写出反应方程式。

5．Sb（III）和 Bi（III）的硫化物。

（1）取 0.1 $mol\cdot L^{-1}$ 的 $SbCl_3$ 溶液 10 滴，加入 0.5 $mol\cdot L^{-1}$ 的 Na_2S 溶液 5～6 滴，摇匀，观察现象。然后离心分离，弃去清液，用少量蒸馏水洗涤沉淀，将试管内物质分成两份，再离心分离。其中一份滴加 2 $mol\cdot L^{-1}$ 的 HCl 溶液，观察现象；另一份滴加 0.5 $mol\cdot L^{-1}$ 的 Na_2S 溶液，振荡试管，观察现象，是否溶解？再滴加 2 $mol\cdot L^{-1}$ 的 HCl 溶液，观察现象，写出反应方程式。

（2）用 0.1 $mol\cdot L^{-1}$ 的 $BiCl_3$ 溶液代替 $SbCl_3$ 重复以上实验。观察现象，写出反应方程式。

（五）思考题

1．实验室中配制 $SnCl_2$ 溶液时，为什么既要加盐酸又要加锡粒？

2．怎样检验 Sb（III）及 Bi（III）氢氧化物的酸碱性？试验 $Pb(OH)_2$ 的碱性时，应使用何种酸？为什么？

3．为什么 $PbCl_2$ 能溶于浓 HCl，PbI_2 能溶于 KI 溶液？

（六）环保提醒

1. 实验室含铅废液的处理：在废液中加入消石灰，调节至 pH 值大于 11，使废液中的铅生成 $Pb(OH)_2$ 沉淀，然后加入 $Al_2(SO_4)_3$（凝聚剂），将 pH 值降至 7～8，则 $Pb(OH)_2$ 与 $Al(OH)_3$ 共沉淀，分离沉淀以达到处理目的。

2. 硫化物（如 Na_2S 等）遇酸会产生有毒的 H_2S 气体，故进行硫化物与 HCl 反应的实验应该在通风橱中进行。

实验六　烃的性质与鉴定

（一）实验目的

1. 掌握饱和烃的性质和鉴定方法。
2. 掌握不饱和烃的性质和鉴定方法。
3. 掌握芳香烃的性质和鉴定方法。

（二）实验原理

饱和烃分子中，相邻的碳原子以 C-C 单键（σ键）相连。由于 σ 键的键能比较高，键与键之间结合牢固，因此饱和烃的化学性质稳定，不活泼，必须在一定的条件下反应，如取代反应、燃烧等。

不饱和烃分子中，存在不饱和键 C=C 或 C≡C，在重键碳原子之间，除了形成一个 σ 键之外，还形成了一个或两个π键。π键不如 σ 键牢固，容易断裂，因此，烯烃和炔烃的化学性质比较活泼，容易发生加成反应和氧化反应。反应如下：

$$5CH_2{=}CH_2 + 12MnO_4^- + 36H^+ \longrightarrow 10CO_2\uparrow + 12Mn^{2+} + 28H_2O$$
$$3CH{\equiv}CH + 10MnO_4^- + 2H_2O \longrightarrow 6CO_2\uparrow + 10MnO_2\downarrow + 10OH^-$$

乙炔分子中的炔氢原子活泼，具有弱酸性，可以与硝酸银氨溶液反应或与绿化亚铜氨溶液作用，生成金属炔化物沉淀。利用此反应可以鉴定乙炔或其他末端炔烃，反应式如下：

$$CH \equiv CH \xrightarrow{\quad Ag^+ \quad} AgC \equiv CAg \downarrow$$

（白色）

$$CH \equiv CH \xrightarrow{\quad Cu^+ \quad} CuC \equiv CCu \downarrow$$

（红色）

乙烯、乙炔在空气中燃烧，都能生成二氧化碳和水。

芳香烃的化学性质没有不饱和烃活泼，如苯一般不发生加成反应，难以被氧化剂氧化。可以发生取代反应。但是甲苯在苯环上引入了一个支链甲基，由于甲基的供电子效应，使得苯环上的电子云密度增大，因此甲苯比苯容易进行取代反应，烷基苯也容易发生侧链上的氧化反应，其氧化发生在 α 氢上。

取代反应：

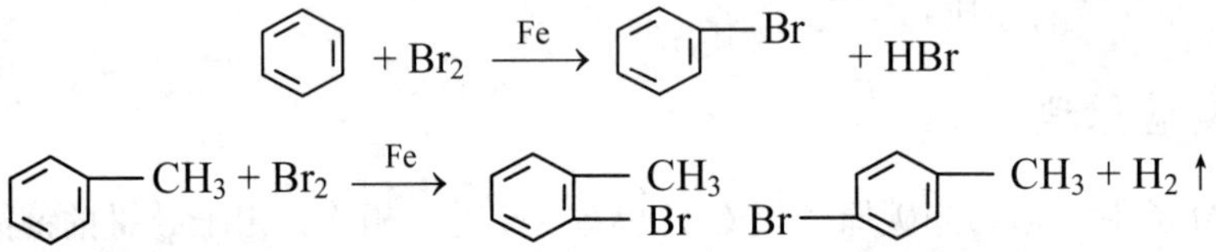

侧链卤代反应：

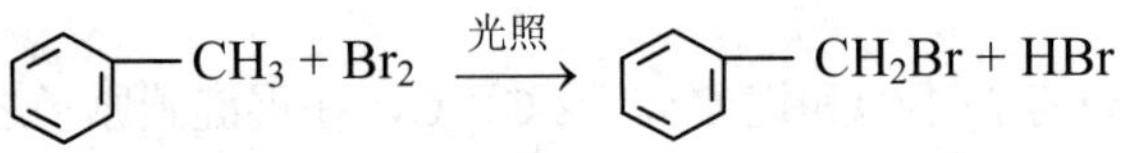

氧化反应：

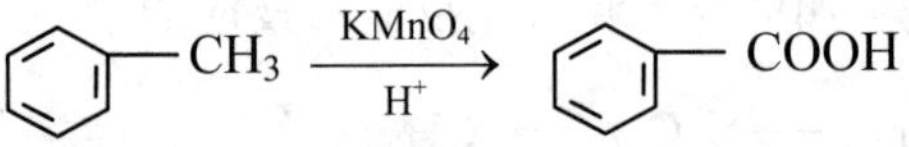

（三）仪器和药品

仪器：实验室制取乙炔的简易装置、试管烘干器、表面皿

药品：无机试剂：H_2SO_4（质量分数为 10%）、HCl（1∶4）、HNO_3（1∶1）、NaOH（质量分数为 5%）、氨水（质量分数为 2%、浓）、$KMnO_4$（质量分数为 0.2%）、氯化亚铜铵（$[Cu(NH_3)_2]Cl$、质量分数为 3%）、$CuCl_2$（质量分数为 10%）、$AgNO_3$（质量分数为 5%）、盐酸羟胺溶液（$NH_2OH \cdot HCl$、质量分数为 10%）、饱和食盐水

有机试剂：溴的四氯化碳溶液、无水乙醇、溴水、庚烷、环己烯、苯、甲苯

固体试剂：铁屑、碳化钙

（四）实验内容

1. 烷烃的化学性质与鉴定。

（1）取代反应。

与溴作用。在两个干燥的试管中，各加入 5 滴庚烷和 2 滴溴的四氯化碳溶液，摇匀。一支放在没有光线照射的柜内，另一支放在有强光照射的地方，10 min 后观察并记录现象，

写出化学方程式。

（2）稳定性。

与高锰酸钾作用。在试管中加入 2 滴 0.2%的 $KMnO_4$ 溶液和 2 滴 10%的硫酸溶液，摇匀，再加入 5 滴庚烷，观察试管内的颜色，记录现象。

（3）可燃性。

在一块表面皿或点滴板上滴加 2 滴庚烷，点燃，观察现象并记录。

2．烯烃的性质与鉴定。

（1）与溴作用：在干燥的试管中，加入 8 滴环己烯和 2 滴溴的四氯化碳溶液，边加边摇匀。观察并记录现象，写出化学方程式。

（2）与高锰酸钾作用：在点滴板中加入 1 滴 0.2%的 $KMnO_4$ 溶液和 1 滴 10%的硫酸溶液，再加入 1～2 滴环己烯，观察是否褪色，记录现象，写出化学方程式。

（3）可燃性：在一块表面皿或点滴板上滴加 2 滴环己烯，点燃，观察现象并记录。

3．炔烃的性质与鉴定。

（1）乙炔的制取。

在 50 mL 具支试管中放置 1 g 碳化钙，试管口用带有分液漏斗的橡胶塞塞紧，支管口与玻璃导管相连接，分液漏斗内加饱和食盐水，打开活塞使食盐水逐滴加到试管中，很快看到有乙炔气体生成。

（2）乙炔与溴作用。

在预先加入 8 滴溴水的试管中通入乙炔气体，观察现象，写出反应方程式。

（3）乙炔与高锰酸钾作用。

在预先加入 5 滴 0.2%的 $KMnO_4$ 溶液和 2 滴 10%的硫酸溶液的试管中通入乙炔气。观察现象，写出反应方程式。

（4）金属炔化物的生成。

①在试管中加入 4 滴 5%的 $AgNO_3$ 溶液，再加入 1 滴 5%的 NaOH 溶液，然后滴加 2%的氨水直至生成的沉淀刚好溶解为止，得到银氨溶液。通入乙炔气体，观察是否有沉淀析出，写出反应方程式。

②在试管中加入 1 mL 氯化亚铜铵溶液和 1 mL 盐酸羟胺溶液，混合后蓝色褪去[1]，将导气管清洗后插入此试管中，观察现象，写出反应方程式。

4．芳香烃的性质与鉴定。

（1）苯和甲苯的溴代反应。

取两支干燥的试管，分别加入 10 滴苯和甲苯，再各加入溴的四氯化碳溶液 10 滴，摇匀后各分成两份。将其中的一份加热煮沸，另一份加入少量铁屑，加热。观察试管口有无白烟产生，用湿润的蓝色石蕊试纸检验有无变色。

（2）甲苯侧链的卤代反应。

取两支干燥的试管，分别加入 5 滴甲苯，再各加入溴的四氯化碳溶液 5 滴，将其中的一支试管放在暗处，将另一支试管放在 100W 的灯泡下照射 2 min 后，观察试管中溴的颜色是否褪色。

（3）氧化反应。

取两支干燥的试管，分别加入 5 滴苯和甲苯，再各加入 1 滴 0.2%的 $KMnO_4$ 溶液和 1

滴 10%的 H_2SO_4 溶液，振荡后放在 70～80℃的水浴中加热，观察现象，写出化学方程式。

5．设计性实验。

鉴别下列两组物质：①苯、甲苯；②环己烷、环己烯。

要求：先写出具体的鉴定方案，然后再进行实验。

（五）注意事项

[1]由于亚铜盐容易被空气氧化为二价铜盐，故溶液显蓝色。盐酸羟胺是强还原剂，加入后，可以将 Cu^{2+} 还原为 Cu^+，使溶液显无色：

$$4Cu^{2+} + 2NH_2OH \longrightarrow 4Cu^+ + 4H^+ + N_2O + H_2O$$

（六）思考题

1．实验时为什么不用甲烷代替庚烷？

2．在乙炔的制取前应做好哪些准备工作？

3．如何证明烃的燃烧产物是二氧化碳和水？

（七）环保提醒

1．四氯化碳为无色、易挥发、不易燃的液体。本品是典型的肝脏毒物，其接触浓度与频度可影响其作用部位及毒性。在 160～200 mg·m^{-3} 浓度下可发生中毒。实验操作中四氯化碳应少量，且在通风橱中进行操作。《污水综合排放标准》（GB 8978—1996）：一级 0.03 mg·L^{-1}、二级 0.06 mg·L^{-1}、三级 0.5 mg·L^{-1}。

2．苯、甲苯都是有毒物质，有气味，其中苯的毒性较大。国家允许废水中苯的排放量不超过 0.1 mg·L^{-1}。《污水综合排放标准》（GB 8978—1996）：一级 0.1 mg·L^{-1}、二级 0.2 mg·L^{-1}、三级 0.5 mg·L^{-1}。

3．以上三种有污染的有机物质，如果达不到排放标准，则必须将其回收。含有挥发性有毒有机物的废水宜回收在小口试剂瓶中，实验完毕后由实验室集中处理。

4．本实验产生的废液含有未反应完全的烃类、四氯化碳等。对此类物质的废液中的可燃性物质，用焚烧法处理。对难以燃烧的物质及可燃性物质的低浓度废液，则用溶剂萃取法、吸附法、沉淀法处理。同时要保管好焚烧残渣。

5．金属炔化物在干燥状态下，受热会发生猛烈爆炸，并放出大量的热。实验完毕，不要将金属炔化物随意倒掉，必须加酸分解。先将沉淀上面的清液倒掉，然后加入 2 mL 稀硝酸（或稀盐酸）分解，搅拌，充分反应后倒入废液缸中。

实验七　卤代烃的性质与鉴定

（一）实验目的

1．熟悉不同烃基对卤代烃的反应活性规律。

2．熟悉不同卤原子的卤代烃的反应活性规律。

3．掌握卤代烃的鉴定方法。

（二）实验原理

烃分子中一个或多个氢原子被卤素原子取代而生成的化合物叫卤代烃。卤代烃比烃类活泼。其活泼性取决于卤素原子的种类和烃基的结构。

能进行亲核取代反应是卤代烃的主要化学性质。

烃基相同的卤代烃活泼顺序为 $RI > RBr > RCl$。

烃基不同的卤代烃，其反应活性顺序也不同，这可以从它们与硝酸银的乙醇溶液反应生成卤化银的难易程度得到验证。

$$RX + AgONO_2 \longrightarrow RONO_2 + AgX \downarrow$$
$$\text{硝酸烷基酯}$$

烯丙式卤代烃（$CH_2=CHCH_2X$）与苄基卤代烃（图—CH_2Br）均能在室温下与硝酸银的乙醇溶液迅速反应生成卤化银沉淀；叔卤代烷与硝酸银的反应也很快；伯及仲卤代烷须在加热时才能生成沉淀；但是乙烯型卤代烃和卤苯（图—X）即使在加热时也不发生反应。这两类卤代烃也很难发生其他的亲核取代反应。

卤素原子相同而烃基不同的卤代烷，在碱性水解的反应中，活泼性顺序是叔卤代烷＞仲卤代烷＞伯卤代烷＞CH_3X。

$$RX + H_2O \longrightarrow ROH + HX$$

卤代烯烃和卤代芳烃的活性，以丙烯型的卤代烃或苄卤最大，乙烯型卤代烃和卤苯最小，孤立型的卤代烯烃居中，与相应的卤代烷烃相似。如：

$$CH_2=CH-CH_2X、图—CH_2X > CH_2=CH-(CH_2)_n-CH_2X > CH_2=CHX \quad n>1$$

（三）仪器与药品

仪器：水浴锅

药品：无机试剂：$AgNO_3$（质量分数为 5%）、$AgNO_3$-乙醇溶液（质量分数为 5%）、HNO_3（质量分数为 5%）、$NaOH$（质量分数为 5%）

有机试剂：1-溴丁烷、2-溴丁烷、2-甲基-2-溴丙烷、1-氯丁烷、溴化苄、溴苯、1-碘丁烷

（四）实验内容

1. 卤代烃与硝酸银乙醇溶液的反应。

（1）卤原子相同而烃基不同的卤代烃与硝酸银乙醇溶液反应活性的比较。

取 5 支干燥试管，各加入 5 滴 5% 的硝酸银乙醇溶液，然后分别加入 2～3 滴 1-溴丁烷、2-溴丁烷、2-甲基-2-溴丙烷、溴化苄和溴苯，振荡，观察有无沉淀析出，记录下出现沉淀的时间。若 10 min 后仍无沉淀析出，可在水浴中加热煮沸后再观察，观察试管里是否出现沉淀并记录下沉淀出现的时间。在有沉淀的试管中各加 1 滴 5% 的硝酸。如沉淀

不溶解，则表明沉淀为卤化银，记录实验现象，写出各类卤代烃的反应活性顺序及反应方程式。

（2）烃基相同而卤原子不同的卤代烃与硝酸银乙醇溶液反应活性比较。

取 3 支干燥试管，各加入 5 滴 5%的硝酸银乙醇溶液，然后分别加入 2～3 滴 1-氯丁烷、1-溴丁烷、1-碘丁烷，按上述方法操作，观察和记录生成沉淀的颜色和时间，比较不同卤原子的反应活性次序，写出各反应方程式。

2. 卤代烃与稀碱溶液的反应。

（1）卤原子相同而烃基不同的卤代烃与稀碱的反应活性比较。

取 5 支干燥试管，然后分别加入 2～3 滴溴化苄、溴苯、1-溴丁烷、2-溴丁烷和 2-甲基-2-溴丙烷，再加入 1 mL 5%的 NaOH 溶液，振荡各试管。静置后小心取水层数滴，加入 5%的硝酸 2～3 滴酸化，然后加入 5 滴 5%的硝酸银溶液，观察有无沉淀析出，记录下出现沉淀的时间。若 10 min 后仍无沉淀析出，可在水浴中加热后再观察，观察试管里是否出现沉淀并记录下沉淀出现的时间。记录实验现象，写出各类卤代烃的反应活性顺序及反应方程式。

（2）烃基相同而卤原子不同的卤代烃与硝酸银乙醇溶液反应活性的比较。

取 3 支干燥试管，分别加入 2～3 滴 1-氯丁烷、1-溴丁烷、1-碘丁烷，再加入 1 mL 5%的 NaOH 溶液，振荡各试管。静置后小心取水层数滴，加入 5%的硝酸 2～3 滴酸化，然后加入 5 滴 5%的硝酸银溶液，观察有无沉淀析出，若 10 min 后仍无沉淀析出，可在水浴中加热后再观察。记录实验现象，写出各类卤代烃的反应活性顺序及反应方程式。

（五）思考题

1. 根据实验原理，说明从本实验中得到的卤代烃反应活性顺序。
2. 是否可以用硝酸银的水溶液代替硝酸银乙醇溶液进行反应？
3. 加入硝酸银乙醇溶液后，如生成沉淀，是否可以据此判断原试液中含有卤原子？

（六）环保提醒

1. 烯丙基氯和苄基氯都是毒性很强的有机化合物，要在通风橱内进行相关的反应。卤代烃作为良好的溶剂也是具有毒性的有机化合物，尽量少用。
2. 以上实验有机废物不能直接排放，应该回收到小口废液瓶中，进行统一处理。
3. 本实验产生的废液含有未反应完全的卤代烃、四氯化碳、乙醇、硝酸银等。对此类物质的废液中的可燃性物质，建议用焚烧法处理。对不易燃烧的物质及可燃性物质的低浓度废液，则用溶剂萃取法、吸附法处理。同时应妥善保管好焚烧残渣。

实验八　醇和酚的性质与鉴定

（一）实验目的

1. 熟悉醇和酚性质上的异同。
2. 学会醇和酚的鉴别方法。

（二）实验原理

醇和酚分子中都有羟基。醇和酚的主要性质体现在羟基上。醇羟基和酚羟基的性质不相同，因此，醇和酚的性质有很大的差异。

醇分子中的羟基氢具有一定的活性，可以和金属钠反应。

$$2ROH + 2Na \longrightarrow 2RONa + H_2 \uparrow$$

伯醇或仲醇能被重铬酸钾、高锰酸钾或铬酸等氧化剂氧化。叔醇在同样条件下不被氧化。如用重铬酸钾的硫酸溶液与伯醇、仲醇、叔醇作用，伯醇被氧化成羧酸，仲醇被氧化成醛，重铬酸钾被还原成 Cr^{3+}，溶液由橘红色转变成绿色；叔醇因不被氧化，溶液颜色不变。可以利用此性质鉴定叔醇。

$$\underset{\text{橘红色}}{RCH_2OH + Cr_2O_7^{2-} + 10H^+} \longrightarrow \underset{\text{绿色}}{RCOOH + 2Cr^{3+} + 6H_2O}$$

$$\underset{\text{橘红色}}{\underset{R}{\overset{R}{\diagdown}}CHOH + Cr_2O_7^{2-} + 12H^+} \longrightarrow \underset{\text{绿色}}{\underset{R}{\overset{R}{\diagdown}}C{=}O + 2Cr^{3+} + 7H_2O}$$

$$\underset{\text{橘红色}}{R_3C\text{-}OH + Cr_2O_7^{2-} + H^+} \xslashed{\longrightarrow} \text{不反应}$$

由于不同烃基对羟基的影响不同，因此，伯醇、仲醇和叔醇的性质也有很大的差异。伯醇、仲醇和叔醇与卢卡斯（Lucas）试剂（$ZnCl_2$ 的浓盐酸溶液）的反应具有不同的活性。

当醇与卢卡斯试剂反应时，由于反应在浓酸和极性介质中，主要按 S_N1 历程进行，叔醇立即反应，仲醇反应缓慢，而伯醇不起反应。对于 6 个碳以下的水溶性一元醇来说，由于生成的氯代烷不溶于卢卡斯试剂，呈油状物析出，因此常用于 6 个碳以下伯、仲、叔醇的鉴别。

酚的分子中，由于羟基中的氧原子与苯环形成 p-π 共轭，电子云向苯环偏移，溶于水后可以电离出氢离子，显弱酸性，但其 pKa 值为 10，不能使石蕊试纸变色。

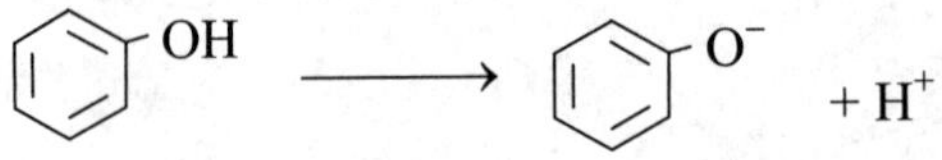

苯酚的酸性比碳酸弱（表5-2）。若将苯酚钠与碳酸钠溶液反应，可以析出苯酚。用这种方法可以分离苯酚。

表 5-2　三种弱酸的酸性强弱比较

弱酸	CH_3CH_2OH	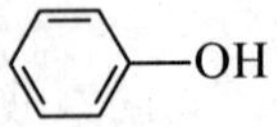 —OH	H_2CO_3
pKa	17	10	6.5

苯酚可以和 NaOH 反应，但不与 $NaHCO_3$ 反应。

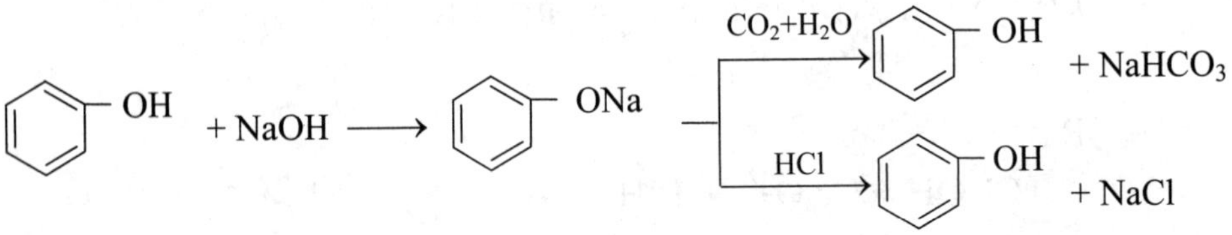

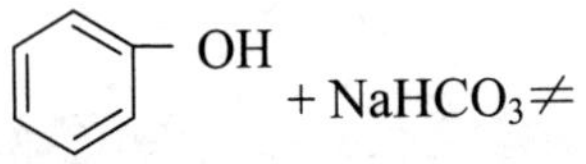

利用醇、酚与 NaOH 和 $NaHCO_3$ 反应性的不同，可鉴别和分离酚和醇。

苯酚与溴水在常温下可立即反应生成 2,4,6-三溴苯酚白色沉淀。反应很灵敏，很稀的苯酚溶液就能与溴水生成沉淀。故此反应可用作苯酚的鉴别和定量测定。

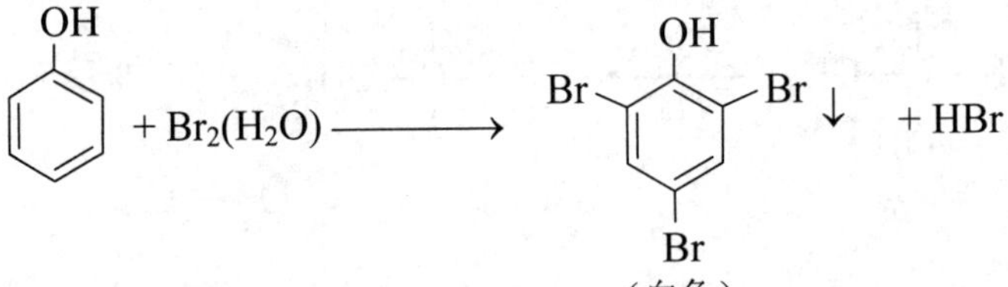

酚类可以与 $FeCl_3$ 溶液反应显色，用于鉴别酚类。苯酚可以用于制备酚酞。

$$6ArOH + FeCl_3 \longrightarrow [Fe(OAr)_6]^{3-} + 6H^+ + 3Cl^-$$
蓝紫色－棕红色

（三）仪器与药品

仪器：水浴锅、试管干燥器

药品：无机试剂：NaOH（质量分数为 5%）、饱和溴水、$K_2Cr_2O_7$（0.1 mol·L^{-1}）、$KMnO_4$（质量分数为 0.5%）、$NaHCO_3$（质量分数为 5%）、Na_2CO_3（质量分数为 5%）、HCl（质量分数为 5%）、H_2SO_4（质量分数为 5%）、$FeCl_3$（质量分数为 1%）

有机试剂：无水乙醇、正丁醇、仲丁醇、叔丁醇、苯酚、间苯二酚、水杨酸、对羟基苯甲酸、邻硝基苯酚

固体试剂：金属钠、卢卡斯试剂

其他：pH 试纸、酚酞、普通滤纸 20 mm×（30～40）mm

（四）实验内容

1．醇的性质。

（1）醇钠的生成和水解。

取 4 支干燥的大试管，各加入 10 滴无水乙醇、正丁醇、仲丁醇、叔丁醇。再加入 1 小粒绿豆大的切去表皮的金属钠，观察反应速度有何异同。

在第一支试管中加入 2 mL 水（若加水之前金属钠没有反应完毕，则应先将钠用镊子夹出并处理），再滴加 1 滴酚酞试剂，观察，是否变色。

（2）醇和水与金属钠反应的比较。

取 2 支干燥的试管，各加入 10 滴无水乙醇和水，再加入 1 小粒绿豆大的切去表皮的金属钠，观察反应现象有何异同。

（3）醇的氧化反应。

①在试管中加入 0.5%的 $KMnO_4$ 溶液 1 滴、稀硫酸 1 滴和乙醇 5 滴，振荡试管，并用小火加热，观察现象。

②取 4 支试管，分别滴加正丁醇、仲丁醇、叔丁醇、蒸馏水各 5 滴，然后各加入 5%的硫酸、0.1 $mol·L^{-1}$ 的 $K_2Cr_2O_7$ 溶液各 2～3 滴，必要时在酒精灯上适当加热，观察试管中的现象并解释。

（4）卢卡斯实验。

取 3 支干燥试管，分别加入正丁醇、仲丁醇和叔丁醇各 5 滴，然后各加入 10 滴卢卡斯试剂，用软木塞塞紧，振荡，必要时放在 50～60℃的水浴[1]中加热 3 min，观察发生的变化，记录混合液体变浑浊的时间和出现分层的时间，根据现象比较三者反应速度的快慢。

2．酚的性质。

（1）酚的溶解性和弱酸性。

将 0.2 g 苯酚放在试管中，加入 3 mL 水，振荡试管后观察是否溶解。用玻璃棒蘸 1 滴溶液，用广泛 pH 试纸测定其酸碱性。然后再加热试管，直到苯酚全部溶解。

将上述溶液分装在 3 支试管中，冷却后出现浑浊，在其中一支试管中加入 2～3 滴 5%的 NaOH 溶液，观察是否溶解。再滴加 5%的盐酸，观察有何变化。在另 2 支试管中分别滴加 5%的 $NaHCO_3$ 溶液和 5%的 Na_2CO_3 溶液少许，观察是否溶解[2]。若不溶解，适当加热，再看是否溶解。

（2）酚类与 $FeCl_3$ 溶液的显色反应。

在点滴板中分别加入苯酚、间苯二酚、水杨酸、对羟基苯甲酸、邻硝基苯酚溶液各 1 滴，再各加入 1 滴 $FeCl_3$ 溶液，观察并记录各井穴中所显示的颜色。

（3）与溴水的反应。

在试管中加入 2 滴苯酚饱和水溶液，再加 1 mL 蒸馏水稀释，逐滴加入饱和溴水，直到产生白色沉淀。写出反应方程式。

（4）酚的氧化反应。

在点滴板上滴加苯酚、10%的氢氧化钠各 1 滴，再滴加 0.5%的高锰酸钾溶液 1 滴，观察并解释发生的变化。

（五）注意事项

[1]因 3～6 个碳原子的醇的沸点较低，所以加热温度不能太高，以免挥发。

[2]苯酚可以溶于 NaOH 溶液和 Na_2CO_3 溶液。Na_2CO_3 溶液水解成碱性，与苯酚反应生成酚钠。

$$Na_2CO_3 + H_2O \longrightarrow NaOH + NaHCO_3$$

$$\text{（苯酚）} - OH + NaOH \longrightarrow \text{（苯酚钠）} - ONa + H_2O$$

但是苯酚的酸性较弱，不与 $NaHCO_3$ 溶液作用。

（六）思考题

1. 醇和酚都含有羟基，为什么具有不同的化学性质？
2. 如何鉴别醇和酚？
3. 举例说明具有什么结构的化合物能与 $FeCl_3$ 溶液发生显色反应？
4. 为什么苯酚比苯和甲苯容易发生溴代反应？

（七）环保提醒

1. 金属钠遇水反应十分剧烈，容易发生危险，所以金属钠的用量要尽量少。另外，试管中如有未反应完的残余钠，绝不能加水。可以用镊子将其取出放入酒精中分解，千万不能丢弃在水中。苯酚有毒并有腐蚀性，如不慎沾及皮肤应先用水冲洗，再用酒精擦洗。直到灼伤部位白色消失，然后涂上甘油。

2. 实验室含酚废液的处理：本实验的废液中含有大量酚类物质。酚属剧毒类细胞原浆毒物。处理方法：低浓度的含酚废液可加入次氯酸钠或漂白粉煮一下，使酚分解为二氧化碳和水。如果是高浓度的含酚废液，可通过醋酸丁酯萃取，再加少量的 NaOH 溶液反萃取，经调节 pH 值后进行蒸馏回收。处理后的废液方可排放。

3. 本实验产生的废液中还含有未反应完全的醇类以及锌盐。建议对此类物质的废液中的可燃性物质用焚烧法处理，并保管好焚烧残渣。

实验九 醛和酮的性质与鉴定

（一）实验目的

1. 加深对醛和酮的化学性质的认识。
2. 掌握醛和酮的鉴定方法。

（二）实验原理

醛和酮都是分子中含有羰基官能团的有机化合物，二者有很多相似的化学性质。例如，醛和酮的羰基都很容易发生加成反应。醛和酮与饱和亚硫酸氢钠溶液发生加成反应，加成的产物α-羟基磺酸钠以结晶的形式析出：

$$\alpha\text{-羟基磺酸钠}$$

α-羟基磺酸钠与稀酸或稀碱共热时又分解为原来的醛或酮，利用这一性质，可以鉴别、分离和提纯醛或者甲基酮。

醛和酮与氨的衍生物如 2,4-二硝基苯肼的反应，可以作为醛酮衍生物的一种制备方法或定量测定羰基的方法。例如，醛或酮与 2,4-二硝基苯肼缩合生成有固定熔点的黄色或橙色沉淀。

2,4-二硝基苯肼　　　　　　　　　　2,4-二硝基苯腙（黄）

反应现象明显，产物 2,4-二硝基苯腙为黄色或橙色沉淀，此反应常用来分离、提纯和鉴别醛、酮。

2,4-二硝基苯肼与醛、酮加成反应的现象非常明显，故常用来检验羰基，称为羰基试剂。

碘仿反应是鉴别甲基酮的简便方法。凡是具有 $CH_3\overset{O}{\overset{\|}{C}}-H(R)$ 的结构或其他容易被次碘酸氧化成为这种结构的醇类如 CH_3COOH，都能与次碘酸钠作用生成黄色的碘仿沉淀。

$$(H)R-\overset{O}{\overset{\|}{C}}-CH_3 + NaOH + I_2 \xrightarrow{} (H)R-\overset{O}{\overset{\|}{C}}-CI_3 \longrightarrow CHI_3\downarrow + (H)RCOONa$$
$$\quad\quad\quad\quad\quad\quad NaOI \quad\quad\quad\quad\quad\quad\quad\quad\quad\quad\quad\quad\quad 碘仿$$

利用碘仿反应可以鉴别甲基醛、酮和能被氧化成甲基醛酮的醇类。

醛和酮的结构不同，性质也有差异。醛基上的氢原子非常活泼，容易发生氧化反应。较弱的氧化剂如托伦（Tollens）试剂和斐林（Fehling）试剂也能将醛氧化成羧酸。

与托伦试剂作用：

$$RCHO + 2[Ag(NH_3)_2] + 2OH^- \longrightarrow 2Ag\downarrow + RCOONH_4 + NH_3 + H_2O$$

析出的银吸附在洁净的玻璃器壁上，形成银镜。因此，这一反应又称为银镜反应。酮不能被托伦试剂氧化，可以利用这一反应区别醛和酮。

与斐林试剂作用：

$$RCHO + 2Cu(OH)_2 + NaOH \xrightarrow{\triangle} RCOONa + Cu_2O\downarrow + 3H_2O$$

一般的醛被氧化后，被还原成砖红色的 Cu_2O 沉淀，甲醛的还原性较强，可以还原为单质铜，形成铜镜，故称为铜镜反应。

酮和芳香醛不能被斐林试剂氧化，可以利用此反应鉴别醛和芳香醛、醛和酮。

（三）仪器和药品

仪器：水浴锅、试管干燥器

药品：无机试剂：NaOH（质量分数为 10%）、氨水（质量分数为 2%）、$NaHSO_3$（饱和）、$AgNO_3$（质量分数为 2%）、碘－碘化钾溶液

有机试剂：正丁醛、苯甲醛、丙酮、苯乙酮、甲醛、乙醛、无水乙醇、正丁醇、异丙醇、2,4-二硝基苯肼、95%乙醇、斐林溶液 I、斐林溶液 II、碘-碘化钾溶液

其他：普通滤纸 20 mm×（30～40）mm

（四）实验内容

1. 加成反应。

（1）与饱和 $NaHSO_3$ 加成。

取 4 支干燥试管，各加入 1 mL 新配制的饱和 $NaHSO_3$ 溶液，然后分别滴加 6～8 滴正丁醛、苯甲醛、丙酮、苯乙酮，用力振荡，使混合均匀，将试管置于冰水浴中冷却，观察有无沉淀析出[1]，记录沉淀析出所需的时间。

（2）与 2,4-二硝基苯肼的加成。

取 4 支干燥试管，各加入 1 mL 2,4-二硝基苯肼，并分别加入 2～3 滴甲醛、乙醛、丙酮、苯甲醛，用力振荡，使混合均匀，观察有无沉淀析出。若没有沉淀析出，静置数分钟后观察，或微热数秒后观察。

2. α-氢原子的反应：碘仿反应。

取 5 支干燥试管，各加入 10 滴碘-碘化钾溶液，并分别加入 4 滴乙醛，丙酮，乙醇，正丁醇、苯乙酮，然后一边滴加 10%的 NaOH 溶液，一边振荡试管，直到碘的颜色接近消失，反应溶液呈微黄色为止。观察有无黄色沉淀。必要时微微加热数分钟，冷却后再观察各试管所得的结果。

3. 与弱氧化剂反应。

（1）与托伦试剂反应：银镜反应。

在洁净试管中，加入 2 mL 2%的 $AgNO_3$ 溶液，加入 10%的 NaOH 溶液 1 滴，观察有无沉淀产生。然后逐滴加入 2%的氨水，一边振荡试管，直到生成的棕色 Ag_2O 沉淀刚好溶解为止。此即托伦试剂[2]。

将此溶液平均分到 4 支试管中，分别加入 3～4 滴甲醛、乙醛、苯甲醛、丙酮，摇匀，在 40～50℃的水浴中加热，若有银镜生成，则为醛类化合物。

（2）与斐林试剂反应。

将斐林溶液 I 和斐林溶液 II 各 2 mL 加入大试管中，混合均匀，然后平均分装到 4 支小试管中，分别加入 8～10 滴甲醛、乙醛、苯甲醛、丙酮，混合均匀，振荡，置于沸水浴中，加热 3～5 min，注意观察有无红色沉淀析出。甲醛反应有无不同现象产生。

4. 设计性实验。

现有 6 瓶无标签的试剂，其中有甲醇、乙醇、甲醛、乙醛、丙酮、苯甲醛。试设计一个合适的实验方案加以鉴别。

要求：设计合理的实验方案并将鉴定结果报告实验指导老师。

（五）注意事项

[1]醛和脂肪族甲基酮以及低级环酮都会在 15 min 内生成加成产物。若无晶体析出，可用玻璃棒上下摩擦试管内壁。

[2]配制银氨溶液时，切忌加入过量的氨水，否则会生成雷酸银（$AgON\equiv C$），受热后会引起爆炸，也会使试剂本身失去灵敏性。托伦试剂久置后会析出具有爆炸性的黑色氮化银（Ag_3N）沉淀，因此，需在实验前配制，不可贮存备用。实验结束后，用稀硝酸加热煮沸洗去银镜，以免久置后产生雷酸银。

（六）思考题

1. 醛和酮与亚硫酸氢钠溶液的反应中，为什么一定要用饱和亚硫酸氢钠溶液？并且是新配制的？
2. 什么结构的化合物能发生碘仿反应？鉴定时为什么不用溴仿和氯仿反应？
3. 银镜反应为何要使用干净的试管？怎样洗涤试管才能达到要求？
4. 如何鉴别下列化合物：环己烷、环己烯、苯甲醛、丙酮、正丁醛、异丙醇？

（七）环保提醒

1. 低级醛酮具有刺激性气味，实验应在通风橱中进行。
2. 甲醛具有强烈的致癌和促癌作用。大量文献记载，甲醛对人体健康的影响主要表现在嗅觉异常、刺激、过敏、肺功能异常、肝功能异常和免疫功能异常等方面。其质量浓度在空气中达到 $0.06\sim0.07$ mg·m^{-3} 时，儿童就会发生轻微气喘。《污水综合排放标准》（GB 8978—1996）：一级为 1.0 mg·L^{-1}、二级为 2.0 mg·L^{-1}、三级为 5.0 mg·L^{-1}。对于低浓度的甲醛废水可以采用生物法处理，如塔式生物滤池、高负荷生物滤池、生物转盘、吸附再生活性污泥曝气池、完全混合式活性污泥曝气池、生物接触氧化法以及其他工艺方法。
3. 2,4-二硝基苯肼对眼睛和皮肤有刺激性。对皮肤有致敏性。本品吸收进入体内后，可引起高铁血红蛋白症，出现紫绀。操作时不要触及皮肤，若不慎触及，应先用稀乙酸溶液洗两次，再用水冲洗。
4. 实验过程中产生的废液要倒入废液缸中，不能倒入水槽里，以免造成空气和水体污染。
5. 本实验的废液中含有大量的醛酮类物质。对此类物质废液中的可燃性物质，建议用焚烧法处理。对可燃性物质的低浓度废液，则用溶剂萃取法、吸附法、沉淀法及氧化分解法处理。

实验十　羧酸、取代羧酸和羧酸衍生物的性质

（一）实验目的

1．熟悉羧酸及其衍生物的性质，掌握羧酸及其衍生物的特征反应和鉴别方法。
2．熟悉取代羧酸的性质，掌握酮式-烯醇式互变异构现象。

（二）实验原理

羧酸是分子中含有羧基官能团（—COOH）的有机化合物，具有酸性。可以与 NaOH 和碳酸氢钠作用可生成水溶性的羧酸盐。所以羧酸既可以与碳酸钠反应，又可以和碳酸氢钠反应，可以此来鉴别羧酸。某些酚类，特别是芳环上有强吸电子基的酚类具有与羧酸相似的酸性，可以用与 $FeCl_3$ 的显色反应加以区别。

羧酸中除甲酸和少数二元酸（如乙二酸等）外其他均为弱酸。

甲酸（HCOOH）分子中的羧基与一个氢原子相连，以此可以看作甲酸分子中含有醛基；乙二酸是两个羧基相连，因此结构特殊。甲酸能还原托伦试剂和斐林试剂，这也是甲酸的鉴定反应。草酸可以被 $KMnO_4$ 定量氧化，常用作 $KMnO_4$ 的定量分析。

$$HCOOH \xrightarrow{Ag(NH_3)_2OH} H_2O + CO_2 + Ag\downarrow$$
甲酸

羧酸能发生脱羧反应，但各种羧酸的脱羧条件有所不同，例如草酸与丙二酸加热易脱羧，放出 CO_2；二元羧酸加热时进行热分解反应，无水草酸在加热时先脱羧生成甲酸，后者继续分解，生成一氧化碳和水。

$$HOOCCOH \xrightarrow{166\sim180℃} HCOOH + CO_2$$
草酸　　　　　　　　　　　甲酸

$$HCOOH \longrightarrow CO + H_2O$$

$$HOOCCH_2COOH \xrightarrow{140\sim160℃} CH_3COOH + CO_2$$
丙二酸　　　　　　　　　　　乙酸

羧酸与醇可发生酯化反应，酯多具水果香味；

$$CH_3COOH + HOC_2H_5 \xrightarrow{浓硫酸} CH_3COOC_2H_5 + H_2O$$

羧酸衍生物能够发生亲核取代反应和还原反应。

取代羧酸中重要的有羟基酸和酮酸。羟基酸中的羟基比醇分子中的羟基更易被氧化。例如，乳酸能被托伦试剂氧化成丙酮酸；在碱性高锰酸钾溶液中，则因 $KMnO_4$ 被乳酸还原而使紫色褪色。

$$CH_3-\underset{\underset{OH}{|}}{CH}-COOH \xrightarrow{KMnO_4/H^+} CH_3-\underset{\underset{O}{||}}{C}-COOH$$
　　　　　乳酸　　　　　　　　　　　　　　　丙酮酸

乙酰乙酸乙酯是酮型和烯醇型两种互变异构体的平衡混合物，这两种异构体借分子中氢原子的移位而互相转变，所以它既具有酮的性质，如可与2,4-二硝基苯肼反应生成2,4-二硝基苯腙；又具有烯醇的性质，如能使溴水褪色并能与$FeCl_3$溶液作用呈紫色。

具有顺反异构体的不饱和脂肪酸在一定条件下可以发生转型。一般来说，反型异构体比顺型异构体稳定，故由顺型到反型的转变较易发生。例如油酸（顺-9-十八碳烯酸）较易转变成反油酸（反-9-十八碳烯酸）。

（三）仪器和试剂

仪器：试管、180 mm 大试管、铁夹、带软木塞的导管、100 mL 和 250 mL 烧杯、玻璃棒

试剂：无机试剂：H_2SO_4 溶液（3 mol·L^{-1}、浓）、HNO_3（浓）、NaOH 溶液（6 mol·L^{-1}）、$KMnO_4$ 溶液（0.1 mol·L^{-1}）、$AgNO_3$ 溶液（0.01 mol·L^{-1}）、托伦试剂、$FeCl_3$ 溶液（0.6 mol·L^{-1}）、Na_2CO_3（饱和）、饱和溴水

有机试剂：甲酸溶液（1 mol·L^{-1}）、草酸溶液（1 mol·L^{-1}）、乙酸溶液（1 mol·L^{-1}）、冰醋酸、油酸、乳酸、乙酰乙酸乙酯（质量分数为 10%）、丙酮、乙醛、苯甲醛、甲醛、乙酸酐、乙酰氯、乙酰胺、无水乙醇、异戊醇、2,4-硝基苯肼溶液、斐林试剂、乙酸乙酯

固体试剂：铜丝（$\Phi 0.5\sim1$ mm）、固体草酸

其他：pH 试纸

（四）实验内容

1．甲酸的还原性。

取 2 支洁净的试管，各加入 1 mL 托伦试剂，然后分别加入 2～4 滴丙酮和 1 mol·L^{-1} 的甲酸溶液，摇匀，若无变化，可放入温水浴（约 40℃）中稍微温热几分钟，观察实验现象[1]。

2．羧酸的酸性比较。

用干净细玻璃棒分别蘸取 1.0 mol·L^{-1} 的甲酸、1.0 mol·L^{-1} 的乙酸和 1.0 mol·L^{-1} 的草酸于 pH 试纸上，观察颜色变化并比较 pH 值大小。

3．草酸脱羧反应。

取 0.5 g 固体草酸放入带有导管的干燥大试管中，将试管用烧瓶夹固定在铁架台上，管口略向上倾斜[2]，装置见图 5-1。将导管插入盛有 1 mL 澄清石灰水的试管中，然后将草酸加热。注意观察石灰水中有何变化。停止加热时，应先移去盛有石灰水的试管，然后移去火源。

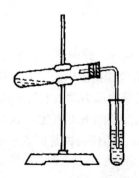

图 5-1 草酸脱羧实验装置

4．羧酸衍生物的水解反应。

（1）酰氯与水的作用。

向盛有 1 mL 蒸馏水的试管中加 2 滴乙酰氯，略微摇动。乙酰氯与水剧烈作用，并放出热。让试管冷却，加入 1~2 滴 0.01 mol·L^{-1} 的 AgNO$_3$ 溶液，观察有什么变化。

（2）酸酐与水的作用。

向盛有 1 mL 蒸馏水的试管里加 3 滴乙酸酐。乙酸酐不溶于水，呈珠粒状沉于管底。把试管略微加热，乙酸酐与水作用，可以嗅到醋酸的气味。

（3）酯的水解。

向 3 支试管里各加 10 滴 10%的乙酸乙酯和 1 mL 水，然后在一个试管中加 10 滴 3 mol·L^{-1} 的 H$_2$SO$_4$ 溶液和 10 滴水。在另一个试管中加 10 滴 6 mol·L^{-1} 的 NaOH 溶液和 10 滴水。把 3 支试管同时放入 70~80℃的水浴中，一边摇动，一边观察，比较 3 支试管中酯层消失的速率。

（4）酰胺的水解。

①碱性水解：在试管中加入 0.3 g 乙酰胺和 6 mol·L^{-1} 的 NaOH 溶液 1 mL，煮沸，嗅一嗅有没有氨的气味，说明原因。

② 酸性水解：在试管中加入 0.3 g 乙酰胺和 3 mol·L^{-1} 的 H$_2$SO$_4$ 溶液 1 mL，煮沸，嗅一嗅有没有醋酸的气味，说明原因。

5．羧酸及其衍生物与醇的反应。

（1）羧酸与醇的酯化反应。

取 1 支干燥试管，加入 10 滴异戊醇和 10 滴冰醋酸，混合均匀后再加入 5 滴浓硫酸，振荡试管，并置于 60~70℃水浴中加热 10~15 min。然后取出试管，放入冷水中冷却，并向试管中加 2 mL 水，注意观察酯层漂起，并有梨香气味逸出。

（2）羧酸衍生物与醇的反应。

① 酰氯与醇的作用：在试管中加 5 滴无水乙醇，一边摇动一边慢慢地滴加 5 滴乙酰氯[3]；待试管冷却后，慢慢地加入 1 mL 饱和 Na$_2$CO$_3$ 溶液，同时轻微地振荡。静置后，试管中液体分为两层，分析上下层各是什么物质，并能嗅到乙酸乙酯的香味。

② 酐与醇的作用：在试管中加入 10 滴无水乙醇和 5 滴乙酸酐，混合后加 1 滴浓硫酸，振荡。这时反应混合物逐渐发热，以至沸腾。待冷却，慢慢地加入 1 mL 饱和 Na$_2$CO$_3$ 溶液，同时轻微地振荡，试管中的液体分为两层，分析上下层各是什么物质，并能嗅到乙酸乙酯的香味。

6．油酸的转型反应[4]。

取 1 mL 油酸与卷成螺旋状的铜丝（或铜屑）放在试管中，加 10 滴浓硝酸，用软木塞塞住管口，小心振荡，使硝酸与铜丝作用放出的氮氧化物被油酸吸收。此时试管中液体发热，应不时地将塞子打开，以免试管内压力增大发生危险。几分钟后，等不再产生气泡时，塞紧塞子，并将试管放在试管架上。约 1 h 后观察，在蓝色的酸液层上面，原为液态的油酸已变成固态或呈黏稠状的反油酸，即使将试管倒置也不会流出。

7．取代羧酸的性质。

（1）取代酸的氧化反应。

取 1 支试管加入 0.1 mol·L^{-1} 的 KMnO$_4$ 溶液 10 滴和 6 mol·L^{-1} 的 NaOH 溶液 2 滴，混

匀后再加入 10 滴乳酸，振荡，观察现象。

（2）乙酰乙酸乙酯的酮型-烯醇型互变异构。

取 1 支试管加入 10 滴 10%的乙酰乙酸乙酯溶液和 1～2 滴 2,4-二硝基苯肼，观察有什么现象发生。另取 1 支试管加入 10 滴 10%的乙酰乙酸乙酯溶液及 0.6 mol·L^{-1} 的 FeCl$_3$ 溶液 1 滴，注意溶液是否显色，向此溶液中加入溴水数滴，观察颜色是否消退。放置片刻后，颜色是否又出现。试阐述以上各种现象分别说明什么问题。

8．鉴别未知物。

现有 A、B、C、D、E、F 6 瓶试液，分别为甲醛、乙醛、丙酮、异丙醇、苯甲醛及乙酰乙酸乙酯中的一种，试通过简易实验方法分别确定。

（五）注意事项

[1]若试管不够洁净，则不能生成银镜，仅出现黑色絮状沉淀。

[2]草酸常含 2 分子结晶水，加热至 100℃时释放出结晶水，继续加热则发生脱羧反应，加热到 150℃时则开始升华。为避免升华的草酸在试管口凝结而不发生热分解，因此将试管口向上倾斜放置。

[3]乙酰氯与醇反应十分剧烈，并有爆破声，因此滴加时必须小心，以免液体从试管口冲出。

[4]油酸（顺-9-十八碳烯酸）的熔点为 14℃，常温下为液体，反油酸（反-9-十八碳烯酸）的熔点为 51℃，常温下为固体。

H-C-(CH$_2$)$_7$CH$_3$
‖
H-C-(CH$_2$)$_7$COOH
油酸（顺型）

CH$_3$(CH$_2$)$_7$ -C-H
‖
H-C-(CH$_2$)$_7$COOH
反油酸（反型）

铜与浓硝酸反应生成的氮氧化物可起催化作用。

（六）思考题

1．为什么酯化反应要加浓硫酸？为什么碱性介质能加速酯的水解反应？

2．为什么当乙酰氯、乙酐、冰醋酸与醇反应后，要加饱和碳酸钠溶液才能使反应混合物分层？

3．怎样鉴别下列各组化合物：

①乙酰乙酸乙酯、邻-羧基苯甲酸；

②甲酸、乙酸、草酸。

（七）环保提醒

1．乙酰氯又称氯乙酰，是一种能在空气中产生烟雾的无色易燃液体，有强烈刺激性气味。乙酰氯对眼睛、鼻、上呼吸道有刺激性，吸入后会引起咳嗽、胸痛。口服会引起口腔及消化道的灼伤。乙酰胺对眼睛、皮肤、黏膜和上呼吸道有刺激作用。动物实验有致癌作用。

2．由于本实验所使用的试剂大部分为有毒有害试剂，所以实验过程中产生的废液要倒入废液缸中，不能倒入水槽里，以免造成空气和水体污染。

本实验产生的废液包括硫酸、氢氧化钠、碳酸钠、氢氧化钙、高锰酸钾等无机物质，还有醇类、羧酸类、酯类、酰胺等有机物质。建议采用如下方法处理：首先，按无机类废液的处理方法，将其分别加以中和。若有机类物质浓度大时，即能分离出有机层和水层时，将有机层焚烧，对水层或浓度低的废液，则用吸附法、溶剂萃取法或氧化分解法进行处理。此类有机物废液可以采用燃烧法处理，由此产生的有毒气体等必须采取吸附等措施除去。

3．本实验中试剂用量应以少量为宜，大量使用则会造成试剂浪费和环境污染。

实验十一　胺类化合物的性质与鉴定

（一）实验目的

1．熟悉胺类化合物的主要化学性质。
2．掌握胺类化合物的鉴别方法。

（二）实验原理

胺中氮原子上有一对孤电子，易与质子结合而具有碱性。其碱性强弱是由诱导效应、空间效应及溶剂化效应等多种因素共同决定的。芳香胺和含 6 个碳以上的脂肪胺一般难溶于水或在水中的溶解度很小，但与无机酸反应后生成可溶于水的铵盐。由于铵盐是弱碱形成的盐，遇强碱即游离出原来的胺，因此常用这一性质对胺类物质进行分离提纯。

Hinsberg 反应是胺与苯磺酰氯发生的磺酰化反应，该反应在碱性条件下进行。①伯胺反应生成的磺酰胺氮上有一个氢，受磺酰基影响，具有弱酸性，可溶于碱成盐；遇酸又沉淀。②仲胺反应生成的磺酰胺氮上无氢，不溶于碱。③叔胺的氮原子上没有氢，故不发生 Hinsberg 反应。

利用 Hinsberg 反应可区别伯胺、仲胺和叔胺。

伯胺反应：

$$R{-}NH_2 + CH_3{-}\langle\bigcirc\rangle{-}SO_2Cl \xrightarrow[H_2O]{NaOH} CH_3{-}\langle\bigcirc\rangle{-}SO_2NH{-}R\downarrow$$

$$\xrightarrow{NaOH} CH_3{-}\langle\bigcirc\rangle{-}SO_2\overset{Na}{N}{-}R（溶解）\xrightarrow{HCl} CH_3{-}\langle\bigcirc\rangle{-}SO_2NH{-}R\downarrow$$

仲胺反应：

$$\overset{R}{\underset{R}{\big\rangle}}NH + CH_3{-}\langle\bigcirc\rangle{-}SO_2Cl \xrightarrow[H_2O]{NaOH} CH_3{-}\langle\bigcirc\rangle{-}SO_2N\overset{R}{\underset{R}{\big\langle}}\quad\downarrow$$

不溶于酸，不溶于碱

伯胺、仲胺也可与其他酰化剂发生酰化反应。

胺可与亚硝酸反应，不同的胺与亚硝酸反应所生成的产物不同。

（1）脂肪伯胺与亚硝酸反应形成脂肪族重氮盐，该重氮盐非常不稳定，分解放出醇和氮气；

$$RNH_2 + HNO_2 \longrightarrow ROH + N_2\uparrow + H_2O$$

　　　伯胺　　　　　　　　　　　　　醇

芳香伯胺与亚硝酸在低温下生成稳定的芳香重氮盐。

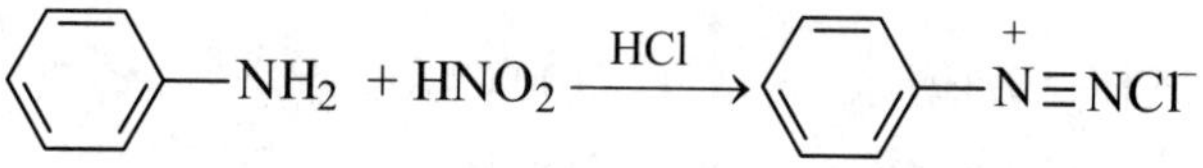

苯胺　　　　　　　　　　　　　重氮苯盐酸盐

　　芳香重氮盐能与活泼的芳香化合物发生偶联反应，如重氮苯盐与β-萘酚反应得到橙色沉淀，利用这一现象能鉴别芳香伯胺。

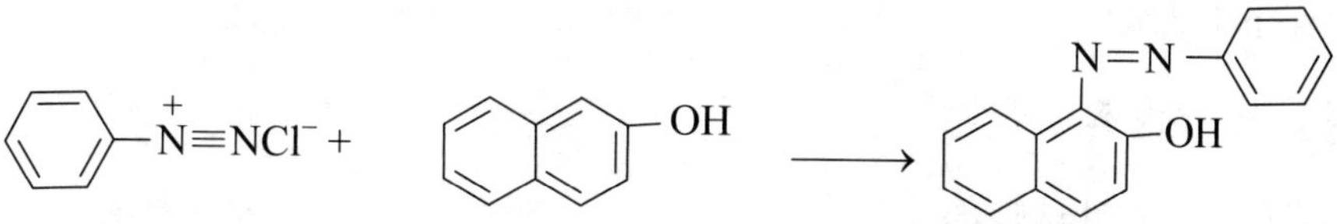

重氮苯盐酸盐　　　　β-萘酚　　　　　　　　橙红色染料

　　（2）脂肪仲胺和芳香仲胺与亚硝酸反应均能生成稳定的 N-亚硝基化合物。N-亚硝基化合物一般为黄色油状物，利用这一反应现象可以鉴别仲胺。

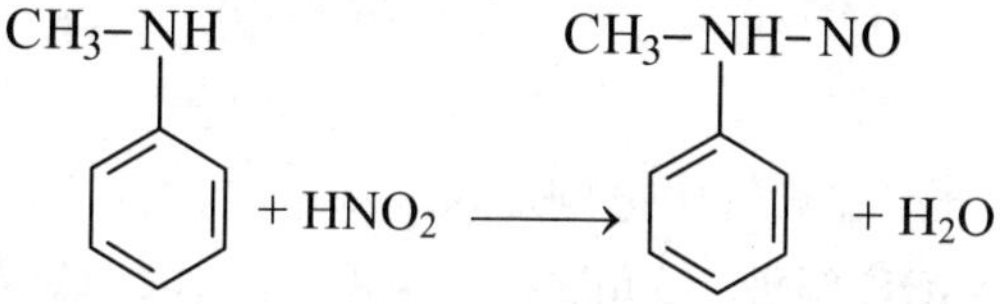

N-甲基苯胺（仲胺）　　　N-亚硝基-N-甲苯（黄色）

　　（3）脂肪叔胺氮上没有氢，氮上不发生亚硝化作用；芳香叔胺可在环上发生亲电取代反应生成对位或邻位芳香亚硝基化合物，对位亚硝基芳香化合物一般具有颜色，借此可鉴别芳香叔胺。

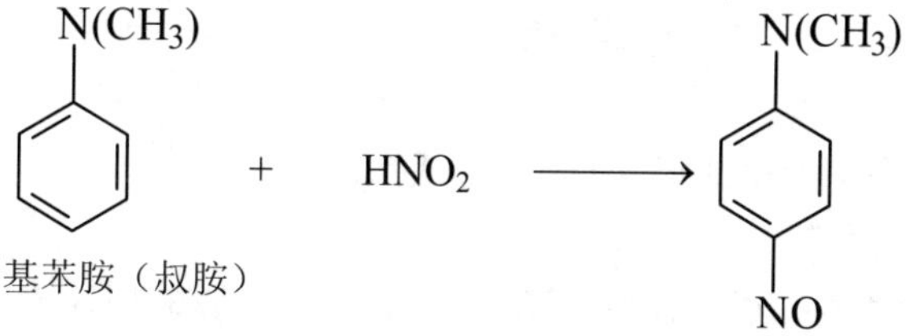

N,N-甲基苯胺（叔胺）　　　　　对亚硝基-N,N-二甲基苯胺（绿色晶体）

　　胺很容易氧化，特别是芳香胺，大多数氧化剂都能使胺氧化成焦油状复杂物质。用过氧化氢氧化脂肪族伯胺可生成肟；氧化脂肪族仲胺生成羟胺；氧化叔胺生成氧化胺。芳香胺也能被氧化成芳香族的羟胺、亚硝基化合物、氧化胺。

　　尿素简称脲（urea），是碳酸的二元酰胺，有弱碱性。固体尿素加热至熔点以上（140℃左右）时，两分子尿素失去一分子氨生成缩二脲。

$$2H_2N\text{-}\overset{\displaystyle O}{\overset{\|}{C}}\text{-}NH_2 \xrightarrow{\triangle} H_2N\text{-}\overset{\displaystyle O}{\overset{\|}{C}}\text{-}NH\text{-}\overset{\displaystyle O}{\overset{\|}{C}}\text{-}NH_2 + NH_3$$

尿素　　　　　　　　　　缩二脲

在缩二脲的碱性溶液中，滴加硫酸铜溶液则生成紫色物质，这一颜色反应即为缩二脲反应。分子中含有两个或两个以上酰胺键的化合物，均能发生缩二脲反应。

（三）仪器和药品

仪器：试管、烧杯、玻璃棒、酒精灯、100℃温度计

药品：无机试剂：HCl（6 mol·L^{-1}、浓）、NaOH（2.5 mol·L^{-1}）、NaNO$_2$ 溶液（2 mol·L^{-1}）、CuSO$_4$（0.05 mol·L^{-1}）、KMnO$_4$ 溶液（0.05 mol·L^{-1}）、饱和溴水

有机试剂：甲胺、二甲胺、苯胺、苄胺、N-甲基苯胺、N,N-二甲基苯胺、苯磺酰氯、β-萘酚固体、乙酸酐、尿素

其他：pH 试纸

（四）实验内容

1. 溶解度与碱性试验。

取 4 支试管，分别加入甲胺、二甲胺、苄胺和苯胺各 3 滴，再分别加入 1 mL 水，振荡后观察溶解情况。若不溶可稍加热，再观察溶解情况。若仍不溶，可逐滴加入浓盐酸[1]使其溶解，再逐滴加入 2.5 mol·L^{-1} 的 NaOH 溶液，观察现象。

2. 胺的酰化反应。

（1）Hinsberg 反应。

取 3 支试管，配好塞子，在试管中分别加入 5 滴苯胺、N-甲基苯胺、N,N-二甲基苯胺，再各加入 2.5 mol·L^{-1} 的 NaOH 溶液 1.5 mL 和 5 滴苯磺酰氯，塞好塞子，用力振摇 3～5 min 用手触摸试管底部，看哪支试管发热，试说明原因。取下塞子，在水浴中温热至苯磺酰氯气味消失[2]。冷却后用 pH 试纸检验 3 支试管内溶液是否呈碱性，若不为碱性，加 2.5 mol·L^{-1} 的 NaOH 调至碱性。观察苯胺、N-甲基苯胺和 N,N-二甲基苯胺各有什么现象。

①有沉淀析出，用水稀释并摇振后沉淀不溶解，试判断是哪一类胺。

②最初不析出沉淀或经稀释后沉淀溶解，小心加入 6 mL 盐酸至溶液呈酸性。此时若生成沉淀，试判断是哪一类胺。

③实验时无反应发生，溶液仍有油状物，试判断是哪一类胺。

（2）乙酰化反应。

取 3 支试管，分别加入苯胺、N-甲基苯胺、N,N-二甲基苯胺各 5 滴，再分别加入 5 滴乙酸酐。充分振摇后置沸水浴中加热 2 min，放冷后加入 10 滴 2.5 mol·L^{-1} 的 NaOH 溶液调至碱性。观察结果，反应现象说明了什么问题？

3. 胺与亚硝酸反应[3]。

（1）脂肪胺与亚硝酸反应。

取 2 支试管，分别加入 5 滴甲胺和二甲胺，然后加浓盐酸调至 pH=5，置冰浴中冷却至 0℃，再分别加入 2 mol·L^{-1} 的 NaNO$_2$ 溶液 10 滴，振摇后观察试管内溶液变化情况。实验现象说明了什么问题？

（2）芳香胺与亚硝酸反应。

取 3 支试管，分别加入苯胺、N-甲基苯胺、N,N-二甲基苯胺各 5 滴，再分别加入蒸馏水及浓盐酸各 5 滴，在冰浴上冷却至 0℃。逐滴加入 5 滴 2 $mol·L^{-1}$ 的 $NaNO_2$ 溶液，并随时振摇，放置数分钟，于生成黄色物质的试管中各加入 2.5 $mol·L^{-1}$ 的 NaOH 溶液 5 滴至碱性。观察有何现象发生，说明什么问题？

（3）重氮化和偶联反应[4]。

取 3 支试管，第一支加入 5 滴苯胺、1 mL 蒸馏水、5 滴浓盐酸；第二支加入 2 $mol·L^{-1}$ 的 $NaNO_2$ 溶液 1 mL；第三支加入 β-萘酚固体 0.1 g，并加入 2.5 $mol·L^{-1}$ 的 NaOH 溶液 2 mL，摇匀。在冰浴中将 3 支试管内溶液冷却至 0℃。将第二支试管中的 $NaNO_2$ 溶液吸出 5～6 滴加入第一支试管中，并随时振摇，再将冷却后的第三支试管中的 β-萘酚钠盐溶液加入其中，观察是否有橙色沉淀产生。

4．氧化反应[5]。

取 1 支试管加入 3 滴苯胺、1 滴 2.5 $mol·L^{-1}$ 的 NaOH 溶液和 3 滴 0.05 $mol·L^{-1}$ 的 $KMnO_4$ 溶液，振荡，观察是否有颜色变化。若没有反应现象，在热水浴上温热 2～3 min 再进行观察。

5．苯胺的溴代反应。

取 1 支试管加入 2 滴苯胺和 5 滴蒸馏水混匀，再逐滴加入 3 滴饱和溴水，观察试管中反应现象。这个实验的现象说明了什么？

6．缩二脲反应。

取 1 支干燥试管，加入约 0.5 g 尿素。在酒精灯上加热熔化，观察是否有气体放出，在试管口贴一小块湿润 pH 试纸检验其酸碱性。继续加热至试管内物质凝固，待冷却后加入 4～5 滴蒸馏水，振荡，使固体尽可能溶解。将上层液吸入另一试管中，加入 4～5 滴 2.5 $mol·L^{-1}$ 的 NaOH 溶液及 1～2 滴 0.05 $mol·L^{-1}$ 的 $CuSO_4$ 溶液。观察颜色有何变化。

7．未知物的鉴别。

有 4 瓶无标签试剂，已知其中有苯胺、苯甲胺、N-甲基苯胺、N,N-二甲基苯胺。试设计一种可行方案将四种胺鉴别出来。

（五）注意事项

[1]注意加盐酸时需冷却并不断振摇，否则开始析出油状物，冷却后凝结成固体。

[2]苯磺酰氯水解不完全时与叔胺混在一起沉于试管底部。酸化时，叔胺虽已溶解，但苯磺酰氯仍以油状物存在，故往往会得出错误结论。因此，在酸化之前，应在水浴上加热，使苯磺酰氯水解完全。判断水解是否完全的方法如下：在 70℃左右的温水浴中叔胺全部浮于溶液上层，下部没有油状物则水解完全；取另一试管不加叔胺，做空白对照。

[3]亚硝酸不稳定。常用亚硝酸钠与盐酸或硫酸反应得到。亚硝酸钠与盐酸之比为 1∶2.5，其中 1 mol 盐酸与亚硝酸钠反应，1 mol 盐酸在反应中消耗，0.5 mol 盐酸维持重氮盐保存所需的酸性环境。另外，应注意亚硝基化合物，特别是亚硝基胺的毒性很强，是一种强的致癌物质，使用时应特别注意。

[4]重氮盐的生成是重氮化反应的关键。重氮盐是无色结晶，溶于水，不溶于乙醚，在 0℃可以保存，加热时水解为酚类。一般重氮盐在干燥时很不稳定，容易引起爆炸，因此

一般不把重氮盐分离出来。

[5]苯胺的氧化产物复杂，产物可能有氧化偶氮苯、对苯醌或苯胺黑等。

（六）思考题

1．如何除去三乙胺中少量的乙胺及二乙胺？

2．如何用简单的化学方法鉴别丙胺、甲乙胺和三甲胺？

3．有一含氮化合物，向其水溶液中加几滴碱性硫酸铜，溶液呈紫色，能否说明该化合物一定为缩二脲？

（七）环保提醒

1．苯胺毒性比较高，仅少量就能引起中毒。主要是通过皮肤、呼吸道和消化道进入人体，从而破坏血液造成溶血性贫血，损害肝脏引起中毒性肝炎，甚至导致各种癌症。苯胺引起急性中毒时，轻者皮肤发生轻度青紫，头痛、眩晕、全身软弱，中等程度者除青紫外还有呕吐、脉跳加速、血压增高等症状；重者产生意识不清，体温下降等症状，很快死亡。因此，在环境中对苯胺类化合物应严格控制排放。《污水综合排放标准》（GB 8978—1996）：一级 1.0 mg·L^{-1}、二级 2.0 mg·L^{-1}、三级 5.0 mg·L^{-1}。苯胺属容易生物降解的化学污染物，此类废水一般采用生物法处理。

2．苯甲酰氯易挥发并有刺激性，使用时操作应迅速，避免吸入其蒸汽。

3．实验试剂用量应以少量为宜。大量则会造成试剂浪费和环境污染。

4．实验过程中产生的废液要倒入废液缸中，然后集中处理，不能倒入水槽里，以免造成水体污染。

5．本实验产生的废液含有大量的胺类化合物以及亚硝酸盐。建议采用燃烧法处理。若有机类物质浓度大且能分离出有机层和水层时，将有机层焚烧，由此产生的有毒气体（如 SO_2、HCl、NO_2 等）必须采取吸附等措施除去。对水层或其浓度低的废液，则用吸附法、溶剂萃取法或氧化分解法进行处理。

实验十二　糖类化合物的性质与鉴定

（一）实验目的

1．熟悉糖类的化学件质。

2．掌握糖类的化学鉴别力法。

（二）实验原理

单糖和具有半缩醛羟基的二糖可与碱性弱氧化剂，如托伦试剂、斐林试剂、Benedict试剂发生氧化还原反应，它们是还原性糖。无半缩醛羟基的二糖和多糖不能通过开链完成结构互变，不能与碱性弱氧化剂反应，它们是非还原性糖。还原性糖可与过量的苯肼反应，生成具有一定结晶形态的糖脎，单糖苯肼反应时，都是在 C-1 与 C-2 上反应。因此，若单糖的碳原子数相同时，除了第一和第二碳原子以外，其他碳原子构型相同的糖可以形成相同的糖脎。成脎反应也可以作为糖类鉴别的方法之一。

糖类的重要鉴别方法是 Molish 反应和 Seliwanoff 反应。糖类、苷类及其他含糖物质与 α-萘酚和浓硫酸呈紫红色的环的反应称为 Molish 反应，该反应可用于糖类和非糖物质的鉴别。4 个碳以上的醛糖加入间苯二酚和盐酸能产生红色物质的反应也可以作为糖类鉴别的方法之一。

非还原性糖在酸存在下，加热水解后产生还原性的单糖。淀粉的水解是逐步发生的。先水解成紫糊精，再水解成红糊精、无色糊精、麦芽糖，最终水解成葡萄糖。用碘液可以检查这种水解过程。完全水解后，可用 Benedict 试剂加以证实。

$$\underset{\text{淀粉}}{(C_6H_{10}O_5)_n} \xrightarrow[\text{H}^+\text{或淀粉酶}]{nH_2O} \underset{\text{葡萄糖}}{nC_6H_{12}O_6}$$

（三）仪器和药品

仪器：试管、烧杯、酒精灯、电热套、点滴板、显微镜、水浴锅
药品：无机试剂：H_2SO_4（3 mol·L^{-1}、浓）、Na_2CO_3（1 mol·L^{-1}）、碘溶液、浓盐酸
　　　有机试剂：葡萄糖（0.1 mol·L^{-1}）、果糖（0.1 mol·L^{-1}）、麦芽糖（0.1 mol·L^{-1}）、乳糖（0.1 mol·L^{-1}）、蔗糖（0.1 mol·L^{-1}）、淀粉（0.2 g·L^{-1}）、盐酸苯肼-醋酸钠溶液、Benedict 试剂、Molish 试剂、Seliwanoffi 试剂
其他：pH 试纸

（四）实验内容

1．糖的还原性。

取试管 6 支，各加入 Benedict 试剂[1]10 滴，再分别加入 0.1 mol·L^{-1} 的葡萄糖、0.1 mol·L^{-1} 的果糖、0.1 mol·L^{-1} 的麦芽糖、0.1 mol·L^{-1} 的乳糖、0.1 mol·L^{-1} 的蔗糖[2]、0.2 g·L^{-1} 的淀粉各 5 滴，在沸水浴中加热 2～3 min，冷却后观察结果。

2．糖脎的生成。

取试管 4 支，各加入新配制的盐酸苯肼-醋酸钠溶液[3] 1 mL，再分别加入 0.1 mol·L^{-1} 的葡萄糖、0.1 mol·L^{-1} 的果糖、0.1 mol·L^{-1} 的乳糖、0.1 mol·L^{-1} 的蔗糖各 5 滴，在沸水浴中加热约 30 min，取出试管自行冷却（试分析原因），观察结果[4]，若没有糖脎生成，加少许水稀释，再水浴加热。取少量晶体在显微镜下观察几种结晶的形状。

3．糖的颜色反应。

（1）Molish 反应。

取试管 4 支，分别加入 0.1 mol·L^{-1} 的葡萄糖、0.1 mol·L^{-1} 的果糖、0.1 mol·L^{-1} 的蔗糖、0.2 g·L^{-1} 的淀粉各 10 滴，再分别加入新配制的 Molish 试剂（α-萘酚的乙醇溶液）各 5 滴，摇匀后将试管倾斜 45°，沿管壁徐徐加入浓硫酸约 10 滴。将试管直立静止观察，硫酸在下层，试液在上层。注意观察两层交界处是否有紫红色环出现，若不出现紫红色环，也可在水浴上温热 1～2 min 后再进行观察。

（2）Seliwanoffi 反应。

取试管 4 支，分别加入 Seliwanoffi 试剂（间苯二酚的盐酸溶液）各 1 mL，再加入

0.1 mol·L^{-1} 的葡萄糖、0.1 mol·L^{-1} 的果糖、0.1 mol·L^{-1} 的蔗糖、0.1 mol·L^{-1} 的麦芽糖、0.2 g·L^{-1} 淀粉各 5 滴，摇匀后同时放入沸水浴加热，仔细观察，比较各试管中溶液出现红色的先后顺序。

4．糖的水解。

（1）蔗糖的水解。

取 1 支试管，加入 0.1 mol/L 的蔗糖溶液 1 mL，再加入 3 mol·L^{-1} 的硫酸 3 滴，沸水浴中加热约 10 min,冷却后，用 1mol·L^{-1} 的 Na$_2$CO$_3$ 调至碱性,并用 pH 试纸检验。加入 Benedict 试剂 1 mL，在沸水浴中加热 3 min，冷却后观察结果。

（2）淀粉的水解。

取 2 支试管，分别加入 0.2 g·L^{-1} 的淀粉 1 mL，其中 1 支试管中加碘液 1 滴，摇匀后观察颜色。将试管在沸水浴中加热，观察有何变化？再冷却后，又有什么变化？

向另一支试管中加入浓盐酸 5 滴，在沸水浴中加热约 15 min。加热时每隔 2 min 用吸管吸出 2 滴放在点滴板上，加碘液 1 滴，仔细观察颜色变化。待反应液不与碘液发生颜色变化时，再加热 2～3 min，冷却后用 1mol·L^{-1} 的 Na$_2$CO$_3$ 调至碱性，加入 Benedict 试剂 10 滴，沸水浴中加热 3 min，冷却后观察结果。

5．设计性实验。

鉴别下列物质：葡萄糖、果糖、麦芽糖、蔗糖、淀粉、纤维素。

（五）注意事项

[1]Benedict 试剂是经过改良的斐林试剂，主要是用柠檬酸钠和碳酸钠混合溶液代替了酒石酸钾钠和 NaOH 混合溶液。Benedict 试剂稳定，灵敏度高，可检出 0.005 mol/L 的葡萄糖。

[2]所用蔗糖必须纯净，不能含有还原性的糖。

[3]苯肼难溶于水。盐酸苯肼加入碳酸钠溶液可发生复分解反应，使溶解度增大。同时过量碳酸钠可调节 pH 至 4～6，以利于糖脎的生成。各种糖形成糖脎的时间为：果糖约 2 min 析出晶体，葡萄糖约 5 min 析出晶体，麦芽糖溶液冷却后析出晶体，蔗糖 30 min 内没有变化。

不同的糖脎其晶体现状如下：

葡萄糖脎

麦芽糖脎

乳糖脎

[4]若在煮沸过程中溶液浓缩，可能难出现结晶，此时应加入少量水稀释后才出现结晶。

（六）思考题

1．蔗糖水解得到葡萄糖和果糖。如果用此水解溶液来制取糖脎，两种单核的糖脎是否一样？为什么？

2．为什么说蔗糖是葡萄糖苷，同时也是果糖苷？在化学性质上与麦芽糖有何区别？

3．用什么方法可以简便地检验淀粉的水解程度？

（七）环保提醒

1．Seliwanoffi 试剂（间苯二酚的盐酸溶液）中的间苯二酚，能刺激皮肤及黏膜，可经皮肤迅速吸收引起中毒症状。吸收过多，易引起严重疾病甚至死亡。

2．实验过程中产生的废液要倒入废液缸中，不能倒入水槽里，以免造成水体污染。

3．本实验中产生的废液除了含有未反应的糖类以外，还含有少量酚类、苯肼等有毒废液。建议有机物可以用溶剂萃取法分离，再采用燃烧法处理，由此产生的有毒气体必须采取吸附等措施除去。

实验十三　蛋白质的性质与鉴定

（一）实验目的

1．熟悉蛋白质的主要化学性质。

2．掌握蛋白质的鉴别方法。

（二）实验原理

蛋白质是含氮的复杂生物高分子，是由各种 L 构型的 α-氨基酸通过肽键相连而成的多聚物，并具有稳定的构象。在酸、碱或酶的作用下，单纯蛋白质发生水解，其最终产物是 α-氨基酸。

1．显色反应。

蛋白质中某些氨基酸的特殊基团可以与特定的化学试剂作用呈现出各种颜色，这种显色反应可以作为蛋白质或氨基酸的定性检验和定量测定的依据。

①茚三酮反应：茚三酮反应是蛋白质中的 α-氨基酸与茚三酮水合物在溶液中共热生成蓝紫色化合物罗曼紫（Ruhemann's purple）的反应。

水合茚三酮　　　　　　　　　　　　　　罗曼紫

该反应非常灵敏，是所有 α-氨基酸共有的特征性反应。可根据 α-氨基酸与茚三酮反应生成化合物的颜色深浅程度以及释放出 CO_2 的体积定量测定氨基酸。

②米伦反应：米伦（millon）反应也是蛋白质颜色反应之一。该反应是米伦试剂与含酚羟基蛋白质的颜色反应，可用于鉴别蛋白质中酪氨酸的存在。

③蛋白黄反应：蛋白质分子中若含有苯环，则遇浓硝酸加热变黄。此反应称为蛋白质的蛋白黄反应，用于鉴别蛋白质中苯环的存在。

除以上各颜色反应外，还有缩二脲反应、亚硝酰铁氰化钠反应等。表 5-3 为常用的蛋白质的颜色反应。

表 5-3　蛋白质的颜色反应

反应名称	试剂（成分）	颜色	鉴别基团
缩二脲反应	强碱、稀硫酸铜溶液	紫色或紫红色	多个肽键
茚三酮反应	稀茚三酮溶液	蓝紫色	氨基
蛋白黄反应	浓硝酸	深黄色或橙红色	苯环
米伦反应	汞或亚汞的硝酸盐	红色	酚羟基
亚硝酰铁氰化钠反应	亚硝酰铁氰化钠溶液	红色	巯基

2. 沉淀反应。

蛋白质分子末端具有游离的 α-氨基和 α-羧基，因此，蛋白质和氨基酸一样，也具有两性解离和等电点的性质。在等电点状态下，蛋白质颗粒容易聚集而析出沉淀；在非等电点状态时，蛋白质分子表面总带有一定的同性电荷，由于电荷之间的相互排斥作用阻止了蛋白质分子的凝聚。蛋白质是高分子化合物，具有溶胶的一些性质，蛋白质分子表面带有许多极性基因，可与水结合，并使水分子在其表面定向排列形成一层水化膜。这使蛋白质颗粒均匀分散在水中难以聚集沉淀。以上两因素维持着蛋白质溶液的稳定，破坏这两种因素则可使蛋白质沉淀。

（1）中性盐沉淀蛋白质。

将高浓度的中性盐加入蛋白质溶液中，盐离子的水化能力强而夺去蛋白质的水分，破坏了蛋白质分子表面的水化膜，产生沉淀，即发生盐析。利用各种蛋白质沉淀所需中性盐浓度不同，可将蛋白质分阶段沉淀，此操作过程被称为分段盐析。

（2）有机溶剂沉淀蛋白质。

利用乙醇、丙酮和甲醇等一些极性较大的有机溶剂与水之间具有亲和力的性质，破坏蛋白质表面的水化膜而使蛋白质沉淀。

（3）重金属离子沉淀蛋白质。

某些重金属离子如 Ag^+、Hg^{2+}、Cu^{2+} 和 Pb^{2+} 等（用 M^+ 表示）可与带负电荷的蛋白质颗粒结合，形成不溶性盐而沉淀。反应式如下：

$$P\diagup{}^{NH_2}_{\diagdown COO^-} + M^+ \longrightarrow P\diagup{}^{NH_2}_{\diagdown COOM}$$

（4）有机酸沉淀蛋白质。

苦味酸、鞣酸、钨酸、二氯乙酸、磺基水杨酸等（用 X^- 表示）可与带正电荷的蛋白质颗粒结合，形成不溶性盐而沉淀。反应式如下：

$$P\diagup{}^{NH_3^+}_{\diagdown COOH} + X^- \longrightarrow P\diagup{}^{NH_3X}_{\diagdown COOH}$$

（三）仪器和药品

仪器：试管、烧杯、离心管、离心机、玻璃棒

药品：无机试剂：浓硝酸、$Pb(Ac)_2$（0.05 mol·L^{-1}）、NaOH（1 mol·L^{-1}）、$CuSO_4$（0.2 mol·L^{-1}）、$(NH_4)_2SO_4$（饱和）、$HgCl_2$（0.1 mol·L^{-1}）、$AgNO_3$（0.1 mol·L^{-1}）

有机试剂：无水乙醇、三氯乙酸溶液（0.5 mol·L^{-1}）、蛋白质溶液、茚三酮溶液（0.01 mol·L^{-1}）、苯酚溶液（0.01 mol·L^{-1}）、米伦试剂

固体试剂：硫酸铵粉末

（四）实验内容

1．蛋白质的呈色反应。

（1）缩二脲反应。

在点滴板上，加入 1 滴蛋白质溶液和 1 mol·L^{-1} 的 NaOH 溶液 1 滴，再加入 0.2 mol·L^{-1} 的 $CuSO_4$ 溶液 1 滴。观察溶液颜色变化。

（2）茚三酮反应。

在 1 支试管中加入蛋白质溶液 5 滴、0.01 mol·L^{-1} 的茚三酮溶液 3 滴，置沸水浴中加热，5～10 min 后观察溶液颜色有何变化。

（3）蛋白黄反应。

取 2 支试管，分别加入 0.01 mol·L^{-1} 的苯酚溶液 5 滴和蛋白质溶液 5 滴，然后再加 2 滴浓硝酸，注意在盛有蛋白质溶液的试管中是否有白色沉淀生成。再将 2 支试管置沸水浴中加热，观察各试管有何现象发生。

（4）米伦反应。

取试管 2 支，分别加入 0.01 mol·L^{-1} 的苯酚溶液 3 滴和蛋白质溶液 3 滴，然后各加米伦试剂[1]3 滴。此时，两支试管中有何现象？再将这两支试管置沸水浴中加热，注意观察有何变化。

2．醋酸铅反应[2]。

在 1 支试管中加入 0.05 mol·L^{-1} 的 $Pb(Ac)_2$ 溶液 1 滴，然后滴加 1 mol·L^{-1} 的 NaOH 溶液 2 滴，摇匀。再加入蛋白质溶液 5 滴，振荡后将试管置沸水浴中加热 2～3 min，注意观察在整个操作过程中溶液发生怎样的变化。

3．蛋白质沉淀[3]。

（1）中性盐沉淀蛋白质。

在 1 支离心管中加入蛋白质溶液和饱和$(NH_4)_2SO_4$溶液各 1 mL。混合后静置 10 min，球蛋白[4]沉淀析出。离心后，将上层清液用毛细吸管小心吸出，并移至另一离心管中，慢慢分次加入$(NH_4)_2SO_4$ 粉末。注意，每加一次，都要用玻璃棒充分搅拌，直到粉末不再溶解为止。静置 10 min 后，即可见清蛋白沉淀析出。离心后，弃去上层清液。向上述两支有沉淀的离心管中加入 1 ml 蒸馏水，并用玻璃棒搅拌，仔细观察沉淀的变化。

（2）乙醇沉淀蛋白质。

取 1 支试管，加入无水乙醇 10 滴，沿试管壁加入蛋白质溶液 5 滴。静置，观察溶液中是否出现浑浊[5]。

（3）三氯乙酸沉淀蛋白质。

在点滴板上滴加蛋白质溶液 2 滴，再加入 1 滴 0.5 mol·L^{-1}的三氯乙酸溶液。观察有何现象发生？

（4）重金属离子沉淀蛋白质。

在点滴板上的 4 个井穴中各加入蛋白质溶液 2 滴，然后再分别加入 1 滴 0.10 mol·L^{-1}的 HgCl$_2$溶液[6]、0.1 mol·L^{-1}的 AgNO$_3$溶液、0.05 mol·L^{-1}的 Pb(Ac)$_2$溶液、0.2 mol·L^{-1}的 CuSO$_4$溶液。观察各有何现象发生。

（5）加热沉淀蛋白质[7]。

在 1 支试管中加入蛋白质溶液 1 mL，置沸水浴中加热 5 min，观察有何现象发生。

（五）注意事项

[1]米伦试剂是汞或亚汞的硝酸盐和亚硝酸盐，能与酚类化合物发生颜色反应。

[2]在含有胱氨酸或半胱氨酸残基的蛋白质溶液中加入强碱，碱分解胱氨酸或半胱氨酸残基产生硫离子。醋酸铅反应是硫离子与醋酸铅溶液的反应。

[3]若改变或破坏蛋白质分子的空间结构而使蛋白质沉淀，则会导致蛋白质生物活性丧失以及理化性质改变，即蛋白质变性。生物碱试剂或某些酸及重金属离子会引起蛋白质变性，有机溶剂若使用不当也会使蛋白质变性，而高浓度的中性盐不会使蛋白质变性。

[4]蛋白质按形状不同分为纤维状蛋白质和球状蛋白质两大类。纤维状蛋白质形状类似细棒状纤维，如皮肤、毛发、指甲中的角蛋白；球状蛋白质分子类似于球状或椭圆状，在水中溶解度较大，如血红蛋白、肌红蛋白等。

[5]有机溶剂用量较少或浓度不大时，现象不太明显，此时可另取一支试管做空白对照。

[6]氯化汞有毒，使用时应注意。

[7]几乎所有的蛋白质在加热时都凝固，不同蛋白质凝固所需温度不同，在受热凝固时蛋白质变性，在临床上利用该性质可检验尿蛋白。

（六）思考题

在本实验中有两次蛋白质与醋酸铅溶液的反应，两次现象是否相同？若不同，请说明原因。

（七）环保提醒

1. 低浓度酚能使蛋白变性，高浓度能使蛋白沉淀。对皮肤、黏膜有强烈的腐蚀作用，也可抑制中枢神经系统或损害肝、肾功能。《污水综合排放标准》（GB 8978—1996）：一级 0.3 mg·L^{-1}、二级 0.4 mg·L^{-1}、三级 1.0 mg·L^{-1}。应对废水中的酚类进行回收，用作原料备用。

2. 醋酸铅、氯化汞溶液都不能随意排放。铅离子最高排放标准为 1.0 mgl·L^{-1}。汞离子最高排放量为 0.05 mgl·L^{-1}。这些重金属可以采用化学沉淀法去除。

第六章　综合性实验与研究性实验

综合性实验是由若干个简单的实验组成，对物质的化学性质进行初步研究的思路和方法，包括进行化合物的制备、合成、组分的测定、预处理和组分分析。研究性实验是学生在自行确定实验论题的基础上，查阅资料，确定研究方法，拟订试验方案，独立完成实验，最后得到实验结果，并以论文的形式表达，初步形成用实验方式解决化学问题的能力。

以上两类实验，都要求在具备基本的实验技术的基础上，坚持实验课程的最终目的以获得独立解决实际问题的能力。所以，以上两类实验实际上要求在实验室里解决问题。对于一个需要解决的问题，要查阅资料、设计实验、进行实验、分析探讨、实验改进直至问题解决。因此要完成这类实验，必须投入时间和精力，灵活运用已掌握的化学知识、实验技术和化学方法，积极主动地解决问题。

第一节　综合性实验

实验一　从茶叶中提取咖啡因（微型实验）

（一）实验目的

1. 了解咖啡因的性质。
2. 学习微量生物碱的提取方法。
3. 学习脂肪提取器的作用和使用方法。
4. 熟练掌握过滤、蒸馏、升华、熔点测定等实验操作技术。

（二）实验原理

茶叶是由 3.5%～7.0%的无机物和 93.0%～96.5%的有机物组成的。无机物元素约 27 种，包括钾、硫、镁、氟、铝、钙、钠、铁、铜、锌、硒等；有机化合物主要有蛋白质（20%～30%）、脂质（4.0%～5.0%）、碳水化合物（25%～30%）、氨基酸（1.5%～40%）、生物碱（1.0%～5.0%）、茶多酚、有机酸（主要含单宁酸11%～12%）、色素（0.6%）、挥发性成分、维生素、皂苷、甾醇等。

茶叶中含有咖啡因，占 1%～5%，咖啡因是弱碱性化合物，是杂环化合物嘌呤的衍生物，是一种生物碱，它的化学名称是 1,3,7-三甲基-2,6-二氧嘌呤，其结构式如下：

咖啡因
1,3,7-三甲基-2,6-二氧嘌呤

咖啡因具有刺激心脏、兴奋大脑神经和利尿等作用，因此可用作中枢神经兴奋药。它也是复方阿司匹林（APC）等药物的组分之一。

咖啡因易溶于氯仿、水及乙醇等。含结晶水的咖啡因为无色针状晶体，在 100℃时即失去结晶水，并开始升华，在 120℃时升华显著，178℃时升华很快。无水咖啡因的熔点为 234.5℃。咖啡因另外还含有 11%～12%的单宁酸（鞣酸）、0.6%的色素、纤维素、蛋白质等。

为了提取茶叶中的咖啡因，可用适当的溶剂（如氯仿、乙醇、苯、二氯甲烷等）在脂肪提取器中连续萃取，然后蒸去溶剂，即得粗咖啡因。粗咖啡因中还含有其他一些生物碱和杂质，如单宁酸等，可利用升华法进一步提纯。

脂肪提取器是利用溶剂回流和虹吸原理，使固体物质连续不断地为纯溶剂所萃取的仪器。溶剂沸腾时，其蒸汽通过侧管上升，被冷凝管冷凝成液体，滴入套筒中，浸润固体物质，使之溶于溶剂中，当套筒内溶剂液面超过虹吸管的最高处时，即发生虹吸，流入烧瓶中。通过反复的回流和虹吸，将固体物质富集在烧瓶中。

（三）仪器和药品

仪器：25 mL 微型圆底烧瓶、微型直形冷凝管、蒸发皿、微型接液管、微型锥形瓶、水浴锅、砂浴锅、温度计、漏斗、升华管、表面皿

药品：茶叶末、乙醇（质量分数为 95%）、生石灰

其他：滤纸套筒、脱脂棉、滤纸、沸石

（四）实验步骤

1．粗提。

（1）仪器安装：采用脂肪提取器[1]，见图 6-1。

（2）连续萃取：称取 2.0 g 茶叶，研细，用滤纸包好[2]，放入脂肪提取器的套筒中，压平实，筒上口盖一片滤纸或脱脂棉，置于提取器中。在 25 mL 圆底烧瓶内加入 12 mL 95%的乙醇和 1 粒沸石，水浴加热，连续抽提 1 h[3]。

（3）蒸馏浓缩：待冷凝液刚好发生虹吸后，立即停止加热。稍冷后，把装置改为微型蒸馏装置，蒸出大部分乙醇并回收[4]。

（4）加碱中和：趁热将残余物倾入蒸发皿中，拌入 1 g 研细的生石灰[5]，使残余物成糊状。在蒸汽浴下加热，不断搅拌下蒸干。

（5）焙炒除水：将蒸发皿放在石棉网上，压碎块状物，小火焙炒，除尽全部水分，冷却后擦去沾在蒸发皿边沿的粉末，以免升华时污染产物。

2．纯化。

（1）仪器安装：安装升华装置，如图 6-2 所示。用一张大小合适的滤纸罩在蒸发皿上，并在滤纸上扎一些小孔，再罩上口径合适的玻璃漏斗，漏斗的颈部疏松地塞上一小团棉花。

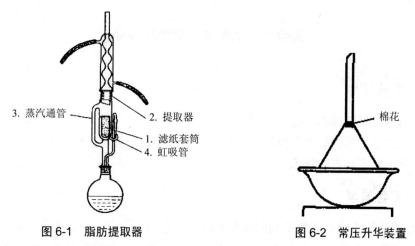

图 6-1　脂肪提取器　　　　　　　　　图 6-2　常压升华装置

（2）初次升华：220℃时在砂浴上小心地加热蒸发皿，升华[6]。当纸上出现白色针状结晶时，暂停加热，冷却至 100℃左右，揭开漏斗和滤纸，用小刀仔细地将吸附于滤纸以及漏斗上的咖啡因刮下[7]。

（3）再次升华：残渣经拌和后，升高砂浴温度，再升华一次。合并两次升华所收集的咖啡因于表面皿中。如产品中仍有杂质，可以用少量热水重结晶提纯或放入微量升华管中再升华一次。

3．检验。

称重后测定熔点。纯净咖啡因熔点为 234.5℃。

（五）注意事项

[1]由于脂肪提取器为配套仪器，其任一部件损坏都将会导致整套仪器报废，特别是虹吸管极易折断，所以在仪器安装和实验过程中须特别小心。

[2]用滤纸包茶叶末时要严实，防止茶叶末漏出堵塞虹吸管；滤纸包大小要合适，既能紧贴套管内壁，又能方便取放，且其高度不能超出虹吸管高度。

[3]若套筒内萃取液颜色变浅，即可停止萃取。

[4]浓缩萃取液时不可蒸得太干，以防转移损失。否则因残液很黏而难以转移，造成损失。

[5]拌入生石灰要均匀，生石灰的作用除吸水外，还可中和除去部分酸性杂质（如鞣酸）。

[6]升华过程中要控制好温度。若温度太低，升华速度较慢；若温度太高，会使产物分解发黄。

[7]刮下咖啡因时要小心操作，防止混入杂质。

（六）思考题

1．本实验中使用生石灰的作用有哪些？
2．除用乙醇萃取咖啡因外，还可采用哪些溶剂萃取？

实验二　从橙皮中提取柠檬油

（一）实验目的

1．学习水蒸气蒸馏的原理及应用。
2．认识水蒸气蒸馏的主要仪器，掌握水蒸气蒸馏的装置及其操作方法。
3．掌握天然产物提取技术。

（二）实验原理

精油是植物组织经水蒸气得到的挥发性成分的总称。大部分具有令人愉快的香味，主要组成为单萜类化合物。在工业上经常用水蒸气蒸馏的方法来收集精油。柠檬油是一种常见的天然香精油，主要存在于柠檬、橙子和柚子等水果的果皮中。柠檬油中含有多种分子式为 $C_{10}H_{16}$ 的物质，它们均为无色液体，沸点、折光率都很相近，多具有旋光性，不溶于水，溶于乙醇和冰醋酸。柠檬油的主要成分（90%以上）是柠檬烯，它是一环状单萜类化合物，其结构式如下：

$$
\begin{array}{c}
CH_3 \\
\\
CH_2 = C \quad H \\
CH_3
\end{array}
$$

本实验中，我们将从橙皮中提取以柠檬烯为主的柠檬油。首先将橙皮进行水蒸气蒸馏，再用二氯甲烷萃取馏出液，然后蒸去二氯甲烷，留下的残液即为橙油，其主要成分是柠檬烯。分离得到的产品可以通过测定折射率、旋光度和红外、核磁共振谱进行鉴定。

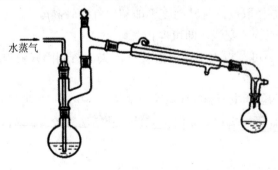

水蒸气

图6-3　用克氏蒸馏瓶（头）进行水蒸气蒸馏的装置

（三）实验仪器与药品

仪器：水蒸气发生器、直形冷凝管、接引管、圆底烧瓶、分液漏斗、蒸馏头、锥形瓶
试剂：二氯甲烷、无水硫酸钠、新鲜橙子皮

（四）实验操作

（1）将 2～4 个橙皮[1]磨碎[2]，称重后置于 500 mL 圆底烧瓶中，加入 250 mL 热水。安装水蒸气蒸馏装置，进行水蒸气蒸馏。控制馏出速度为 1 滴/s，收集馏出液 100～150 mL。

（2）将馏出液移至分液漏斗中，用 10 mL 二氯甲烷萃取 2～3 次，弃去水层，合并萃取液，放入 50 mL 干燥的锥形瓶中，然后用 1 g 无水硫酸钠进行干燥。干燥时，不断振摇锥形瓶，直到液体澄清透明为止。

（3）将干燥后的混合物过滤，滤去干燥剂。将过滤后的萃取液滤入 50 mL 的烧瓶中。在水浴上蒸出大部分溶剂，并回收溶剂二氯甲烷。将剩余液体移至一支试管（预先进行称重）中，继续在水浴上小心加热，浓缩至完全除净溶剂为止[3]。试管中所剩黄色的油状液体即为柠檬油。揩干试管外壁，称重。以所用橙皮的重量为基准，计算橙皮油的回收重量百分率。

（4）纯柠檬烯的沸点为 176℃，折射率为 1.474，旋光度为 -101.3°。

（五）注意事项

[1]橙子皮要新鲜，剪成小碎片，最好直接剪入烧瓶中，以防精油损失。
[2]可以使用食品绞碎机将鲜橙皮绞碎，之后再称重，以备水蒸气蒸馏使用。
[3]产品中二氯甲烷一定要除净，否则会影响产品的纯度。

（六）思考题

1．能用水蒸气蒸馏提纯的物质应具备什么条件。

2．在水蒸气蒸馏过程中，出现安全管的水柱迅速上升，并从管上口喷出来等现象，这表示蒸馏体系中发生了什么故障？

3．在水蒸气发生器与蒸馏器之间需连接一个 T 形管，在 T 形管下口再接一根带有螺旋夹的橡皮管。请说明此装置有何用途。

4．在停止水蒸气蒸馏时，为什么一定要先打开螺旋夹，然后再停止加热？

实验三　从菠菜中提取天然色素

（一）实验目的

通过绿色植物色素的提取，学习天然物质的提取方法。

（二）实验原理

绿色植物（如菠菜叶）中含有叶绿素（绿）、胡萝卜素（橙）和叶黄素（黄）等多种

天然色素。叶绿素存在两种结构相似的形式即叶绿素 a（$C_{55}H_{72}O_5N_4Mg$）和叶绿素 b（$C_{55}H_{70}O_6N_4Mg$），其差别仅是叶绿素 a 中一个甲基被甲酰基所取代从而形成了叶绿素 b。它们都是吡咯衍生物与金属镁的络合物，是植物进行光合作用所必需的催化剂。植物中叶绿素 a 的含量通常是叶绿素 b 的 3 倍。尽管叶绿素分子中含有一些极性基团，但大的烃基结构使它易溶于醚、石油醚等一些非极性的溶剂。

　　胡萝卜素（$C_{40}H_{56}$）是具有长链结构的共轭多烯。它有三种异构体，即α-胡萝卜素、β-胡萝卜素和γ-胡萝卜素，其中β-胡萝卜素含量最多，也最重要。在生物体内，β-胡萝卜素受酶催化氧化形成维生素 A。目前β-胡萝卜素已可进行工业生产，可作为维生素 A 使用，也可作为食品工业中的色素。

　　叶黄素（$C_{40}H_{56}O_2$）是胡萝卜素的羟基衍生物，它在绿叶中的含量通常是胡萝卜素的两倍。与胡萝卜素相比，叶黄素较易溶于醇而在石油醚中溶解度较小。

叶绿素 a（R=CH₃）
叶绿素 b（R=CHO）

β-胡萝卜素（R=H）

叶黄素（R=OH）

维生素 a

（三）仪器与药品

仪器：研钵、分液漏斗、小烧杯、展开瓶、毛细管、铅笔、直尺、滤纸

试剂：饱和 NaCl 溶液、无水 $MgSO_4$、95%乙醇、石油醚、丙酮、菠菜

（四）实验步骤

1. 菠菜中色素的提取。

（1）称取 5 g 无水的新鲜菠菜叶，用研钵研碎，加入 15 mL 石油醚-乙醇溶剂（3∶2）研磨至浆，抽滤，滤液放至分液漏斗中。

（2）加入 5 mL 饱和 NaCl 水溶液，分层，保留上层溶液。

（3）上层溶液再用饱和 NaCl 水溶液洗涤，保留上层溶液（有机层）。

（4）有机层用无水 $MgSO_4$ 干燥，滤去 $MgSO_4$ 后，滤液放入小烧杯中，水浴蒸去溶剂（控制温度 60～70℃），浓缩至 2.5 mL 左右为止。

2. 色素的分离。

（1）裁纸：取一张滤纸裁成 1.5 cm×2.0 cm 的长方形，注意使滤纸呈竖直方向。

（2）点样：在滤纸的一端约 2 cm 处，用铅笔画一条直线作起点线，另一端画一条直线作终点线。用毛细管吸取菠菜中的色素提取液在起点线中部点样，并使斑点尽可能小。如果色斑颜色很浅，待溶剂完全挥发后，再吸取提取液重新点在同一位置上。

（3）展开：溶剂完全挥发后，将滤纸放入展开瓶中进行展开（展开剂：石油醚-丙酮（8∶1））。展开剂的液面应低于色斑。静止，观察展开过程，至液面上升到终点线结束。

（4）晾干：取出滤纸，晾干后观察每个色斑位置。从上到下，四个斑点依次是：胡萝卜素（橙色）— 叶黄素（黄色）— 叶绿素 a（蓝绿色）— 叶绿素 b（黄绿色）。

（五）思考题

1. 菠菜中色素的提取与分离中应注意哪些问题？

2. 请归纳从植物中提取某些成分的一般方法以及应该考虑的问题。

实验四　用废干电池锌皮制取硫酸锌晶体

（一）实验目的

1. 学习用废锌皮制备硫酸锌的方法。

2. 熟悉控制 pH 值进行沉淀分离——除杂质的方法。

3. 掌握无机制备中的一些基本操作及对比检查。

4. 了解硫酸锌的性质。

（二）实验原理

锌锰干电池上的锌皮既是电池的负极又是电池的壳体，当电池报废后，锌皮一般仍大部分留存，若将其回收利用，既能节约资源，又能减少对环境的污染。

锌是两性金属，能溶于酸或碱，在常温下，锌和碱的反应很慢，而锌与酸的反应较快，本实验采用稀硫酸溶解回收锌皮以制取硫酸锌：

$$Zn + H_2SO_4 \Longrightarrow ZnSO_4 + H_2 \uparrow$$

此时，锌皮中含有的少量杂质铁也同时溶解，生成硫酸亚铁：

$$Fe+H_2SO_4 \rightleftharpoons FeSO_4+H_2\uparrow$$

因此在所得的硫酸锌溶液中先用过氧化氢将亚铁离子氧化成三价铁离子：

$$2FeSO_4+H_2O_2+H_2SO_4 \rightleftharpoons Fe_2(SO_4)_3+2H_2O$$

然后用 NaOH 调节溶液的 pH=8，使 Zn^{2+}、Fe^{3+} 生成氢氧化物沉淀：

$$ZnSO_4+2NaOH \rightleftharpoons Zn(OH)_2\downarrow +Na_2SO_4$$

$$Fe_2(SO_4)_3+6NaOH \rightleftharpoons 2Fe(OH)_3\downarrow +3Na_2SO_4$$

再加入稀硫酸，控制溶液 pH= 4.0～4.5，此时氢氧化锌溶解而氢氧化铁不溶解，可过滤除去，最后将滤液酸化、蒸发浓缩、结晶，即得 $ZnSO_4 \cdot 7H_2O$ 晶体。

（三）仪器与药品

仪器：台秤、磁力加热搅拌器、烧杯、玻璃棒、漏斗、铁架台（带铁圈）、酒精灯、蒸发皿

药品：液体试剂：酸：H_2SO_4（1 mol·L^{-1}、2 mol·L^{-1}）、HNO_3（2 mol·L^{-1}）、HCl（2 mol·L^{-1}）

碱：NaOH（2 mol·L^{-1}）

盐：KSCN（0.5 mol·L^{-1}）、$AgNO_3$（0.1 mol·L^{-1}）、$CuSO_4$（0.1 mol·L^{-1}）

其他试剂：H_2O_2（质量分数为 3%）

固体：干电池锌皮

其他：滤纸、pH 试纸、砂纸、小刀或剪刀

（四）实验内容

（1）把干电池锌皮表面的杂质去掉后（可用小刀刮或用砂纸打磨），剪成约 3 mm×15 mm 的小块，用台秤准确称取约 5 g 已处理过的锌片小块，其质量数记录为 W_1。将已称量过的小块锌片放入 100 mL 烧杯中，加入磁搅拌子，然后加入 20 mL 1 mol·L^{-1} 的 H_2SO_4，加入 0.1 mol·L^{-1} 的 $CuSO_4$ 4～5 滴。用表面皿盖上烧杯口，使表面皿凹部向下，用磁力加热搅拌器搅拌，并可适当加热，开始计时。

反应一段时间后（控制在 30 min 内），将未反应的锌片从溶液中分离出来。将剩余锌片用少量水冲洗干净，烘干或晾干后用台秤称量，其质量数记录为 W_2。称量后的锌片放入指定的回收容器中回收。

（2）将上述溶液进行过滤，滤液盛在 200 mL 的小烧杯中。

（3）将滤液加热近沸，加入 3% 的 H_2O_2 溶液 10 滴，在不断搅拌下滴加 2 mol·L^{-1} 的 NaOH 溶液，逐渐有大量白色 $Zn(OH)_2$ 沉淀生成，当加入约 10 mL 时，加水至溶液体积约 100 mL，充分搅匀，在不断搅拌下，继续滴加 2 mol·L^{-1} 的 NaOH 至溶液的 pH=8 为止，过滤，用蒸馏水淋洗沉淀。取后期滤液 1 mL，加入几滴稀硝酸酸化，再加入 2～3 滴 0.1 mol·L^{-1} 的 $AgNO_3$ 溶液，振荡试管，观察现象，如有浑浊，说明沉淀中含有 Cl^-，需用

蒸馏水继续淋洗，直至滤液中不含 Cl^- 为止，弃去滤液。

（4）将沉淀转移至烧杯中，另取 2 $mol·L^{-1}$ 的 H_2SO_4 溶液滴加到沉淀中去，并不断搅拌，当沉淀溶解时，小火加热，并继续滴加硫酸，控制溶液 pH=4。

将溶液加热至沸，促使 Fe^{3+} 水解完全，生成 $Fe(OH)_3$ 沉淀，趁热过滤至蒸发皿中，弃去沉淀。

（5）在除铁后的滤液中，滴加 1 $mol·L^{-1}$ 的 H_2SO_4 溶液，使溶液 pH=2，将蒸发皿置于水浴上蒸发、浓缩至溶液出现晶膜，自然冷却后过滤，将滤渣放在两层滤纸间吸干，称量为 W_3，并按下式计算产率。

$$ZnSO_4·7H_2O\ 产率（\%）= \frac{W_3 \times 65}{(W_1 - W_2) \times 287} \times 100\%$$

（五）产品检验

取少量制得的产品晶体，加水使之溶解，将其均分于两支试管中，进行下述实验：

（1）Cl^- 的检验：在一支试管中，加入 2 $mol·L^{-1}$ 的 HNO_3 溶液 2 滴和 0.1 $mol·L^{-1}$ 的 $AgNO_3$ 溶液 2 滴，摇匀，观察现象并与实验室提供的硫酸锌试剂（三级品）"标准"进行比较。

（2）Fe^{3+} 的检验：在另一支试管中，加入 2 $mol·L^{-1}$ 的 HCl 溶液 5 滴和 0.5 $mol·L^{-1}$ 的 $KSCN$ 溶液 2 滴，摇匀，观察现象并与实验室提供的硫酸锌试剂（三级品）"标准"进行比较。

根据上面检验比较的结果，评定产品中 Cl^-、Fe^{3+} 的含量是否达到三级品试剂标准。

（六）思考题

1．在沉淀 $Zn(OH)_2$ 时，为什么要控制溶液的 pH=8？
2．在除去 Fe^{3+} 的操作中，为什么要控制溶液的 pH=4？
3．加热蒸发溶液时为什么要边加热边搅拌？待析出晶体较多时，为什么要停止加热？
4．实验所制得的硫酸锌溶液，在常温下进行蒸发结晶与加热蒸发冷却结晶，哪种方法析出的晶体大些？

实验五 固体乙醇的制备

（一）实验目的

1．根据有机化学反应原理，用硬脂酸和 NaOH 反应制得硬脂酸钠，再制取固体乙醇。
2．通过实验掌握固体乙醇的制取方法，学会有机化学实验的仪器装配方法。

（二）实验原理

天然燃料分为固体、气体、液体三种。人造燃料也是如此。用液态物质制造固体燃料的方法很多。一般情况下，低燃点、燃烧产物无毒、燃烧热高的液态碳氢化合物都可以制成固体燃料。同时考虑到经济效益，一般采用原料来源广泛、价格低廉、生产工艺简单的方法来生产固体燃料。

通常将乙醇或甲醇等易燃液体与其他物质按照一定的配比混合，制成人造固体乙醇或甲醇并广泛用作家庭、酒店等的火锅燃料，同时，军事、地质等野外作业人员也常常用到它。

本实验先用硬脂酸和 NaOH 反应制得硬脂酸钠：

$$CH_3(CH_2)_{16}COOH + NaOH \Longrightarrow CH_3(CH_2)_{16}COONa + H_2O$$

再将硬脂酸钠与液态乙醇以一定比例混合，加热软化使二者混合均匀。将混合物冷却，硬脂酸钠凝固，乙醇被包含在其中，成为"固体乙醇"。若在凝固前加入固化剂如石蜡、虫胶等，可得到质地坚硬的固体混合物。将上述混合物做成一定的形状后即成为需要的产品。由于石蜡是固态烃的混合物，可用来做固化剂，同时也可以燃烧，加入量不宜过多。否则燃烧不完全，容易产生黑烟，并放出难闻气味。

（三）仪器和药品

仪器：研钵、三口瓶（250 mL）、烧杯（100 mL、50 mL）、回流冷凝管、水浴锅、铁架台、温度计、滴液管、玻璃塞、模具

药品：无机试剂：NaOH 固体

　　　有机试剂：硬脂酸、酒精、石蜡

其他：沸石

（四）实验内容

（1）反应装置如图 6-4 所示。在 250 mL 的三口瓶中加入 9 g 硬脂酸、2 g 石蜡、50 mL 乙醇；再加入数粒沸石，摇匀。

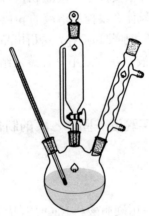

图 6-4　固体乙醇的制备实验装置

（2）在三口瓶上安装回流冷凝管；放到水浴上加热至约 60℃，保持温度直到固体溶解。

（3）在 100 mL 烧杯中加入 1.5 g NaOH 和 13.5 g 水，搅拌溶解后，再加入 25 mL 乙醇，搅拌均匀。

（4）将步骤（3）配好的溶液加入步骤（2）的三口瓶中，水浴加热回流 15 min，使反

应完全。

（5）移开水浴。待温度下降后，停止回流，趁热将液体倒入模具中成型。必要时加盖防止乙醇挥发。冷却至室温。待产品完全固化后，再从模具中倒出。

（6）切一小块成品，点燃，观察其燃烧现象。

（五）思考题

1. 硬脂酸钠与 NaOH 反应的配比是多少？若配比不合适结果会如何？
2. 加入石蜡的作用是什么？是否影响固体乙醇的燃烧效率？为什么？

实验六 聚乙烯醇缩甲醛反应制备胶水

（一）实验目的

1. 进一步了解高分子化学反应的原理。
2. 掌握聚乙烯醇（PVA）缩醛化制备胶水的实验方法，了解 PVA 缩醛化的反应原理。

（二）实验原理

早在 1931 年，人们就已经研制出聚乙烯醇（PVA）的纤维，但由于 PVA 的水溶性而无法实际应用。利用"缩醛化"减少其水溶性，就使得 PVA 有了较大的实际应用价值。用甲醛进行缩醛化反应得到聚乙烯醇缩甲醛（PVF）。PVF 随缩醛化程度不同，性质和用途也有所不同。控制缩醛在 35% 左右，就得到人们称为"维纶"的纤维。维纶的强度是棉花的 1.5～2.0 倍，是现有合成纤维中吸湿性最大的品种，为 4.5%～5%，接近天然纤维棉花（8%），又称为"合成棉花"。

在 PVF 分子中，如果控制其缩醛度在较低水平，因分子中含有羟基、乙酰基和醛基，而有较强的黏接性能，可作胶水使用，用来黏结金属、木材、皮革、玻璃、陶瓷、橡胶等。聚乙烯醇缩甲醛是利用聚乙烯醇与甲醛在盐酸催化的作用下而制得的。其反应式如下：

$$\sim CH_2CHCH_2CH\sim\ +\ HCHO\ \xrightarrow{HCl}\ \sim CH_2CHCH_2-CH\sim\ +\ H_2O$$
$$\qquad\quad |\qquad\qquad\qquad\qquad\qquad\qquad |\qquad\quad|$$
$$\qquad\quad OH\qquad\qquad\qquad\qquad\qquad\quad O-CH_2-O$$

高分子链上的羟基未必能全部进行缩醛化反应，会有一部分羟基残留下来。本实验是合成水溶性聚乙烯醇缩甲醛胶水，反应过程中需控制较低的缩醛度，使产物保持水溶性。若反应过于猛烈，则会造成局部高缩醛度，导致不溶性物质存在于胶水中，影响胶水质量。因此在反应过程中，要特别注意严格控制催化剂用量、反应温度、反应时间及反应物比例等实验条件。

（三）仪器与药品

仪器：恒温水浴、机械搅拌器、温度计、250 mL 三口烧瓶、球形冷凝管、10 mL 量筒、100 mL 量筒、培养皿

药品：无机试剂：HCl 溶液（1∶4）、NaOH 溶液（质量分数为 8%）

有机试剂：聚乙烯醇（PVA）、工业甲醛（质量分数为 40%）

（四）实验步骤

（1）按要求装好反应装置（图 6-4），将其中的滴液管改为搅拌器（本实验的反应装置与固体乙醇的制备实验装置相似）。

（2）在 250 mL 三口瓶中加入 90 mL 蒸馏水和 17 g PVA，在搅拌下升温溶解。

（3）升温到 90℃，待 PVA 全部溶解后，降温至 85℃左右，加入 3 mL 甲醛搅拌 15 min，滴加 1∶4 的盐酸溶液，控制反应体系 pH 值为 1～3，保持反应温度 90℃左右。

（4）继续搅拌，反应体系逐渐变稠。当体系中出现气泡或有絮状物产生时，立即迅速加入 1.5 mL 8%的 NaOH 溶液[1]，调节 pH 值为 8～9，冷却、出料，所获得无色透明黏稠液体即为胶水。

（五）注意事项

[1]由于缩醛化反应的程度较低，胶水中尚含有未反应的甲醛，产物往往有甲酸的刺激性气味。缩醛基团在碱性环境下较稳定，故要调整胶水的 pH 值。

实验七　甲基橙的制备（微型实验）

（一）实验目的

1．了解通过重氮偶联反应制备甲基橙的方法。

2．进一步掌握过滤、重结晶、低温操作等实验技能。

3．掌握微型制备实验的操作。

（二）实验原理

本实验以氨基苯磺酸为原料制备重氮盐，制得的重氮盐再与 N,N-二甲基苯胺在酸性介质中发生偶联反应，制得一种橙色染料，即为甲基橙。

重氮化反应：

$$H_2N-\!\!\!\!\bigcirc\!\!\!\!-SO_3H + NaOH \longrightarrow H_2N-\!\!\!\!\bigcirc\!\!\!\!-SO_3Na + H_2O$$

　　　　对氨基苯磺酸　　　　　　　　　　　对氨基苯磺酸钠

$$H_2N-\!\!\!\!\bigcirc\!\!\!\!-SO_3Na \xrightarrow[\text{HCl}]{\text{NaNO}_2} [HO_3S-\!\!\!\!\bigcirc\!\!\!\!-\overset{+}{N}\!\!\equiv\!\!N]\,Cl^-$$

　　　　　　　　　　　　　　　　　对重氮苯磺酸盐酸盐

大多数重氮盐不稳定。因此，重氮化反应必须在低温和强酸性介质下进行。

偶联反应：

$$[HO_3S-C_6H_4-\overset{+}{N}\equiv N]Cl^-$$

$$\xrightarrow[\text{HOAc}]{C_6H_5N(CH_3)_2} [HO_2S-C_6H_4-N=N-C_6H_4-\underset{H}{\overset{}{N}}(CH_3)_2]^+OAc^-$$

$$\xrightarrow{NaOH} NaO_3S-C_6H_4-N=N-C_6H_4-N(CH_3)_2 + NaOAc + H_2O$$

甲基橙

（三）仪器和药品

仪器：50 mL 烧杯、试管、温度计、表面皿、水浴锅、微型减压过滤装置
药品：无机试剂：浓盐酸、NaOH（5%、10%）、NaCl 固体、NaNO₂ 固体
　　　有机试剂：对氨基苯磺酸晶体、N,N-二甲基苯胺、乙醇、乙醚、冰醋酸
其他：淀粉-碘化钾试纸、冰盐浴

（四）实验内容

1．重氮盐的制备。

在 50 mL 烧杯中放置 1.05 g 磨细的对氨基苯磺酸[1]和 5 mL 5%的 NaOH 溶液，在冰盐浴中冷却至 0℃左右；然后加入 0.4 g 磨细的亚硝酸钠，不断搅拌，直到对氨基苯磺酸全溶为止。在不断搅拌下，将 1.5 mL 浓盐酸与 5 mL 水配成的溶液缓缓滴加到上述混合溶液中，并控制温度在 5℃以下。滴加完后用淀粉-碘化钾试纸检验[2]。然后在冰盐浴中放置 15 min 以保证反应完全[3]。

2．偶联反应。

在试管内混合 0.6 g N,N-二甲基苯胺和 10 滴冰醋酸，在不断搅拌下，将此溶液慢慢加到上述冷却的重氮盐溶液中。加完后，继续搅拌 10 min，然后慢慢加入 12.5 mL 5%的 NaOH 溶液，直至反应物变为橙色，这时反应液呈碱性，粗制的甲基橙呈细粒状沉淀析出[4]。

3．盐析、抽滤。

将反应物在沸水浴上加热 5 min，冷至室温后，加入 2.5 g 氯化钠，搅拌并于沸水浴中加热 5 min，冷却至室温后再在冰水浴中冷却。

使甲基橙晶体析出完全后，用微型减压过滤装置抽滤，收集结晶，依次用少量水、乙醇、乙醚洗涤滤饼，压干。

4．重结晶。

若要得到较纯产品，可用溶有少量 NaOH（0.1～0.2 g）的沸水进行重结晶，每克粗产物约需 25 mL。待结晶析出完全后，抽滤收集。沉淀依次用少量乙醇、乙醚洗涤[5]，得到橙色的小叶片状甲基橙结晶。

溶解少许甲基橙于水中，加几滴稀盐酸溶液，接着用稀的 NaOH 溶液中和，观察颜色变化。

（五）产品检验

甲基橙的变色范围为 pH=3.1～4.4，自制一定浓度的酸碱溶液进行检验，观察变色现象是否与理论一致。

（六）注意事项

[1]对氨基苯磺酸是两性化合物，酸性比碱性强，以酸性内盐形式存在，所以它能与碱作用成盐而不能与酸作用成盐。

[2]若试纸不显蓝色，则需补充亚硝酸钠。

[3]在此时往往析出对氨基苯磺酸的重氮盐。这是因为重氮盐在水中可以电离，形成中性内盐，在低温时难溶于水而形成细小晶体析出。

[4]若反应物中含有未作用的 N,N-二甲基苯胺醋酸盐，加入 NaOH 后，就会有难溶于水的 N,N-二甲基苯胺析出，影响产物的纯度。湿的甲基橙在空气中受光的照射后，颜色很快变深，所以一般得紫红色粗产物。

[5]重结晶操作应迅速，否则由于产物呈碱性，在温度高时易变质，颜色变深。用乙醇、乙醚洗涤的目的是使其迅速干燥。

（七）思考题

1. 什么叫偶联反应？试结合本实验讨论偶联反应的条件。
2. 试解释甲基橙在酸碱介质中的变色原因，并用反应式表示。

（八）环保提醒

1. 安全提示：N,N-二甲基苯胺和亚硝酸钠有剧毒，不要吸入体内和触及皮肤。
2. 实验废液和产品应回收。本实验产生的废液含有大量的胺类化合物以及亚硝酸盐。建议采用燃烧法处理。若有机类物质浓度大时，即能分离出有机层和水层时，将有机层焚烧，由此产生的有毒气体（如 NO_2 等）必须采取吸附等措施除去。对水层或其浓度低的废液，则用吸附法、溶剂萃取法或氧化分解法进行处理。

实验八　从海带中提取碘（微量实验）

（一）实验目的

1. 了解从海带中提取碘的生产原理。
2. 掌握微量物质提取的方法。

（二）实验原理

海带中含有碘化物，利用 H_2O_2 可将 I^- 氧化成 I_2。本实验先将干海带灼烧去除有机物，剩余物用 H_2O_2-H_2SO_4 处理，使得 I^- 被氧化成 I_2。生成的 I_2 又与碱反应。

$$2I^- + H_2O_2 + 2H^+ = I_2 + 2H_2O$$

$$3I_2+6NaOH == 5NaI+NaIO_3+3H_2O$$

（三）仪器和药品

仪器：50 mL 烧杯、试管、坩埚、坩埚钳、铁架台、玻璃棒、酒精灯、量筒、胶头滴管、托盘天平、刷子、微型漏斗、滤纸

药品：无机试剂：H_2O_2（质量分数为3%）、H_2SO_4（3 mol·L^{-1}）、NaOH（2 mol·L^{-1}）

有机试剂：酒精、淀粉溶液、CCl_4

其他：干海带、火柴、剪刀

（四）实验步骤

（1）称取 3 g 干海带，用刷子把干海带表面的附着物刷净（不要用水洗）。将海带剪碎，用酒精润湿（便于灼烧）后，放在坩埚中。

（2）用酒精灯灼烧盛有海带的坩埚，至海带完全成灰，停止加热，冷却。

（3）将海带灰转移到 50 mL 小烧杯中，再向烧杯中加入 10 mL 蒸馏水，搅拌，煮沸 2～3 min，使可溶物溶解，过滤至小烧杯中。

（4）向滤液中滴入 2～3 滴 3 mol·L^{-1} 的硫酸，再加入约 1 mL H_2O_2 溶液。观察现象。

（5）取少量上述滤液于试管中，滴加几滴淀粉溶液。观察溶液是否变蓝，若变蓝，则有碘析出。

（6）向小烧杯中的剩余滤液中加入 1 mL CCl_4，振荡，静置。观察现象。

（7）向加有 CCl_4 的溶液中加入 NaOH 溶液，充分振荡后，观察 CCl_4 层现象并解释，将混合液倒入指定的容器中。

（五）注意事项

本实验提取微量碘，因此在操作中应注意减少损耗。

（六）问题和讨论

上述实验中的哪些现象可以说明海带的成分中含有碘？

实验九　水中花园实验

（一）实验目的

认识大多数硅酸盐的生成过程和难溶于水的性质。

（二）实验原理

金属盐与硅酸钠反应，生成不同颜色的金属硅酸盐胶体，在固体、液体的接触面形成半透膜，由于渗透压的关系，水不断渗入膜内，胀破半透膜使盐又与硅酸钠接触，生成新的胶状金属硅酸盐。反复渗透，硅酸盐变成芽状或树枝状。

$$CuSO_4+Na_2SiO_3 == CuSiO_3\downarrow +Na_2SO_4$$

$$MnSO_4+Na_2SiO_3 \rightleftharpoons MnSiO_3\downarrow +Na_2SO_4$$
$$CoCl_2+Na_2SiO_3 \rightleftharpoons CoSiO_3\downarrow +2NaCl$$

（三）仪器和药品

仪器：水槽（或大玻璃容器）

药品：硫酸铜、硫酸锰、氯化钴、氯化锌、氯化铁、硫酸镍等固体、15%Na_2SiO_3溶液（或市售水玻璃）

材料：洗净的细砂、洗净的山峰状石头、镊子

（四）实验步骤

在水槽或大玻璃容器的底部铺一层约 1 cm 厚的洗净的细砂，再放置一些洗净的山峰状石头等，向容器中加入约 15%的 Na_2SiO_3 溶液，或市售水玻璃溶液。溶液为 5～10 cm 高，静置。用镊子把直径 3～5 mm 的下列盐的晶体：硫酸铜、硫酸锰、氯化钴、氯化锌、氯化铁、硫酸镍等，投入 Na_2SiO_3 溶液里，并放在槽底细砂上不同位置处。一段时间后可以看到投入的盐的晶体逐渐生出蓝白色、肉色、紫红色、白色、黄色、绿色的芽状、树状的"花草"，鲜艳美丽，故有"水中花园"之称。

第二节　研究性实验

研究性实验由以下几个部分组成：

1. 确定选题。确定选题时要选取自己熟悉的选题。所选课题具有实际的应用意义，要针对当前的学习或工作中出现的问题。

2. 查阅资料，收集合成、制备、分析等具体实验方法，并要了解相关的手册、教材与参考书。根据选定的课题，查阅相关资料，如教科书、合成类参考书等。所需的数据可以查阅化学、物理手册。成熟的分析方法可以查阅教科书、分析化学手册、中华人民共和国国家标准分析方法等。

3. 初步拟订实验方案。在研究资料的基础上，经分析比较后拟订最后的实验方案。并按照实验目的、实验原理、实验试剂和仪器、实验步骤、实验数据以及处理、有关计算、实验结果以及表达、误差来源以及采取的措施、参考文献等项目书写成文。

4. 设计好实验方案交给教师审核。只要方法合理，具备实验条件，就可以按照自己的实验方案进行实验。如果实验条件不具备，或者设计不够合理与完善，则进行修改后才能实验。

5. 独立完成实验。实验所用试剂完全由学生自己配制。在实验过程中学生要以熟练、规范的实验操作，良好的实验素养进行实验。实验中需要仔细观察实验现象，及时记录实验现象、试剂用量、反应条件、实验数据等关键的原始数据。如果在实验中发现了设计不够完善的地方，应该设法改进，以获得满意的实验效果。

6. 完成实验报告，并及时进行总结。

7. 写成小论文。建议格式采用：一、前言；二、实验方案；三、实验结果；四、讨

论；五、参考文献。

以下是一个具体的例子。

用铝箔或铝制灌装瓶制备硫酸铝

一、预习

查阅资料以获得下列信息：

1．废铝的来源。

2．制备硫酸铝的化学方法。

3．铝以及硫酸铝的性质，产品的检验方法。

二、设计实验

从资料可知，由铝制备硫酸铝属于无机物的制备，因此利用铝的两性，采用化学方法制备得到硫酸铝后，用分离提纯技术可以制得产品。经过检验其纯度以后可以投入使用。

1．拟定的思路。

（1）基本原理。

铝是活泼金属，延展性好，可以加工成很薄的薄膜。食品、香烟的包装内层很多用铝箔，饮料罐大多也用薄铝片制造。若将废弃的包装随意乱丢，不仅造成资源的浪费，而且会导致环境污染。大量的铝离子进入人体也能造成对神经的毒害，甚至导致痴呆。

根据废料的大小、是否与其他材料混合以及是否易于剥离等特点来确定废铝的回收方法。如果是大量的废铝可以采用熔炼成金属铝的方法进行回收。对于小量并且零散的铝制品包装废料，适宜采用化学方法加工提炼制成化学制剂。

本课题意在通过实验强化废物回收利用的意识，学习无机化合物的制备方法以及相关操作。

铝是两性金属，能溶于 NaOH 溶液，制得四羟基合铝酸钠，再用硫酸调节其 pH 值，将其转化为氢氧化铝沉淀，与溶液分开，再用硫酸溶解氢氧化铝沉淀制得硫酸铝溶液，浓缩冷却后得到含有结晶水的晶体。化学反应为

$$2Al+2NaOH+6H_2O \Longrightarrow 2Na[Al(OH)_4]+3H_2\uparrow$$

$$2NaAl[OH]_4+H_2SO_4 \Longrightarrow 2Al(OH)_3\downarrow +Na_2SO_4+2H_2O$$

$$2Al(OH)_3+3H_2SO_4 \Longrightarrow Al_2(SO_4)_3+6H_2O$$

（2）制备方法。

由上述原理可知，先将废铝溶于 NaOH 溶液，制得四羟基合铝酸钠，进而将其转化为氢氧化铝沉淀。分离后，再用硫酸溶解氢氧化铝沉淀制得硫酸铝溶液，浓缩冷却后得到含有结晶水的晶体。因此实验步骤为：①废铝的处理；②四羟基合铝酸钠的制备；③氢氧化铝的生成和洗涤；④制取硫酸铝的晶体；⑤分析产品的纯度。

2．书写设计方案。

用铝箔或铝制灌装瓶制备硫酸铝

一、实验目的

（1）通过实验寻求用废铝制备硫酸铝的最佳反应条件。

（2）学习如何确定反应条件，尝试用已获得的知识解决实际问题。

（3）熟悉铝、硫酸铝的化学性质。学习无机化合物的制备方法以及相关操作。

（4）通过实验强化废物回收利用的意识。

二、实验原理

铝是活泼金属，延展性好，可以加工成很薄的薄膜。现代食品、香烟的包装内层很多用铝箔。饮料罐大多也用薄铝片制造。若将废弃的包装随意乱丢，不仅造成资源的浪费，而且会导致环境污染。大量的铝离子进入人体也能造成对神经的毒害，甚至导致痴呆。

根据废料的大小、是否与其他材料混合以及是否易于剥离等特点来确定废铝的回收方法。如果是大量的废铝可以采用熔炼成金属铝的方法进行回收。对于小量并且零散的铝制品包装废料，适宜采用化学方法加工提炼制成化学制剂。

铝是两性金属，能溶于 NaOH 溶液，制得四羟基合铝酸钠，再用硫酸调节其 pH 值，将其转化为氢氧化铝沉淀，与溶液分开，再用硫酸溶解氢氧化铝沉淀制得硫酸铝溶液，浓缩冷却后得到含有结晶水的晶体。化学反应为：

$$2Al+2NaOH+6H_2O =\!=\!= 2Na[Al(OH)_4]+3H_2\uparrow$$

$$2NaAl[OH]_4+H_2SO_4 =\!=\!= 2Al(OH)_3\downarrow +Na_2SO_4+2H_2O$$

$$2Al(OH)_3+3H_2SO_4 =\!=\!= Al_2(SO_4)_3+6H_2O$$

三、实验试剂和仪器

试剂：NaOH 固体、H_2SO_4（ 2 mol·L^{-1}、3 mol·L^{-1} ）、HNO_3（ 6 mol·L^{-1} ）、15%NH$_4$SCN、铁标准溶液（ 2.5 mol·L^{-1} ）

仪器：试管、烧杯、布氏漏斗、吸滤瓶、滴定管、离心机、分析天平、标准比色管、普通漏斗

四、实验内容和步骤

（1）废铝的处理。将香烟铝箔用水浸泡，剥去白纸，或者铝制饮料罐用剪刀剪碎。

（2）四羟基合铝酸钠的制备。称取 1.3 g NaOH 固体放于 200 mL 烧杯中，加入 30 mL 去离子水，使其溶解。然后将铝箔放入烧杯中，待反应结束后加入少许水，若没有气泡产生，则反应结束。加水至 80 mL 左右，过滤。

（3）氢氧化铝的生成和洗涤。将滤液加热近沸，边搅拌边滴加 3 mol·L^{-1} 的 H_2SO_4 溶液，当 pH 为 8～9 时，继续搅拌煮沸数分钟，静置澄清。于上层清液中滴加 3 mol·L^{-1} 的 H_2SO_4，检验 Al(OH)$_3$ 是否沉淀完全。待沉淀完全后静置澄清，弃去清液。用煮沸的去离子水以倾析法洗涤 Al(OH)$_3$ 沉淀 2～3 次，抽滤，继续用沸水洗涤，直到 pH 为 5～7 时，抽干。

（4）制取硫酸铝的晶体。将制得的 Al(OH)$_3$ 沉淀转移至烧杯中，边搅拌边加入 3 mol·L^{-1}

的 H_2SO_4 溶液，小心煮沸使其溶解。加水至 50 mL 左右，过滤。

（5）滤液用小火蒸发至 8 mL 左右，在不断搅拌下用冷水冷却，使晶体析出，抽滤。得到硫酸铝晶体。

（6）分析产品的纯度。称取 0.5 g 样品于小烧杯中，加 10 mL 水溶解，加入 1 mL 6 mol·L^{-1} 的 HNO_3 和 1 mL 2 mol·L^{-1} 的 H_2SO_4，加热至沸腾，冷却，转移至 50 mL 比色管中，用少量水冲洗烧杯和玻璃棒，将洗液一并转移至比色管中。加 10 mL 15% 的 NH_4SCN 溶液，摇匀，加水至刻度，摇匀，将颜色与标准比色样品比较，确定产品的级别。铁含量越少者等级越高。

标准样品的制备：分别准确移取 6 mL 和 20 mL 铁标准溶液 Fe^{3+}（2.5 mol·L^{-1}），同上述方法处理，分别得到二级和三级标准试剂。

3. 将上述实验方案交指导老师审阅。

4. 进行实验。

5. 总结实验结论，完成实验报告或写成小论文。

实验十　阴阳离子未知液的分析与鉴定

（一）目的要求

1. 学习自行设计实验对未知离子试液进行定性分析的方法。
2. 进一步学习和掌握离子的定性分析基本操作技能。
3. 锻炼独立设计实验方案，实施实验方案的能力。

（二）设计思路提示

1. 查阅资料或者复习常见离子定性检验的基本方法，熟练掌握各离子的特征反应，然后参考给定试剂，拟订实验方案。

2. 给定的未知试液中可能有 Na^+、Fe^{3+}、Al^{3+}、Cu^{2+}、NH_4^+、NO_3^-、SO_4^{2-}、Cl^- 等中的 4～5 种。

3. 给定的试剂为：

$BaCl_2$（0.5 mol·L^{-1}）、HCl（6 mol·L^{-1}）、NaOH（6 mol·L^{-1}）、$AgNO_3$（1 mol·L^{-1}）、HNO_3（6 mol·L^{-1}）、$NH_3·H_2O$（6 mol·L^{-1}，浓）、KCNS（饱和）、HAc（6 mol·L^{-1}）、$K_4[Fe(CN)_6]$（0.1 mol·L^{-1}）、H_2SO_4（浓）、玫瑰红酸钠（质量分数为 0.1%）、铝试剂（质量分数为 0.1%）、奈斯勒试剂、醋酸铀酰锌、$FeSO_4$ 固体、二苯胺、酚酞。

（三）设计要求

1. 根据实验室给定的试剂和提供的未知样品，拟订出详细、合理的实验方案。内容包括实验目的要求、实验原理、实验仪器和药品、操作步骤、注意事项、实验记录表格等。

2. 将实验设计方案交给指导教师审阅，结合未知液的可能成分实施设计方案，独立完成实验，并写出规范的实验报告。

实验十一 醇、酚、醛、酮、羧酸未知液的分析与鉴定

（一）目的要求

1．通过本实验全面复习醇、酚、醛、酮、羧酸的主要化学性质。

2．运用所学实验知识和操作技术，独立设计和完成实验。

（二）设计思路提示

1．查阅资料，复习常见有机化合物或官能团定性检验的基本方法，熟练掌握各官能团的特征反应，参考给定试剂，拟订实验方案。

2．给定的试剂为：NaOH（10%）、$AgNO_3$（质量分数为 5%）、$FeCl_3$（质量分数为 1%）、$NH_3 \cdot H_2O$（浓）、H_2SO_4（浓）、斐林试剂Ⅰ、斐林试剂Ⅱ、$CuSO_4$（质量分数为 5%）、$K_2Cr_2O_7$（质量分数为 5%）、$NaHCO_3$（质量分数为 5%）、酚酞、石蕊试纸、碘液、饱和 $NaHSO_3$、2,4-二硝基苯肼、饱和溴水。

3．给定的未知试液中可能有下列试剂中的一种或多种：1-丁醇、乙酸、乳酸、丙酮、异丙醇、甘油、乙醛、甲醛、苯甲醛、苯酚。

（三）设计要求

1．用给定的试剂独立设计实验方案，包括实验目的、实验原理、实验仪器和药品、操作步骤和预期结果。并写出有关的化学反应方程式。

2．将设计方案交指导教师审阅后，独立完成实验。在实验过程中，应认真完成实验，记录好实验现象，正确进行未知试液分析，必要时将试管编号。

3．实验完毕后，当场完成实验报告。将实验方案和实验报告一起交给实验指导教师。

实验十二 用纸色谱法分离与鉴定 Fe^{3+}、Co^{2+}、Ni^{2+}、Cu^{2+}

（一）目的要求

1．掌握纸色谱法分离鉴定无机离子的基本原理以及操作技术。

2．掌握移动率 R_f 的计算，掌握用 R_f 定性鉴定无机离子的方法。

（二）设计思路提示

1．查阅资料，掌握纸色谱的分离和鉴定原理，找到合适的固定相和流动相。确定合适的展开剂，并拟订实验方案。

2．由于鉴定的离子比较多，必须选择合适的仪器和试剂，特别是显色剂。

3．建议各已知样离子（Fe^{3+}、Co^{2+}、Ni^{2+}、Cu^{2+}）的浓度为 $0.3 \text{ mol} \cdot L^{-1}$，再用各已知样混合，配成混合样，作对照实验。

（三）设计要求

1．用给定的试剂独立设计实验方案，包括实验目的、实验原理、实验仪器和药品、操作步骤和预期结果。选定流动相和展开剂、显色剂以及干燥时间。

2．将设计方案交指导教师审阅后，独立完成实验。在实验过程中，应认真完成实验，记录好实验现象。做好对照实验，正确进行未知样分析。

3．实验完毕后，当场完成实验报告。将实验方案和实验报告一起交给实验指导教师。

实验十三　碱式碳酸铜的制备

（一）目的要求

1．通过寻求制备碱式碳酸铜的最佳反应条件，学习如何确定实验条件。

2．学会用已掌握的知识和技术去解决实际问题。

3．进一步熟悉铜盐、碳酸盐的性质。

4．进一步掌握常用的物质提纯方法。

（二）设计思路提示

1．查阅资料，掌握碱式碳酸铜的制备原理，并设计合适的实验方案。

提示：由于 CO_3^{2-} 的水解，碳酸钠的溶液呈碱性，并且铜的碳酸盐溶液与氢氧化物的溶解度相近，所以，当碳酸钠与硫酸铜溶液反应时，所得的产物是碱式碳酸铜。

$$2CuSO_4+Na_2CO_3+H_2O == Cu(OH)_2 \cdot CuSO_4\downarrow +CO_2\uparrow +Na_2SO_4$$

2．设计合理的实验方案，确定反应物之间恰当的比例关系，得到最佳的产率。

3．温度对结晶的生成有显著的影响，因此建议设计合理的实验方案，确定最佳温度。

（三）设计要求

1．根据给定的条件和试剂，确定制备原理、反应物之间合适的比例，确定当时实验条件下合适的结晶温度、所需的实验仪器和药品，设计实验方案。

2．按照实验所得的合适配比和温度条件设计碱式碳酸铜的制备方案。

3．将设计方案交指导教师审阅后，独立完成实验。在实验过程中，应认真完成实验，记录好实验现象和数据。

4．实验完毕后，当场完成实验报告。将实验方案和实验报告一起交给实验指导教师。

实验十四　从黄连中提取黄连素

（一）目的要求

1．初步掌握从植物中提取天然产物的原理和方法。

2．熟练掌握回流、蒸馏和重结晶等操作技术。

（二）设计思路提示

1．查阅资料，掌握黄连中的基本成分及黄连素的性质。

提示：黄连素是黄连的主要成分，易溶于乙醇。

2．设计合理的实验方案，确定提纯的主要步骤。

3．若结晶达不到要求，可以进行重结晶。

（三）设计要求

1．设计实验方案。根据给定物质的条件和主要成分，确定提取原理。

2．选用恰当的实验仪器，以及用到的主要操作技术。

3．将设计方案交指导教师审阅后，独立完成实验。在实验过程中，应认真完成实验，记录好实验现象和数据。

实验十五　头发中氨基酸的测定

（一）目的要求

1．理解纸色谱法的分析原理。

2．掌握回流、过滤、纸色谱等基本操作。

3．掌握蛋白质的性质以及水解条件。

4．学会用纸色谱法鉴定蛋白质水解液中主要氨基酸的成分。

（二）设计思路提示

1．查阅资料，掌握蛋白质的水解条件和水解产物有哪些（多种氨基酸）、纸色谱法的分析原理，设计头发中氨基酸的提取方法，选用合适的实验仪器。

提示：可参考"菠菜中色素的提取实验"。

2．学会选择合理的氨基酸标准对照样品。

提示：先查阅蛋白质的水解产物有哪些，本实验要确定哪些产物，再选用氨基酸对照样品。

3．设计合理的实验方案，确定实验步骤。

（三）设计要求

1．设计实验方案。根据蛋白质的水解反应，选择合理的水解条件，确定实验步骤。

2．选用恰当的实验仪器，以及用到的主要操作技术。

3．将设计方案交指导老师审阅后，独立完成实验。

4．实验完毕后，出具鉴定结果，并当场完成实验报告。将实验方案和实验报告一起交给实验指导教师。

附　录

一、化学药品的规格

化学药品（试剂）规格的划分，各国不一致，我国化学药品等级的划分可参阅下表：

级别	一级品	二级品	三级品	四级品	五级品
中文	保证试剂	分析试剂	化学纯	化学用	生物试剂
标志	优级纯	分析纯	纯	实验试剂	
符号	GR	AR	CP	LR	BR、CR
标签颜色	绿	红	蓝	棕色等	黄色等

注：对于不同的化学药品，各种规格要求的标准不同。但总的来说，保证试剂（一级品）杂质含量最低，纯度最高，适合于精确分析及研究用；分析纯（二级品）及化学纯（三级品）试剂适合于一般的分析及研究工作用；在普通化学实验中一般采用价格低廉的化学用（四级品）试剂。

二、常用酸碱溶液的浓度

溶液名称	密度/（g·mL^{-1}）	质量分数/%	物质的量浓度/（mol·L^{-1}）
浓硫酸	1.84	95～96	18
稀硫酸	1.18	25	3
稀硫酸	1.06	9	1
浓盐酸	1.19	38	12
稀盐酸	1.10	20	6
稀盐酸	1.03	7	2
浓硝酸	1.40	65	14
稀硝酸	1.20	32	6
稀硝酸	1.07	12	2
浓磷酸	1.7	85	15
稀磷酸	1.05	9	1
稀高氯酸	1.12	19	2
浓氢氟酸	1.13	40	23
氢溴酸	1.38	40	7
氢碘酸	1.70	57	7.5
冰醋酸	1.05	99～100	17.5
稀醋酸	1.04	35	6
稀醋酸	1.02	12	2
浓氢氧化钠	1.36	33	11
稀氢氧化钠	1.09	8	2
浓氨水	0.88	35	18
浓氨水	0.91	25	13.5
稀氨水	0.96	11	6
稀氨水	0.99	3.5	2

三、不同温度时水的饱和蒸气压

温度/℃	水的饱和蒸气压/mmHg	温度/℃	水的饱和蒸气压/mmHg	温度/℃	水的饱和蒸气压/mmHg
1	4.93	13	11.23	25	23.76
2	5.29	14	11.99	26	25.21
3	5.68	15	12.79	27	26.74
4	6.10	16	13.63	28	28.35
5	6.54	17	14.53	29	30.04
6	7.01	18	15.48	30	31.82
7	7.51	19	16.48	31	33.79
8	8.05	20	17.54	32	35.66
9	8.61	21	18.65	33	37.73
10	9.21	22	19.83	34	39.89
11	9.84	23	21.07	35	42.18
12	10.52	24	22.38	36	44.56

注：1 mmHg=133.3Pa。

四、弱电解质的解离常数

电解质	电离方式	温度/℃	解离常数 K_a 或 K_b[**]	pK_a 或 pK_b
醋酸	$HAc \rightleftharpoons H^+ + Ac^-$	25	1.76×10^{-5}	4.75
硼酸	$(H_3BO_3 \equiv) B(OH)_3 + H_2O$ $\rightleftharpoons B(OH)_4^- + H^+$	20	7.3×10^{-10}	9.14
碳酸	$H_2CO_3 \rightleftharpoons H^+ + HCO_3^-$	25	(K_{a1}) [*]4.30×10^{-7}	6.37
	$HCO_3^- \rightleftharpoons H^+ + CO_3^{2-}$	25	(K_{a2}) [*]5.61×10^{-11}	10.25
氢氰酸	$HCN \rightleftharpoons H^+ + CN^-$	25	4.93×10^{-10}	9.31
氢硫酸	$H_2S \rightleftharpoons H^+ + HS^-$	18	(K_{a1}) 9.1×10^{-8}	7.04
	$HS^- \rightleftharpoons H^+ + S^{2-}$	18	(K_{a2}) 1.1×10^{-12}	11.96
草酸	$H_2C_2O_4 \rightleftharpoons H^+ + HC_2O_4^-$	25	(K_{a1}) 5.90×10^{-2}	1.23
	$HC_2O_4^- \rightleftharpoons H^+ + C_2O_4^{2-}$	25	(K_{a2}) 6.40×10^{-5}	4.19
甲酸	$HCOOH \rightleftharpoons H^+ + HCOO^-$	20	1.77×10^{-4}	3.75
磷酸	$H_3PO_4 \rightleftharpoons H^+ + H_2PO_4^-$	25	(K_{a1}) 7.52×10^{-3}	2.12
	$H_2PO_4^- \rightleftharpoons H^+ + HPO_4^{2-}$	25	(K_{a2}) 6.23×10^{-8}	7.21
	$HPO_4^{2-} \rightleftharpoons H^+ + PO_4^{3-}$	25	(K_{a3}) 4.4×10^{-13}	12.36
亚硫酸	$H_2SO_3 \rightleftharpoons H^+ + HSO_3^-$	18	(K_{a1}) 1.54×10^{-2}	1.81
	$HSO_3^- \rightleftharpoons H^+ + SO_3^{2-}$	18	(K_{a2}) 1.02×10^{-7}	6.91
亚硝酸	$HNO_2^- \rightleftharpoons H^+ + NO_2^-$	12.5	4.6×10^{-14}	3.37
氢氟酸	$HF \rightleftharpoons H^+ + F^-$	25	3.53×10^{-14}	3.45
硅酸	$H_2SiO_3 \rightleftharpoons H^+ + HSiO_3^-$	（常温）	(K_{a1}) 2×10^{-10}	9.70
	$HSiO_3^- \rightleftharpoons H^+ + SiO_3^{2-}$	（常温）	(K_{a2}) 1×10^{-12}	12.00
氨水	$NH_3 + H_2O \rightleftharpoons NH_4^+ + OH^-$	25	1.79×10^{-5}	4.75

[*]K_{a1}、K_{a2} 分别表示一级解离和二级解离的解离常数。

[**]数据录自 Robert C.weast，CRC Handbook of Chemistry and Physics，58 th ed.，1977-78，D-149～151。

五、难溶电解质的溶度积*

难溶电解质	分子式	温度/℃	溶度积
氯化银	AgCl	25	1.56×10^{-10}
溴化银	AgBr	25	7.7×10^{-13}
碘化银	AgI	25	1.5×10^{-16}
氢氧化银	AgOH	20	1.52×10^{-8}
铬酸银	Ag_2CrO_4	14.8	1.2×10^{-12}
		25	9.0×10^{-12}
硫化银	Ag_2S	18	1.6×10^{-19}
硫酸钡	$BaSO_4$	25	1.08×10^{-10}
碳酸钡	$BaCO_3$	25	8.1×10^{-9}
铬酸钡	$BaCrO_4$	18	1.6×10^{-10}
碳酸钙	$CaCO_4$	25	8.7×10^{-9}
硫酸钙	$CaSO_4$	25	2.45×10^{-5}
磷酸钙	$Ca_3(PO_4)_2$	25	2.0×10^{-29}
氢氧化铜	$Cu(OH)_2$	25	5.6×10^{-20}
硫化铜	CuS	18	8.5×10^{-45}
氢氧化铁	$Fe(OH)_3$	18	1.1×10^{-36}
氢氧化亚铁	$Fe(OH)_2$	18	1.64×10^{-14}
硫化亚铁	FeS	18	3.7×10^{-19}
碳酸镁	$MgCO_3$	12	2.6×10^{-5}
氢氧化镁	$Mg(OH)_2$	18	1.2×10^{-11}
二氢氧化锰	$Mn(OH)_2$	18	4.0×10^{-14}
硫化锰	MnS	18	1.4×10^{-15}
硫酸铅	$PbSO_4$	18	1.06×10^{-8}
硫化铅	PbS	18	3.4×10^{-28}
二氯化铅	$PbCl_2$	25	2.4×10^{-14}
二碘化铅	PbI_2	25	1.39×10^{-8}
碳酸铅	$PbCO_3$	18	3.3×10^{-14}
铬酸铅	$PbCrO_4$	18	1.77×10^{-14}
碳酸锌	$ZnCO_3$	18	1.0×10^{-10}
硫化锌	ZnS	18	1.2×10^{-23}
硫化镉	CdS	18	3.6×10^{-29}
硫化钴	CoS	18	3.0×10^{-26}
硫化汞	HgS	18	$4.0 \times 10^{-53} \sim 2.0 \times 10^{-49}$

*数据主要录自 Robert C.weast，CRC Handbook of Chemistry and Physics，58 th ed.，1977-78，B-254。

六、标准电极电势*

电对（氧化态/还原态）	电极反应（氧化态+ne $\rightleftharpoons$ 还原态）	标准电极电势/V
Li^+/Li	$Li^+ + e \rightleftharpoons Li$	−3.045
K^+/K	$K^+ + e \rightleftharpoons K$	−2.924
Ca^{2+}/Ca	$Ca^{2+} + 2e \rightleftharpoons Ca$	−2.76
Na^+/Na	$Na^+ + e \rightleftharpoons Na$	−2.710 9
Mg^{2+}/Mg	$Mg^{2+} + 2e \rightleftharpoons Mg$	−2.375
Al^{3+}/Al	$Al^{3+} + 3e \rightleftharpoons Al$	−1.706
Mn^{2+}/Mn	$Mn^{2+} + 2e \rightleftharpoons Mn$	−1.029
SO_4^{2-}/SO_3^{2-}	$SO_4^{2-} + 2H_2O + 2e \rightleftharpoons SO_3^{2-} + 2OH^-$	−0.93
Zn^{2+}/Zn	$Zn^{2+} + 2e \rightleftharpoons Zn$	−0.762 8
SbO_3^-/SbO_2^-	$SbO_3^- + H_2O + 2e \rightleftharpoons SbO_2^- + 2OH^-$	−0.59
Fe^{2+}/Fe	$Fe^{2+} + 2e \rightleftharpoons Fe$	−0.409
Cd^{2+}/Cd	$Cd^{2+} + 2e \rightleftharpoons Cd$	−0.402 6
Co^{2+}/Co	$Co^{2+} + 2e \rightleftharpoons Co$	−0.28
Ni^{2+}/Ni	$Ni^{2+} + 2e \rightleftharpoons Ni$	−0.23
Sn^{2+}/Sn	$Sn^{2+} + 2e \rightleftharpoons Sn$	−0.136 4
Pb^{2+}/Pb	$Pb^{2+} + 2e \rightleftharpoons Pb$	−0.126 3
CrO_4^{2-}/CrO_4^-	$CrO_4^{2-} + 2H_2O + 3e \rightleftharpoons CrO_2^- + 4OH^-$	−0.12
H^+/H_2	$H^+ + e \rightleftharpoons 1/2 H_2$	0.000 0
$S_4O_6^{2-}/S_2O_3^{2-}$	$S_4O_6^{2-} + 2e \rightleftharpoons 2S_2O_3^{2-}$	+0.09
S/H_2S	$S + 2H^+ + 2e \rightleftharpoons H_2S$ （水溶液）	+0.141
Sn^{4+}/Sn^{2+}	$Sn^{4+} + 2e \rightleftharpoons Sn^{2+}$	+0.15
SO_4^{2-}/H_2SO_3	$SO_4^{2-} + 4H^+ + 2e \rightleftharpoons H_2SO_3 + H_2O$	+0.20
Hg_2Cl_2/Hg	$Hg_2Cl_2 + 2e \rightleftharpoons 2Hg + Cl^-$	0.268 2
Cu^{2+}/Cu	$Cu^{2+} + 2e \rightleftharpoons Cu$	+0.340 2
O_2/OH^-	$1/2 O_2 + H_2O + 2e \rightleftharpoons 2OH^-$	+0.401
Cu^+/Cu	$Cu^+ + e \rightleftharpoons Cu$	+0.522
I_2/I^-	$I_2 + 2e \rightleftharpoons 2I^-$	+0.535
MnO_4^-/MnO_4^{2-}	$MnO_4^- + e \rightleftharpoons MnO_4^{2-}$	+0.564
MnO_4^-/MnO_2	$MnO_4^- + 2H_2O + 3e \rightleftharpoons MnO_2 + 4OH^-$	+0.588
MnO_4^{2-}/MnO_2	$MnO_4^{2-} + 2H_2O + 2e \rightleftharpoons MnO_2 + 4OH^-$	+0.60
O_2/H_2O_2	$O_2 + 2H^+ + 2e \rightleftharpoons H_2O_2$	+0.682
Fe^{3+}/Fe^{2+}	$Fe^{3+} + e \rightleftharpoons Fe^{2+}$	+0.770
Hg_2^{2+}/Hg	$1/2 Hg_2^{2+} + e \rightleftharpoons Hg$	+0.796 6
Ag^+/Ag	$Ag^+ + e \rightleftharpoons Ag$	+0.799 6
Hg^{2+}/Hg	$Hg^{2+} + 2e \rightleftharpoons Hg$	+0.851
NO_3^-/NO	$NO_3^- + 4H^+ + 3e \rightleftharpoons NO + 2H_2O$	+0.96
HNO_2/NO	$HNO_2 + H^+ + e \rightleftharpoons NO + H_2O$	+0.99
Br_2/Br^-	$Br_2 + 2e \rightleftharpoons 2Br^-$	+1.065
MnO_2/Mn^{2+}	$MnO_2 + 4H^+ + 2e \rightleftharpoons Mn^{2+} + 2H_2O$	+1.208
O_2/H_2O	$O_2 + 4H^+ + 4e \rightleftharpoons 2H_2O$	+1.229
$Cr_2O_7^{2-}/Cr^{3+}$	$Cr_2O_7^{2-} + 14H^+ + 6e \rightleftharpoons 2Cr^{3+} + 7H_2O$	+1.33
Cl_2/Cl^-	$Cl_2 + 2e \rightleftharpoons 2Cl^-$	+1.358 3
MnO_4^-/Mn^{2+}	$MnO_4^- + 8H^+ + 5e \rightleftharpoons Mn^{2+} + 4H_2O$	+1.491
H_2O_2/H_2O	$H_2O_2 + 2H^+ + 2e \rightleftharpoons 2H_2O$	+1.776
$S_2O_8^{2-}/SO_4^{2-}$	$S_2O_8^{2-} + 2e \rightleftharpoons 2SO_4^{2-}$	+2.0
F_2/F^-	$F_2 + 2e \rightleftharpoons 2F^-$	+2.87

*数据主要摘自 Robert C.Weast，CRC Handbook of Chemistry and Physics，58 th ed.，1977-78，D-141-146。

七、配离子的稳定常数

配离子	$K_稳$	$\lg K_稳$*	配离子	$K_稳$	$\lg K_稳$*
$[Ag(CN)_2]^-$	1.26×10^{21}	21.1	$[Cu(P_2O_7)_2]^{6-}$	10^9	9.0
$[Ag(NH_3)_2]^+$	1.12×10^7	7.05	$[FeF_6]^{3-}$	2.04×10^{14}	14.31
$[Ag(S_2O_3)_2]^{3-}$	2.89×10^{13}	13.46	$[Fe(CN)_6]^{3-}$	10^{42}	42
$[AgCl_2]^-$	1.10×10^5	5.04	$[Hg(CN)_4]^{2-}$	2.51×10^{41}	41.4
$[AgBr_2]^-$	2.14×10^7	7.33	$[HgI_4]^{2-}$	6.76×10^{29}	29.83
$[AgI_2]^-$	5.50×10^{11}	11.74	$[HgBr_4]^{2-}$	10^{21}	21.00
$[Co(NCS)_4]^{2-}$	1.0×10^3	3.0	$[HgCl_4]^{2-}$	1.17×10^{15}	15.07
$[Co(NH_3)_6]^{2+}$	1.29×10^5	5.11	$[Ni(NH_3)_6]^{2+}$	5.50×10^8	8.74
$[Cu(CN)_2]^-$	10^{24}	24.0	$[Ni(en)_3]^{2-}$	2.14×10^{18}	18.33
$[Cu(SCN)_2]^-$	1.52×10^5	5.18	$[Zn(CN)_4]^{2-}$	5.0×10^{16}	16.7
$[Cu(NH_3)_2]^+$	7.24×10^{10}	10.86	$[Zn(NH_3)_4]^{2+}$	2.87×10^9	9.46
$[Cu(NH_3)_4]^{2+}$	2.09×10^{13}	13.32	$[Zn(en)_2]^{2+}$	6.76×10^{10}	10.83

*数据录自 J.A.Dean，Lange's Handbood of Chemistry，Tab.5-14，Tab.5-15，11 th ed，1973；测定时温度一般为 20～25℃，$K_稳$值系由 $\lg K_稳$值换算的。en 为乙二胺 $H_2N(CH_2)_2NH_2$ 的代用符号。

八、元素原子量表（2001）

元素符号	名称	原子量	元素符号	名称	原子量
Ag	银	107.868 2	H	氢	1.007 94
Al	铝	26.981 538	Hg	汞	200.59
As	砷	74.921 6	I	碘	126.904 47
B	硼	10.811	K	钾	39.098 3
Ba	钡	137.327	Mg	镁	24.305 0
Be	铍	9.012 182	Mn	锰	54.938 049
Bi	铋	208.980 38	N	氮	14.006 7
Br	溴	79.904	Na	钠	22.989 770
C	碳	12.010 7	Ni	镍	58.693 4
Ca	钙	40.078	O	氧	15.999 4
Cd	镉	112.411	P	磷	30.973 761
Cl	氯	35.453	Pb	铅	207.2
Co	钴	58.933 200	S	硫	32.065
Cr	铬	51.996 1	Sb	锑	121.760
Cu	铜	63.546	Si	硅	28.085 5
F	氟	18.998 403 2	Sn	锡	118.710
Fe	铁	55.845	Zn	锌	65.409

九、硫酸溶液的密度

密度/（g·mL^{-1}）	ω（H$_2$SO$_4$）/%	密度/（g·mL^{-1}）	ω（H$_2$SO$_4$）/%	密度/（g·mL^{-1}）	ω（H$_2$SO$_4$）/%
1.004 9	1	1.302 8	40	1.819 5	91
1.011 6	2	1.347 6	45	1.824 0	92
1.018 3	3	1.395 2	50	1.827 9	93
1.025 0	4	1.445 3	55	1.831 2	94
1.031 8	5	1.498 7	60	1.833 7	95
1.066 1	10	1.553 3	65	1.835 5	96
1.102 0	15	1.610 5	70	1.836 4	97
1.139 8	20	1.669 2	75	1.836 1	98
1.178 3	25	1.727 2	80	1.834 2	99
1.219 1	30	1.778 6	85	1.830 5	100
1.259 7	35	1.814 4	90		

十、盐酸溶液的密度

密度/（g·mL^{-1}）	ω（HCl）/%	密度/（g·mL^{-1}）	ω（HCl）/%	密度/（g·mL^{-1}）	ω（HCl）/%
1.003 1	1	1.067 6	14	1.139 1	28
1.008 1	2	1.077 7	16	1.149 2	30
1.017 9	4	1.087 8	18	1.159 4	32
1.027 8	6	1.098 0	20	1.163 9	34
1.037 7	8	1.108 3	22	1.179 1	36
1.047 6	10	1.118 5	24	1.188 6	38
1.057 6	12	1.128 8	26	1.197 7	40

十一、硝酸溶液的密度

密度/（g·mL^{-1}）	ω（HNO$_3$）/%	密度/（g·mL^{-1}）	ω（HNO$_3$）/%	密度/（g·mL^{-1}）	ω（HNO$_3$）/%
1.003 7	1	1.246 6	40	1.485 0	91
1.009 1	2	1.278 3	45	1.487 3	92
1.014 6	3	1.310 0	50	1.489 2	93
1.020 2	4	1.339 3	55	1.491 2	94
1.025 7	5	1.366 7	60	1.493 2	95
1.054 3	10	1.391 3	65	1.495 2	96
1.084 2	15	1.413 4	70	1.497 4	97
1.115 0	20	1.433 7	75	1.500 8	98
1.146 9	25	1.452 1	80	1.505 6	99
1.180 0	30	1.468 6	85	1.512 9	100
1.214 0	35	1.482 6	90		

十二、氢氧化钠溶液的密度

密度/（g·mL^{-1}）	ω（NaOH）/%	密度/（g·mL^{-1}）	ω（NaOH）/%	密度/（g·mL^{-1}）	ω（NaOH）/%
1.009 5	1	1.197 1	18	1.390 1	36
1.020 7	2	1.219 2	20	1.410 2	38
1.042 8	4	1.241 2	22	1.430 0	40
1.064 8	6	1.263 1	24	1.449 4	42
1.086 9	8	1.284 8	26	1.468 5	44
1.108 9	10	1.306 4	28	1.487 3	46
1.130 9	12	1.327 7	30	1.506 5	48
1.153 0	14	1.348 8	32	1.535 3	50
1.175 1	16	1.369 6	34		

十三、校正玻璃温度计常用的标准化合物

有机化合物名称	熔点/℃	有机化合物名称	熔点/℃	有机化合物名称	熔点/℃
对甲苯胺	43.7	乙酰苯胺	116	蒽	216
二苯甲酮	48.1	苯甲酸	122.4	咖啡因	237
1-萘胺	50	非那西汀	136	氮荮	246
偶氮苯	69	水杨酸	159.8	酚酞	265
萘	80.3	磺胺二甲嘧啶	200	蒽醌	285

十四、常用试剂的配制

试剂名称	浓度	配制方法
$BiCl_3$	0.1 mol·L^{-1}	溶解 31.6 g $BiCl_3$ 于 330 mL 6 mol·L^{-1} 的 HCl 中，加水稀释至 1L
$SbCl_3$	0.1 mol·L^{-1}	溶解 22.8 g $SbCl_3$ 于 330 mL 6 mol·L^{-1} 的 HCl 中，加水稀释至 1L
$SnCl_2$	0.1 mol·L^{-1}	溶解 22.6 g $SnCl_2·H_2O$ 于 330 mL 6 mol·L^{-1} 的 HCl 中，加水稀释至 1L，加入数粒纯 Sn，以防氧化
$Hg(NO_3)_2$	0.1 mol·L^{-1}	溶解 33.4 g $Hg(NO_3)_2·1/2H_2O$ 于 1L 0.6 mol·L^{-1} 的 HNO_3 中
$Hg_2(NO_3)_2$	0.1 mol·L^{-1}	溶解 56.1 g $Hg_2(NO_3)_2·2H_2O$ 于 1L 0.6 mol·L^{-1} 的 HNO_3 中，并加入少许金属汞
$(NH_4)_2CO_3$	1 mol·L^{-1}	溶解 95 g 研细的 $(NH_4)_2CO_3$ 于 1L 2 mol·L^{-1} 的 $NH_3·H_2O$ 中
$(NH_4)_2SO_4$	饱和	溶解 50 g $(NH_4)_2SO_4$ 于 100 mL 热水中，冷却后过滤
$NaHSO_3$	饱和	取 67 g $NaHSO_3$，溶解于 100 mL 水中，再加入 25 mL 不含甲醛的无水乙醇，混合后若有晶体析出，需过滤除去，临用前配制
$FeSO_4$	0.5 mol·L^{-1}	溶解 69.5 g $FeSO_4·7H_2O$ 于适量水中，加入 5 mL 18 mol·L^{-1} 的 H_2SO_4 中，并用水稀释至 1L，加入少许铁钉
$FeCl_3$	0.5 mol·L^{-1}	溶解 135.2 g $FeCl_3·6H_2O$ 于 100 mL 6 mol·L^{-1} 的 HCl 中，并用水稀释至 1L

试剂名称	浓度	配制方法
CrCl₃	0.1 mol·L⁻¹	溶解 26.7 g CrCl₃·6H₂O 于 30 mL 6 mol·L⁻¹ 的 HCl 中，并用水稀释至 1L
KI	100 g/L	溶解 100 g KI 于 1L 水中，置于棕色瓶中
醋酸铀酰锌		①10 gUO₂(Ac)₂·2H₂O 和 6 mL 6 mol·L⁻¹ 的 HAc 溶于 50 mL 水中；②30 g Zn(Ac)₂·2H₂O 和 3 mL 6 mol·L⁻¹ 的 HCl 溶于 50 mL 水中。将①②两种溶液混合，24 h 后取清液使用
Na₂S	2 mol·L⁻¹	溶解 240 g Na₂S·9H₂O 和 40 mL NaOH 于水中，稀释至 1L
(NH₄)₂S	3 mol·L⁻¹	取一定量的 NH₃·H₂O，将其平均分成两份，往其中的一份中通入 H₂S 至饱和，而后与另一份混合
钼酸铵试剂	0.1 mol·L⁻¹	溶解 124 g (NH₄)₆Mo₇O₂₄·4H₂O 于 1L 水中，将所得溶液倒入 1L 6 mol·L⁻¹ 的 HNO₃ 中，放置 24 h，取清液使用
K₃[Fe(CN)₆]		取 K₃[Fe(CN)₆]0.7～1 g 溶解于水中，稀释至 100 mL，使用前配制
铬黑 T		将铬黑 T 和烘干的 NaCl 按 1∶100 的比例研细、混匀，储存于棕色瓶中
Mg 试剂		溶解 0.01 g Mg 试剂于 1L 1 mol·L⁻¹ 的 NaOH 中
Ca 试剂		0.2 g Ca 试剂溶于 100 mL 水中
Al 试剂		将 1 g Al 试剂溶于 1L 水中
氯化亚铜氨溶液		(1)取 0.5 gCuCl 溶解于 10 mL 浓氨水中，再用水稀释至 25 mL。过滤，除去不溶性杂质。得到无色透明液体。温热滤液，慢慢加入羟胺盐酸盐，直到蓝色消失为止； (2) 将 1 g CuCl 置于一大试管，加 1～2 mL 浓氨水和 10 mL 水，用力摇匀后静置，倾出溶液并加入一根铜丝，储存备用
I₂-KI 溶液		取 20 g KI，溶于 100 mL 蒸馏水中，再加入 10 g 研细的碘粉。搅拌使其完全溶解，得到深红色的溶液。避光保存在棕色试剂瓶中
饱和氯水		在水中通入氯气至饱和，临用前配制
饱和溴水		取 15 g KBr 溶于 100 mL 蒸馏水中，再加入 10 g 溴，摇匀即可
萘氏试剂		溶解 115 g HgI₂ 和 80 g KI 于水中，稀释至 500 mL，加入 50 mL 6 mol·L⁻¹ 的 NaOH 溶液，静置后，取其清液，保存在棕色瓶中
对氨基本磺酸	0.34 mol·L⁻¹	将 0.5 g 对氨基苯磺酸溶于 150 mL 2 mol·L⁻¹ 的醋酸中
卢卡斯试剂		称取 34 g 无水 ZnCl₂，在蒸发皿中加热熔融，并不断搅拌。稍冷后，放入干燥器中冷却至室温。将盛有 34 mL 浓盐酸的烧杯置于冰-冰水混合物中冷却，以防氯化氢挥发，边搅拌边加入上述干燥的无水 ZnCl₂，临用前配制
铬酸试剂		在 25 g 铬酸酐（CrO₃）加入 25 mL 浓硫酸，搅拌混匀成糊状，在不断搅拌下，将此糊状物小心地倒入 75 mL 蒸馏水中，混匀，即得到澄清的橘红色的溶液
苯酚溶液		取 5 g 苯酚，溶解于 50 mL5% 的 NaOH 溶液中
β-萘酚		取 5 g β-萘酚，溶解于 50 mL5% 的 NaOH 溶液中
α-萘酚(Molish)试剂		将α-萘酚 2 g 溶于 20 mL 95% 的乙醇中，用 95% 的乙醇稀释至 100 mL，贮于棕色瓶中，一般用前配制

试剂名称	浓度	配制方法
Seliwanoff 试剂		将 0.05 g 间苯二酚溶于 50 mL 浓盐酸中，再用蒸馏水稀释至 100 mL
2,4-二硝基苯肼试剂		取 2 g 2,4-二硝基苯肼溶于 15 mL 浓硫酸中，加入 150 mL 95% 的乙醇，用蒸馏水稀释至 500 mL，搅拌使混合均匀，过滤，滤液保存在棕色试剂瓶中备用
Benedict 试剂		Ⅰ液：把 4.3 g 研细的硫酸铜溶于 25 mL 热水中，待冷却后用水稀释至 40 mL；Ⅱ液：另把 43 g 柠檬酸钠及 25 g 无水碳酸钠（若用有结晶水的碳酸钠，则取量应按比例计算）溶于 150 mL 水中，加热溶解，冷却。使用时，将Ⅰ液和Ⅱ液混合，稀释至 250 mL
斐林试剂		Ⅰ液：将 34.64 g $CuSO_4 \cdot 5H_2O$ 溶于水中，稀释至 500 mL；Ⅱ液：将 173 g 酒石酸钠钾（$KNaC_4H_4O_6 \cdot 4H_2O$）和 50 g NaOH 溶于水中，稀释至 500 mL。使用时，将Ⅰ液和Ⅱ液等体积混合
淀粉溶液		将 1 g 淀粉和少量冷水调成糊状，倒入 100 mL 沸水中，煮沸后冷却即可
茚三酮溶液	0.1%	将 0.4 g 茚三酮溶于 500 mL 95%的乙醇中，临用前配制
蛋白质溶液		25 mL 蛋清，加 100～150 mL 蒸馏水，搅拌，混匀后，用 3～4 层纱布过滤
希夫试剂		取 0.2 g 品红盐酸盐，溶解于 100 mL 热水中，放置冷却后，加入 2 g $NaHSO_3$ 和 2 mL 浓盐酸，再用蒸馏水稀释至 200 mL
米伦试剂		将 2 g（0.15 mL）Hg 溶于 3 mL 浓 HNO_3（密度 1.4 $g \cdot mL^{-1}$），稀释至 10 mL
盐桥	3%	用饱和 KCl 溶液配制 3%琼脂胶加热至溶

参考文献

[1]　苏显云，等. 普通化学实验. 北京：高等教育出版社，2001.

[2]　周其镇，方国女，樊行雪. 大学基础化学实验. 北京：化学工业出版社，2002.

[3]　丁敏敬. 化学实验技术. 北京：化学工业出版社，2002.

[4]　高职高专化学教材编写组. 无机化学实验. 2 版. 北京：高等教育出版社，2000.

[5]　奚关根，赵长宏，高建宝. 有机化学实验. 修订版. 上海：华东理工大学出版社，1999.

[6]　柯以侃. 大学化学实验. 北京：化学工业出版社，2001.

[7]　杨治伟，等. 实践指导教程（基础化学类）. 哈尔滨：哈尔滨出版社，2001.

[8]　杨桂荣，等. 工程化学实验. 杭州：浙江大学出版社，2001.

[9]　陈震，等. 水环境科学. 北京：科学出版社，2006.

[10]　高职高专化学教材编写组. 无机化学. 2 版. 北京：高等教育出版社，2000.

[11]　陆昌淼，马世豪，张忠祥. 污水综合排放标准详解. 北京：中国标准出版社，1991.

[12]　周宁怀. 微型无机化学实验. 北京：科学出版社，2000.

[13]　杨延民. 无机化学微型实验. 成都：电子科技大学出版社，2004.

[14]　朱红军. 有机化学微型实验. 北京：化学工业出版社，2007.

[15]　周志高，初玉霞. 有机化学实验. 2 版. 北京：化学工业出版社，2005.

[16]　关海鹰，梁克瑞，初玉霞. 有机化学实验. 北京：化学工业出版社，2008.

[17]　高桂枝，陈敏东，等. 新编大学化学实验（下册）. 北京：中国环境科学出版社，2011.

[18]　房爱敏，董素芳. 基础化学（下册）. 北京：化学工业出版社，2012.

[19]　张荣. 无机化学实验. 北京：化学工业出版社，2006.

教师反馈卡

尊敬的老师：您好！

　　谢谢您购买本书。为了进一步加强我们与老师之间的联系与沟通，请您协助填妥下表，以便定期向您寄送最新的出版信息，您还有机会获得我们免费寄送的样书及相关的教辅材料；同时我们还会为您的教学工作以及论著或译著的出版提供尽可能的帮助。欢迎您对我们的产品和服务提出宝贵意见，非常感谢您的大力支持与帮助。

姓名：_____ 年龄：_____ 职务：_____ 职称：_____

系别：_____ 学院：_____ 学校：_____

通信地址：_____ 邮编：_____

电话（办）：_____（家）_____ E-mail _____

学历：_____ 毕业学校：_____

国外进修或讲学经历：_____

　　　　教授课程　　　　　学生水平　　　　　学生人数/年　　　　开课时间

1. _____ _____ _____ _____

2. _____ _____ _____ _____

3. _____ _____ _____ _____

您的研究领域：_____

您现在授课使用的教材名称：_____

您使用的教材的出版社：_____

您是否已经采用本书作为教材：□是；□没有。

采用人数：_____

您使用的教材的购买渠道：□教材科；□出版社；□书店；□其他。

您需要以下教辅：□教师手册；□学生手册；□PPT；□习题集；□其他_____
　　　　　　（我们将为选择本教材的老师提供现有教辅产品）

您对本书的意见：_____

您是否有翻译意向：□有；□没有。

您的翻译方向：_____

您是否计划或正在编著专著：□是；□没有。

您编著的专著的方向：_____

您还希望获得的服务：_____

填妥后请选择以下任何一种方式将此表返回（如方便请赐名片）：

地址：北京市东城区广渠门内大街 16 号　中国环境出版社教材图书出版中心

邮编：100062

电话（传真）：（010）67113412

E-mail：yinpingbin@163.com

网址：http://www.cesp.com.cn